V&R unipress

Interdisziplinäre Studien zu Lateinamerika /
Interdisciplinary Studies on Latin America /
Estudios interdisciplinarios sobre América Latina

Band / Volume / Tomo 5

Elmar Schmidt / Monika Wehrheim (eds.)

Imaginarios ecológicos en América Latina

Crónicas coloniales, ensayos, novelas, cine y prácticas culturales

Con 16 figuras

V&R unipress

Bonn University Press

UNIVERSITÄT BONN

Rheinische Friedrich-Wilhelms-Universität Bonn

Bonner Universitätsstiftung

FSC www.fsc.org MIX Papier aus verantwortungsvollen Quellen FSC® C083411

Bibliografische Information der Deutschen Nationalbibliothek
Die Deutsche Nationalbibliothek verzeichnet diese Publikation in der Deutschen Nationalbibliografie; detaillierte bibliografische Daten sind im Internet über https://dnb.de abrufbar.

Veröffentlichungen der Bonn University Press erscheinen bei V&R unipress.

Gedruckt mit freundlicher Unterstützung der Universitätsstiftung Bonn und des Lehrstuhls für Iberoromanische Literatur- und Kulturwissenschaft der Universität Bonn.

Umschlagabbildung: © Philipp Benkert: Bunter Staub/Weißes Skelett (3502733803219), Originalformat: 100x70 cm, 2021.
Druck und Bindung: CPI books GmbH, Birkstraße 10, D-25917 Leck
Printed in the EU.

Vandenhoeck & Ruprecht Verlage | www.vandenhoeck-ruprecht-verlage.com

ISSN 2511-8404
ISBN 978-3-8471-1423-9

En memoria de nuestros padres Günter Wehrheim (1935–2015)
y Klaus T. Schmidt (1932–2017)
y de nuestra amiga Petra Schumm (1955–2022).

Índice

Prólogo

Serie de publicaciones ISLA del Centro Interdisciplinario de Estudios Latinoamericanos de la Universidad de Bonn

Con la siguiente publicación de la serie "Estudios Interdisciplinarios Latinoamericanos" (acrónimo en alemán: ISLA), el Centro Interdisciplinario de Estudios Latinoamericanos (ILZ) continua su actividad editorial. La serie de libros ISLA aborda preguntas y asuntos contemporáneos de las sociedades latinoamericanas. Su particularidad reside en la diversidad de reflexiones críticas en torno a temas actuales seleccionados, cuyo procesamiento abarca los estudios culturales, las humanidades, las ciencias naturales y planteamientos jurídicos. En el transcurso de la serie no solo se discuten dinámicas y cambios sociales y culturales, sino también interacciones entre Europa y América Latina que comparten una relación larga y estrecha oscilando entre dependencia y separación. También se incluyen análisis de cuestiones culturales y sociales en contextos precoloniales y coloniales. Tomos hasta ahora publicados:

ISLA Tomo 1: ***2012 – die globalisierte Apokalypse aus lateinamerikanischer Perspektive***, editado por Antje Gunsenheimer, Monika Wehrheim, Mechthild Albert y Karoline Noack, 2017.

ISLA Tomo 2: ***Border Transgression. Mobility and Mobilization in Crisis***, editado por Eva Youkhana, 2017.

ISLA Tomo 3: ***El otro héroe. Estudios sobre la producción social de memoria al margen del discurso oficial en América Latina***, editado por Antje Gunsenheimer, Enrique Normando Cruz y Carlos Pallán Gayol, 2020.

ISLA Tomo 4: ***Philosophy of Religion in Latin America and Europe***, editado por Michael Schulz y Roberto Hofmeister Pich, 2020.

Antje Gunsenheimer, Michael Schulz, Monika Wehrheim
(Editores de la serie ISLA)
Bonn, 2022

Elmar Schmidt / Monika Wehrheim

Introducción: *ecocriticism*, imaginarios ecológicos y percepciones de la naturaleza latinoamericana

Después de cuatro años de negociaciones complicadas y un proceso de ratificación de otros cuatro años, el 22 de abril de 2021 entró en vigor el 'Acuerdo Regional sobre el Acceso a la Información, la Participación Pública y el Acceso a la Justicia en Asuntos Ambientales en América Latina y el Caribe', también conocido como 'Acuerdo de Escazú', según el lugar costarricense donde fue adoptado en 2018. En el prefacio al tratado, la secretaria ejecutiva de la Comisión Económica para América Latina y el Caribe (CEPAL), Alicia Bárcena, describe el tratado como un paso importante de "la acción regional" (Bárcena 2018: 7) para "el uso sostenible de los recursos naturales, la conservación de la diversidad biológica, la lucha contra la degradación de las tierras y el cambio climático y el aumento de la resiliencia ante los desastres" (8). Además de los componentes resumidos en el título, el acuerdo también concretiza aspectos como la obligación de las empresas de elaborar informes de sostenibilidad, la fomentación de la educación ambiental o la protección especial de los pueblos indígenas y activistas ambientales frente a la violencia producida por los conflictos socioambientales que siguen estallando a lo largo del continente.

De esta manera, el acuerdo también indica los múltiples factores problemáticos con los cuales se enfrentan ideas ecológicas, debates sobre formas más sostenibles de desarrollo e intentos de gestionar eficazmente la protección medioambiental en América Latina. Bárcena remite al "flagelo de la desigualdad y una cultura del privilegio profundamente arraigada", a "la ineficiente e insostenible cultura de intereses limitados y fragmentados" y a la "la falsa dicotomía entre la protección del medio ambiente y el desarrollo económico" (8–9). Estas constataciones, que asimismo hacen recordar las palabras de José Martí, de que "[n]o hay batalla entre la civilización y la barbarie, sino entre la falsa erudición y la naturaleza" (Martí 2005: 33), dirigen el enfoque a cuestiones de la justicia ambiental y a los aspectos sociales relacionados con los problemas ecológicos. Al mismo tiempo implican la referencia a las raíces históricas de la dicotomía criticada por Bárcena, al encuentro conflictivo de percepciones distintas de la naturaleza y a los diferentes imaginarios del entorno natural desarrollados a lo largo de las múltiples (re)invenciones de la naturaleza que acompañaron la conquista, la colonización, las independencias y que siguen produciéndose hasta la actualidad.

1. Pasado y presente: las (re)invenciones de la naturaleza americana

Como demuestra, por ejemplo, la reciente antología compilada por French y Heffes, *The Latin American Ecocultural Reader* (2020), los diferentes imaginarios e interpretaciones del entorno natural y, por ende, las formas muy distintas de definir y establecer relaciones entre las esferas culturales y naturales, tenían y siguen teniendo un impacto decisivo en la formación de las realidades latinoamericanas. Los primeros testimonios escritos del contacto cultural violento de la conquista, como por ejemplo las cartas de Cristóbal Colón, vacilan entre descripciones de la riqueza económicamente explotable de la naturaleza del 'nuevo mundo' y proyecciones paradisíacas de paisajes bíblicos. Las siguientes crónicas de la colonización demuestran el afán de hacer accesible, comprensible y gobernable la 'otredad' cultural y natural de las Américas.

De esta forma, participan de manera decisiva en la 'invención de América' (O'Gorman 1977) que es, en buena parte, también una (re)invención de la naturaleza americana llevada a cabo a través de la catalogación y la integración en el corpus europeo de conceptos científicos, culturales y religiosos de la temprana edad moderna. En esta primera fase de la globalización acelerada, Europa no solo conquista nuevos territorios, sino también comienza a acumular conocimientos sobre el 'nuevo mundo' para crear estructuras globales de dominio (Ette 2016: 8–11). En el marco de la interacción entre conquista, colonialismo, centralización de saberes, avances tecnológicos y estructuras económicas del capitalismo mercantil en desarrollo, las descripciones de la naturaleza americana ejercen un papel central en la formación de lo que Mignolo llama "the modern/colonial world system imaginary" (2002: 451).

Más tarde, durante el siglo XVIII y con las independencias del siglo XIX, también se hace evidente la función cultural del entorno natural para los procesos de *nation building*. Los textos tanto factuales como ficcionales que acompañan los movimientos independentistas debaten la naturaleza latinoamericana no solo como base de la prosperidad económica, sino también como posible fundamento de las futuras identidades nacionales y metáfora cultural de las condiciones sociales (French 2005: 15). A lo largo del siglo XIX, los discursos dominantes de las jóvenes naciones reflejan percepciones e imaginarios del entorno natural basados sobre todo en la necesidad de modernización y desarrollo económico. Esta noción de la naturaleza como recurso explotable y fundamento económico de los estados nacionales se perpetúa durante el siglo XX, aunque se modifica con el auge de conceptos neoliberales de gestión económica a partir de los años 80 con los cuales se sustituye la función del estado central como actor principal con la prevalencia del mercado libre y globalizado. Hasta el presente la explotación de los recursos naturales sigue sirviendo para asegurar la hegemonía de las élites sociales y las ganancias de los inversores internacionales. Asimismo, los gobiernos progresistas suelen basarse principalmente en el extractivismo como concepto de desarrollo.

Los problemas ecológicos producidos por esta situación marcada por el predominio del extractivismo son tan múltiples como son heterogéneas las diferentes realidades y modernidades del continente. Agendas ecológicas propuestas desde y para las ciudades difieren de las que se disputan en las zonas rurales. Los retos medioambientales a los que se enfrentan los habitantes de la zona fronteriza entre Estados Unidos y México se distinguen de los de la población patagónica, mientras que los contextos de la industria minera en el Perú producen otro imaginario ecológico que los de la extracción de petróleo en Venezuela o la deforestación masiva en Brasil. Los trasfondos concretos de los problemas medioambientales discutidos en los Andes son otros que los que se disputan en la Amazonía o en las zonas costeras.

Sin embargo, a pesar de la diversidad natural, geográfica y biológica, cultural y étnica, social y política del continente latinoamericano, el denominador común de las voces críticas, como los movimientos sociales, activistas ambientales, intelectuales, escritores, artistas y cineastas comprometidos con cuestiones ecológicas, suele ser la referencia a los graves problemas socioambientales. Como en otras partes del sur global (Slovic/Rangarajan/Sarveswaran 2015: 9), estas se discuten como consecuencias directas de las agendas políticas neoliberales, del desarrollo extractivista y de la modernización económica orientada en las exigencias externas de los mercados capitalistas globalizados, en una situación general en la que la degradación ecológica masiva tiende a afectar especialmente a las partes marginadas de las poblaciones. En este contexto también surgen propuestas alternativas como las corrientes indígenas, intelectuales y post-crecimiento del 'buen vivir', o conceptos como el de la 'ecología de los pobres', que actualizan la teoría de la dependencia y desarrollan una versión propia de justicia ambiental desde la perspectiva del sur global. Sin embargo, las críticas y preocupaciones ecológicas que señalan las consecuencias de los conceptos insostenibles del desarrollo económico muchas veces suelen tener poca repercusión en la realidad política y social. Frente a este panorama, es justamente la producción cultural latinoamericana —como la literatura, el ensayo, el cine, el teatro o las artes gráficas— la que ofrece un espacio para establecer y hacer visible un contradiscurso crítico.

2. Paradigmas teóricos: conceptos claves del *ecocriticism*

Al mismo tiempo, las disciplinas académicas dedicadas al estudio de la producción cultural, con un enfoque en la percepción y representación del medio ambiente, también están revisando aproximaciones establecidas y adoptan paradigmas nuevos. En este contexto, Slovic describe el desarrollo del *ecocriticism* como una serie de olas que no son estrictamente sucesivas, sino que perduran hasta el presente y se solapan en palimpsestos (Slovic 2020: 167). La primera ola, cuyo comienzo Slovic sitúa alrededor de 1980, se dedica sobre todo a la literatura anglófona, destaca por su compromiso con el activismo ecológico y ecofeminista, y enfoca la representación de lo rural, selvático y no urbano. La segunda ola, aproximadamente a partir de 1995, adopta el paradigma de la justicia social y abre el campo académico a la producción cultural no angloparlante y del sur global, además de ampliar el enfoque hacia espacios variados, ya no exclusivamente naturales y prístinos. La tercera ola, que comienza alrededor de 2000, incluye los estudios postcoloniales e incorpora perspectivas explícitamente transculturales. Son estas últimas dos olas las que fomentan la inclusión de temas, textos, estudios y puntos de vista latinoamericanos en el campo. A partir de 2008 aproximadamente, comienza a hacerse notable el creciente interés en las interacciones físicas entre los cuerpos humanos y su entorno natural, y en las formas y posibilidades de los fenómenos materiales de producir significados y narrativas propias. Alrededor de 2015, Slovic sitúa el inicio de una quinta ola, de *going public* del *ecocriticism*, marcada por un nuevo afán académico de participar en debates públicos y de comunicar las propias reflexiones a audiencias más generales y a representantes de la política o de la economía.

Una serie amplia de paradigmas teóricos y conceptos claves, muchas veces entrelazados, acompaña el desarrollo de estas olas. Bajo el techo transdisciplinario de las *environmental humanities* se reúnen acercamientos desde la historia ambiental hasta el *new materialism* inspirado por el pensamiento posthumanista, dedicándose a las dimensiones culturales de los desafíos ecológicos actuales, tanto locales como globales, como el cambio climático, la extinción de la biodiversidad, la noción del antropoceno y la necesidad de repensar la relación entre el ser humano y su entorno natural.

El *postcolonial ecocriticism* subraya "the intextricability of environmental history and empire building" (DeLoughrey/Handley 2011: 10), es decir, la necesidad de pensar la historia ambiental en su relación intrínsecamente recíproca con la historia del colonialismo. Destaca la pluralidad de las cosmovisiones y de las percepciones de la naturaleza, conceptualizando el medio ambiente al mismo tiempo como construcción discursiva y hecho material condicionado por aspectos de control y dominio. Vincula las transformaciones ecológicas globales a los procesos coloniales y neocoloniales y, a la vez, postula la noción de "power relations as environmentally embedded" (Carrigan 2016: 82), indicando la condición material de las relaciones de poder producidas por el colonialismo y perpetuadas en estructuras neocoloniales. Por lo tanto, las perspectivas del *ecocriticism* desde y sobre América Latina, con su historia colonial de "first born child of modernity" (Ashcroft 1998: 14), reflejan la condición poscolonial particular, híbrida y heterogénea del continente. Estudios como los de French (2005), Barbas-Rhoden (2011), DeVries (2013), Heffes (2013) o Anderson (2016), para solo mencionar algunos, toman como punto de partida de sus análisis y reflexiones los trasfondos sociales y culturales, políticos y económicos forjados durante la época colonial y prolongados hasta la actualidad en las estructuras y relaciones neocoloniales de poder.

De esta manera, estos estudios enfocan aspectos ecológicos, las interrelaciones entre naturaleza y cultura y los imaginarios latinoamericanos del medio ambiente desde diferentes puntos de vista y con prioridades distintas —con la opción de combinarlos "con cuestiones como conquista, colonización, racismo, sexualidad, y el desarrollo de nuevas teorías como 'indigeneidad' y diáspora, como así también, las vinculadas con la interacción entre lo nativo y las sociedades y culturas conquistadoras" (Heffes 2014: 29). También destaca el enfoque en aspectos de la justicia ambiental asociados con los conflictos socioambientales, con referencias a conceptos propios del sur global como el 'ecologismo de los pobres' (Martínez Alier 2010). Asimismo, se aplican los postulados del *postcolonial ecocriticism* como la noción de *slow violence* (Nixon 2011) a los contextos latinoamericanos al examinar representaciones de formas de destrucción medioambiental que se desarrollan de manera lenta y retrasada en el espacio y en tiempo, como los daños del extractivismo minero, la contaminación causada por los monocultivos o las consecuencias de las expansiones urbanas (Kressner/Mutis/Pettinaroli 2020).

La noción de la realidad como producto de procesos tanto discursivos como materiales, introducida por el pensamiento posthumanista del *new materialism*, también determina las perspectivas de las corrientes actuales del *ecocriticism*. En el marco del *material turn*, el *material ecocriticism* postula el concepto de 'narrativas materiales' para destacar que la capacidad de producir significados no sea una propiedad exclusiva de la esfera humana (Iovino/Oppermann 2014: 6) sino del conjunto del "storied world" (5) como resultado híbrido de las interacciones narrativas de todos sus componentes tanto humanos como no humanos. También subraya la necesidad de reajustar la noción de agencia que, en toda su diversidad posible, se manifiesta como cualidad inherente de toda materia, "as part and parcel of its generative dynamism" (3), al producir realidades "as an intertwined flux of material and discursive forces" (3). Esta definición ampliada de agencia, a la vez material y discursiva, que aspira a superar la dicotomía de naturaleza y cultura, de lo no humano y lo humano, también está presente en otros conceptos como el de *trans-corporeality*, postulado por Stacy Alaimo. Centrándose en las interacciones entre cuerpo y espacio, Alaimo argumenta a favor de una forma de subjetividad que toma en cuenta el cuerpo humano como una entidad permeable, porque "the human body is never a rigidly enclosed, protected entity, but is vulnerable to the substances and flows of its environments" (Alaimo 2010: 28).

El énfasis en la corporalidad y materialidad también contribuye a desarrollar nuevos enfoques ecofeministas, al repensar el enlace entre el *ecocriticism* y los estudios de género desde los impulsos generados por el *material turn* para dedicarse a "issues of embodied gendering" (Oppermann 2013: 31) en las prácticas tanto discursivas como materiales, tomando en cuenta aspectos de agencia, justicia y ecología. Asimismo, los *animal studies* también se dedican a cuestiones de agencia, al enfocar las condiciones inseparablemente enredadas de seres humanos y animales, produciendo subjetividades interdependientes e históricamente determinadas dentro de redes de relaciones de poder y dominio cultural (Goodbody 2016). En este contexto, DeVries (2016) demuestra que la representación de animales también juega un papel importante en la literatura latinoamericana. Para analizar los procesos dinámicos de construcción recíproca, historia compartida y co-evolución de categorías como 'lo humano' y 'lo animal', Haraway propone el concepto de *natureculture* (2003).

Mientras tanto, el concepto del *eco-cosmopolitanism* (Heise 2008) implica un nuevo entendimiento del vínculo emocional entre seres humanos, espacios locales y espacio global, a nivel planetario, al argumentar que los procesos de desterritorialización que acompañan a la globalización también producen nuevas prácticas culturales y conciencias ecológicas enraizadas en redes más amplias. Al mismo tiempo, Heise destaca la importancia de reconocer tanto la agencia propia de lo no humano como la pluralidad cultural, histórica y política de percepciones del medio ambiente y de definiciones de ecología.

El concepto del antropoceno, introducido por las ciencias naturales, propone comprender la agencia humana como fuerza geológica que transforma la totalidad del ecosistema terrestre, a largo plazo y probablemente de manera irreversible, a través de procesos como el cambio climático antropógeno, la pérdida de la biodiversidad, el cambio del uso del suelo o la acidificación de los océanos. Mientras que las *earth sciences* discuten la viabilidad científica del concepto y el momento histórico en el cual se iniciaron los procesos que desembocaron en la 'Gran Aceleración' de los cambios globales a partir de mitades del siglo XX (Lewis/Maslin 2015), las *environmental humanities* debaten las repercusiones culturales del antropoceno. Trischler destaca que, como concepto transdisciplinario, el antropoceno no solo borra los límites entre disciplinas académicas, sino también entre naturaleza y cultura, "redefining the relationship between environment and society as inextricably intertwined" (2016: 318).

Al mismo tiempo, Dürbeck identifica una serie de interpretaciones diferentes del concepto del antropoceno que, según sus contextos y orientaciones políticas, pueden correr el riesgo de reproducir relaciones asimétricas de poder entre centros y periferias globales, además de perpetuar la dicotomía antropocéntrica entre naturaleza y cultura (Dürbeck 2019). Postula un esquema de cinco *Anthropocene narratives* para distinguir entre diferentes formas de percibir, representar y comunicar el antropoceno. Las 'narrativas del desastre' ponen el énfasis en advertir de la catástrofe inminente, mientras que las 'narrativas del tribunal' dirigen el enfoque hacia la cuestión de la responsabilidad, remitiendo, por ejemplo, a las emisiones de CO2 del norte global desde el comienzo de la revolución industrial, en comparación con el resto del mundo. Frente a la crisis del hábitat, la 'narrativa de la Gran Transformación' apuesta por la renovación tanto tecnológica como ecológica, económica y social, mientras que la 'narrativa (bio-)tecnológica' propone soluciones tecnocéntricas basadas en la masiva intervención humana en los ecosistemas globales. La 'narrativa de la interdependencia naturaleza-cultura', por el contrario, desarrolla la perspectiva posthumanista y subraya la necesidad de repensar la humanidad en su condición material y entrelazada con el mundo no humano. Así, el concepto del antropoceno ofrece una nueva plataforma epistemológica para enfrentarse a problemas ecológicos globales, teniendo en cuenta siempre "[the] tensions between the purported universalism of planetary stewardship, based on the collective responsibility and capability of an imagined humankind and an asymmetric diversity of interests, resources, values, concerns, and vulnerabilities" (284).

Desde los estudios latinoamericanos, Fornoff y Heffes también destacan la necesidad de considerar la totalidad global del antropoceno sin abandonar los paradigmas críticos como etnicidad y género o perder de vista "the centrality of coloniality, imperialism, and capitalism to the perpetuation of a singular, linear, utilitarian approach to nature" (Fornoff/Heffes 2021: 5). De esta manera, tanto la discusión del concepto del antropoceno, desde una variedad amplia de perspectivas y posiciones, como la producción de nuevos términos análogos que redirigen el enfoque hacia aspectos específicos de las transformaciones ecológicas globales (como *Capitalocene*, *Plantationocene*, *Chthulucene*, *Technocene*, *(M)Anthropocene*, *Plutocene*, *White Supremacy Scene*, *Eurocene*, *Wasteocene* etc.) forman una parte esencialmente productiva de los debates actuales del *ecocriticism*.

3. Imaginarios ecológicos

Hemos decidido incluir en el título del presente volumen el término 'imaginario'. Con su fuerte presencia dentro de las humanidades hispanohablantes, el concepto se nutre de fuentes muy diversas, desde la fenomenología de Paul Ricœur, la antropología de Gilbert Durand o la sociología de Cornelius Castoriadis, hasta la terminología psicoanalítica lacaniana empleada por Slavoj Žižek, para solo mencionar algunas. De acuerdo con García Canclini, reconocemos la heterogeneidad multidisciplinaria (García Canclini/Lindón 2007: 89) sobre la cual se basa el concepto. Al mismo tiempo, parece que la noción de los 'imaginarios urbanos', que forma parte del proyecto intelectual estimulado por el antropólogo y sociólogo argentino-mexicano, ofrece una serie de paralelas productivas a nuestras propias reflexiones sobre los 'imaginarios ecológicos'. Como destacan Lindón, Hiernaux y Aguilar, son "los imaginarios urbanos, que se construyen socialmente en las interacciones entre las personas y el espacio" (2006: 9) dado que "el hacer del ser humano, en cualquiera de sus formas, casi siempre está espacializado" (10). Huffschmid comprende los imaginarios urbanos como los productos de la constitución sociocultural, subjetiva, semiótica y estética de la 'territorialidad simbólica' del espacio urbano (2012: 123), subrayando "the interconnectedness between material and immaterial dimensions" (124).

Reflexionando sobre 'imaginarios ecológicos' desde la perspectiva del *ecocriticism*, se pueden destacar aspectos similares, incluso más enfocados en la relación íntima entre todas las entidades involucradas en su constitución. Por ejemplo, Iovino y Oppermann postulan su concepto de 'imaginación material' como una forma de imaginario cultural que toma en cuenta la agencia de la materia no humana misma en la producción de significados (Iovino/Oppermann 2012). Desde este punto de vista, los 'imaginarios ecológicos' son los productos de una interacción recíproca continua, teniendo en cuenta siempre que "the corporeal dimensions of human and nonhuman agencies, their literary and cultural representations, are inseparable from the very material world" (84). En este sentido, parece que los 'imaginarios ecológicos' comprenden tanto el conjunto de las percepciones humanas del medio ambiente basadas en saberes culturalmente específicos del hábitat natural, como también la huella de la agencia del espacio material que les co-constituye.

4. Las contribuciones al presente volumen

El presente volumen aborda el tema de los imaginarios ecológicos desde diferentes tiempos y enfoques culturales —tales como crónicas, historias, textos ficcionales, pero también cine y prácticas culturales. Estos aportes culturales forman parte del imaginario ecológico que muestra conceptos diversos acerca de la relación entre el ser humano y la naturaleza. Por un lado, en muchos casos domina el antropocentrismo que nos lleva ya, a nivel diegético, a escenarios de desastres y catástrofes medio ambientales. El modo de imaginar la relación entre ser humano y naturaleza nos lleva inmediatamente a las consecuencias, muchas veces muy reales, de nuestras ontologías. Por otro lado, encontramos también ejemplos de prácticas culturales alternativas, tales como la limpia de acequia de la comunidad rural de Sacsamarca, la cual surge de una cosmovisión holística en la que las personas se consideran como parte de la naturaleza.

Empezando por los **imaginarios históricos,** analizamos textos que durante mucho tiempo no fueron considerados dentro del contexto de la ecocrítica ya que, según un entendimiento estricto, la ecocrítica implicaba un cierto compromiso transmitido por los textos (véase Glotfelty 1996). Esta ecología aplicada y conceptual no podía referirse a textos ajenos a los debates ecológicos, como ya criticaba Jennifer French (2014) quien extendía la ecocrítica a textos coloniales.

La primera sección del libro retoma esta perspectiva histórica y muestra que los textos coloniales ya daban evidencia, no solamente de sorprendentes perspectivas de la relación entre el ser humano y la naturaleza, sino también de debates acerca de cómo utilizar los recursos naturales, los cuales parecen muy actuales. En este sentido, **Monika Wehrheim** se pregunta cómo las crónicas coloniales ya tematizaban la explotación de recursos y la destrucción de la naturaleza, analizando las imágenes y las narrativas que naturalizaban la apropiación de las tierras. Muestra, asimismo, que al lado de estas crónicas coloniales existen también textos en los cuales se denunciaba la falta de mesura de los conquistadores y que reclamaban otro comportamiento frente a indígenas y recursos naturales. El valor estético y científico de la representación de algunos volcanes en la obra gráfica de Alexander von Humboldt es tema de la contribución de **Adrián Herrera Fuentes.** El autor hace hincapié en cómo Humboldt logra reunir la belleza y el conocimiento de la naturaleza, los cuales inspiraron a muchos artistitas y circularon en el imaginario cultural.

La segunda parte del libro está dedicada a los **imaginarios del petróleo.** El petróleo es uno de los temas claves del discurso medioambiental, ya que se trata de un elemento casi emblemático y estrechamente vinculado al progreso industrial y al desastre ambiental. Alrededor del petróleo giran imágenes tales como modernidad, velocidad o movilidad, por un lado y, por otro, se relaciona con la destrucción de selvas y la contaminación de aguas y mares. Aunque el petróleo se entiende como un recurso limitado, es explotado sin restricciones, simbolizando de cierta manera la falta de sostenibilidad de nuestras sociedades actuales. No obstante, la representación del petróleo en la literatura latinoamericana no ha sido muy estudiada. Por lo tanto, las contribuciones de **Manuel Silva-Ferrer** y de **Scott M. DeVries** abren un nuevo campo de investigación.

Partiendo del concepto de paisajes de petróleo, Manuel Silva-Ferrer se dedica al estudio de dos novelas fundamentales para el género de la novela del petróleo: *Panchito Chapopte*, del mexicano Xavier Icaza y *Mancha de aceite*, del venezolano César Uribe Piedrahita. Escritas en los años 1920 y 1930, reflejan las transformaciones radicales y globales debido al creciente potencial de las energías fósiles. El artículo de Scott M. DeVries se dedica a la novela *Los caminos de Paxil* del guatemalteco Arturo Arias, publicada en 1990, la cual representa una fuerte crítica de la industria petrolera. Asimismo, vincula el texto con la tradición de la novela petrolera en América Latina.

La tercera parte, **imaginarios ecofeministas**, se dedica a una corriente muy fructífera de la reciente ecocrítica: el ecofeminismo —concepto que debe su origen a la feminista francesa Françoise d'Eaubonne (1974). Esta autora puso énfasis en la vinculación entre la opresión de las mujeres y de la tierra en el sistema represivo patriarcal y varonil. Partiendo del debate sobre las corrientes del ecofeminismo, **Jeanette Kördel** emprende una lectura de la novela *Distancia de rescate* de la autora argentina Samanta Schweblin, obra que, sin nombrarlo de forma explícita, denuncia la intoxicación por agroquímicos empleados en la producción de soja. Al mismo tiempo, tematiza el fuerte compromiso de la maternidad y la imposibilidad de proteger a los niños de una naturaleza contaminada secretamente. Un ecosistema que se ha vuelto hostil a la humanidad es también el tema de la contribución de **Claire Mercier** en su artículo "Una lectura ecofeminsta de la trilogía de Rafael Pinedo: el valor de la vulnerabilidad". Al lado de la perspectiva distópica de las tres novelas, Claire Mercier también identifica una opción optimista respecto a cómo salir del desastre ecológico que se ofrece a través de una visión ecofeminista en la cual se respetan la afectividad y la vulnerabilidad de los sujetos.

Las contribuciones de la cuarta parte sobre **imaginarios urbanos** exploran la relación entre naturaleza y urbanidad. Tomando como base de investigación textos y manuales de moral del siglo XIX, **Natalia López Rico** desarrolla una perspectiva histórica hacia conceptos de la ciudadanía y la urbanidad. Según la autora, surge una nueva relación con el entorno y la naturaleza que será conceptualizada dentro del marco de la patria y de la propiedad privada. El papel de la propiedad privada es también tema del artículo de **Gisela Heffes**, quien analiza el imaginario espacial en el cuento *No Retiro da Figuera* (1984) del brasileño Moacyr Scaliar, la novela *La viuda de los jueves* (2005) de la autora argentina Claudia Piñero, así como en la película *La zona* (2007) del mexicano Rodrigo Plá. Heffes hace énfasis en las ambivalencias que se producen entre un discurso utópico que conserva la naturaleza en barrios cerrados, y un espacio en donde desaparece el 'verde', correspondiente a un discurso distópico.

La siguiente parte, **imaginarios más allá de lo antropocéntrico**, reúne artículos que tematizan otras lógicas de pensar las relaciones entre el ser humano y su entorno. **Hans Fernández** se dedica a la obra de Ernesto Wilhelm de Moesbach —un capuchino bávaro que durante su estancia en el sur de Chile emprendió una investigación acerca de la botánica y de cómo los mapuche se relacionaron con la naturaleza. Según Fernández, el padre católico no excluye la percepción pagana de los indígenas en su obra botánica escrita en la primera mitad del siglo XX. En su contribución "Huracán: dimensiones culturales de un fenómeno meteorológico", **Lioba Rossbach de Olmos** describe diferentes modos de concebir los huracanes más allá de las categorías de las ciencias modernas, tomando en cuenta explicaciones que surgen de la naturaleza, de la religiosidad o de la política —las cuales, algunas veces, incluso se entremezclan. En estas narraciones que, en ocasiones, siguen muy diferentes modos de explicación, se da sentido a una catástrofe vivida. **Carla Sagástegui** describe en "Transformación del territorio y la performance discursiva: la limpia de acequia de la comunidad rural de Sacsamarca" cómo una comunidad campesina en la región de Ayacucho recuperó una de sus fiestas costumbristas relacionada con la tradición colectiva de la limpia de acequia. Durante el proceso, acompañados por un grupo de científicos de la Pontificia Universidad Católica del Perú, los indígenas tematizan sus creencias y su pensamiento respecto a su relación con la naturaleza y la tierra.

El sexto apartado, **imaginarios de la modernidad en transformación**, está dedicado a las modalidades y formas de cambiar las relaciones con el medio ambiente. **Elisabeth Baldauf-Sommerbauer** presenta la novela *Butamalón* (1994) de Eduardo Labarca, con el fin de analizar las propuestas que se hacen para cambiar nuestras relaciones con el entorno social y natural. Según la autora, la novela sirve, además, para preguntarse por la posición de la literatura en un cambio de comportamiento socio-ecológico. La perspectiva de una modernidad en su camino hacia una sociedad en crisis ecológica y social es el tema de la contribución de **Laura Barbas-Rhoden**, quien presenta las tres películas *Y tu mamá también* (2001), *Temporada de patos* (2004) y *La Yuma* (2009) como crítica de estos aspectos desfavorables de la modernidad. Según la autora, estas películas dejan vislumbrar posibilidades de buscar otro futuro.

En su última sección, el libro se dedica a los **imaginarios distópicos. Petra Schumm** retoma la ya clásica novela *Não verás país nenhum* del brasileño Ignácio de Loyola Brandão, para relacionar los conceptos apocalípticos con los discursos de la ecología política. Hace hincapié en las ambigüedades de los conceptos en la novela. Según ella, son estas ambigüedades las que favorecen la influencia y la circulación de los conceptos hasta hoy en día. Para terminar, abordamos el tema del posthumanismo. En su contribución, **Elmar Schmidt** interpreta el posthumanismo del sur como una crítica a los imaginarios antropocéntricos del norte global. En este contexto, resalta los conceptos de transcorporalidad y cuerpos permeables en las novelas *Iris* (2014) de Edmundo Paz Soldán y *La mucama de*

Omicunlé (2015) de Rita Indiana que nos llevan a nuevos debates y perspectivas en la ecocrítica actual.

Para finalizar esta introducción, quisiéramos agradecer a todos y todas las colegas y especialistas que han colaborado en el presente proyecto que empezó en el encuentro 'Discursos ambientales de América Latina. Perspectivas históricas y contemporáneas entre localidad y globalidad' en el Congreso de la Asociación Alemana de Hispanistas (Hispanistentag) en Heidelberg, en el año 2015. De allí se inició un intercambio fructífero del cual el presente volumen da evidencia. Agradecemos a Christian Engels por su impresionante trabajo editorial, a Arturo Córdova Ramírez, a Juanita Arango Vallejo y a Fiorella Lopez Huarcaya por su apoyo en la redacción de los artículos, así como a los responsables de la editorial V&R unipress, Bonn University Press. Por último, nuestros agradecimientos se dirigen a Mechthild Albert, catedrática de Letras Hispánicas en la Universidad de Bonn, y a la Bonner Universitätsstiftung por su generoso apoyo económico para poder financiar la publicación del presente volumen.

Bibliografía

Anderson, Mark (2016): "Introduction: The Dimensions of Crisis". En: Anderson, Mark/ Bora, Zélia M. (eds.): *Ecological Crisis and Cultural Representation in Latin America. Ecocritical Perspectives on Art, Film, and Literature.* London: Lexington Books, pp. ix–xxxii.

Ashcroft, Bill (1998): "Modernity's First-Born: Latin America and Postcolonial Transformation". En: *Ariel* 29, 2, pp. 7–29.

Barbas-Rhoden, Laura (2011): *Ecological Imaginations in Latin American Fiction.* Gainesville: University Press of Florida.

Bárcena, Alicia (2018): "Prefacio". En: *Acuerdo Regional sobre el Acceso a la Información, la Participación Pública y el Acceso a la Justicia en Asuntos Ambientales en América Latina y el Caribe.* Santiago: Naciones Unidas, pp. 7–9.

Carrigan, Anthony (2016): "Nature, Ecocriticism, and the Postcolonial Novel". En: Quayson, Ato (ed.): *The Cambridge Companion to the Postcolonial Novel.* New York: Cambridge University Press, pp. 81–98.

DeLoughrey, Elizabeth/Handley, George B. (2011): "Introduction. Toward an Aesthetics of the Earth". En: DeLoughrey, Elizabeth/Handley, George B. (eds.): *Postcolonial Ecologies. Literatures of the Environment.* Oxford: University Press, pp. 3–39.

DeVries, Scott (2013): *A History of Ecology and Environmentalism in Spanish American Literature.* Lewisburg: Bucknell University Press.

DeVries, Scott (2016): *Creature discomfort. Fauna-criticism, ethics, and the representation of animals in Spanish American fiction and poetry.* Leiden/Boston: Brill.

Dürbeck, Gabriele (2019): "Narratives of the Anthropocene from the Perspective of Postcolonial Ecocriticism and Environmental Humanities". En: Albrecht, Monika (ed.):

Postcolonialism Cross-Examined. Multidirectional Perspectives on Imperial and Colonial Pasts and the Neocolonial Present. New York/London: Routledge, pp. 271–288.
Eaubonne, Françoise d' (1974): *Le féminisme ou la mort.* Paris: P. Horay.
Ette, Ottmar (2016): *TransArea. A Literary History of Globalization.* Berlin/Boston: de Gruyter.
French, Jennifer (2005): *Nature, Neo-Colonialism, and the Spanish American Regional Writers.* Hanover: University Press of New England.
French, Jennifer (2014): "Naturaleza y subjetividad en la América Latina colonial: Identidades, epistemologías, corporalidades". En: *Revista de Crítica Literaria Latinoamericana* 79, pp. 35–56.
French, Jennifer/Heffes, Gisela (eds.) (2020): *The Latin American Ecocultural Reader.* Evanston: Northwestern University Press.
Fornoff, Carolyn/Heffes, Gisela (2021): "Introduction. Latin American Cinema Beyond the Human". En: Fornoff, Carolyn/Heffes, Gisela (eds.): *Pushing Past the Human in Latin American Cinema.* Albany: State University of New York Press, pp. 1–22.
García Canclini, Néstor/Lindón, Alicia (2007): "Diálogo con Néstor García Canclini. ¿Qué son los imaginarios y cómo actúan en la ciudad?". En: *Revista eure* 33, 99, pp. 89–99.
Glotfelty, Cheryll (1996): "Introduction. Literary Studies in an Age of Environmental Crisis". En: Glotfelty, Cheryll/Fromm, Harold (eds.): *The Ecocriticism Reader. Landmarks in Literary Ecology.* Athens, GA: University of Georgia Press, pp. xv–xxxvii.
Goodbody Axel (2016): "Animal Studies: Kafka's Animal Stories". En: Zapf, Hubert (ed.): *Handbook of Ecocriticism and Cultural Ecology.* Berlin/Boston: de Gruyter, pp. 249–272.
Haraway, Donna (2003): *The Companion Species Manifesto. Dogs, People, and Significant Otherness*, Chicago: Prickly Paradigm Press.
Heffes, Gisela (2013): *Políticas de la destrucción / Poéticas de la preservación. Apuntes para una lectura (eco)crítica del medio ambiente en América Latina.* Rosario: Viterbo.
Heffes, Gisela (2014): "Introducción. Para una ecocrítica latinoamericana: entre la postulación de un ecocentrismo crítico y la crítica a un antropocentrismo hegemónico". En: *Revista de Crítica Literaria Latinoamericana* 79, pp. 11–34.
Heise, Ursula K. (2008): *Sense of Place and Sense of Planet. The Environmental Imagination of the Global.* New York: Oxford University Press.
Huffschmid, Anne (2012): "From the City to *lo Urbano:* Exploring Cultural Production of Public Space in Latin America". En: *Iberoamericana* 45, pp. 119–136.
Iovino, Serenella/Oppermann, Serpil (2012): "Material Ecocriticism: Materiality, Agency and Models of Narrativity". En: *Ecozon@* 3, 1, pp. 75–91, https://ecozona.eu/article/view/452/477 (consultado por última vez: 26.06.2021).
Iovino, Serenella/Oppermann, Serpil (2014): "Introduction. Stories Come to Matter". En: Iovino, Serenella/Oppermann, Serpil (eds.): *Material Ecocriticism.* Bloomington: Indiana University Press, pp. 1–17.
Kressner, Ilka/Mutis, Ana María/Pettinaroli Elizabeth (eds.) (2020): *Ecofictions, Ecorealities and Slow Violence in Latin America and the Latinx World.* New York: Routledge.
Lewis, Simon L./Maslin, Mark A. (2015): "Defining the Anthropocene". En: *Nature* 519, pp. 171–180.
Lindón, Alicia/Hiernaux, Daniel/Aguilar, Miguel Ángel (2006): "De la espacialidad, el lugar y los imaginarios urbanos: a modo de introducción". En: Lindón, Alicia/Hiernaux,

Daniel/Aguilar, Miguel Ángel (eds.): *Lugares e imaginarios en la metrópolis.* Barcelona: Anthropos, pp. 9–25.
Martí, José [1891] (2005): *Nuestra América.* Caracas: Fundación Biblioteca Ayacucho.
Martínez Alier, Joan (2010): *El ecologismo de los pobres. Conflictos ambientales y lenguajes de valoración.* Lima: Espiritrompa.
Mignolo, Walter (2002): "José de Acosta's *Historia natural y moral de las Indias:* Occidentalism, the Modern/Colonial World, and the Colonial Difference". En: Acosta, José de: *Natural and Moral History of the Indies.* Durham: Duke University Press, pp. 451–518.
Nixon, Rob (2011): *Slow Violence and the Environmentalism of the Poor.* Cambridge, MA: Harvard University Press.
O'Gorman, Edmundo [1958] (1977): *La invención de América.* Mexiko D.F.: Fondo de Cultura Económica.
Oppermann, Serpil (2013): "Feminist Ecocriticism: A Posthumanist Direction in Ecocritical Trajectory". En: Gaard, Greta/Estok, Simon C./Oppermann, Serpil (eds.): *International Perspectives in Feminist Ecocriticism.* New York: Routledge, pp. 19–36.
Slovic, Scott (2020): "Introduction: Special Issue on Ecocriticism". En: *Journal of Narrative and Language Studies* 8, 15, pp. 165–168.
Slovic, Scott/Rangarajan, Swarnalatha/Sarveswaran, Vidya (2015): "Introduction: Ecocriticism of the Global South". En: Slovic, Scott/Rangarajan, Swarnalatha/Sarveswaran, Vidya (eds.): *Ecocriticism of the Global South.* Lanham: Lexington Books, pp. 1–10.
Trischler, Helmuth (2016): "The Anthropocene. A Challenge for the History of Science, Technology, and the Environment". En: *NTM* 24, pp. 309–335.

Imaginarios históricos

Monika Wehrheim

¿Es este el oro que comes? Una relectura ecocrítica de las crónicas coloniales

En memoria de mi padre

Resumen
Durante mucho tiempo, las crónicas coloniales no formaron un objeto de análisis para la ecocrítica. Esta contribución retoma los textos coloniales preguntándose cómo se presentan los temas de la explotación de recursos, de la destrucción de la naturaleza y de la sostenibilidad en otros tiempos y en otros contextos. Trataremos de analizar la lógica explotadora, las imágenes y las narrativas que se crearon en torno a la naturaleza americana que sirvieron para naturalizar la apropiación de las tierras y de los recursos naturales. Además, veremos que el discurso colonial-explotador fue criticado desde el inicio de la colonización en textos de misioneros y de indígenas. De este modo, observaremos cómo se produjo una variedad de tópicos heterogéneos y perspectivas que se enfrentaron a la lógica de la explotación y que —en algunos casos— dejan vislumbrar otra relación con la naturaleza que se puede relacionar con conceptos como la sostenibilidad y el animismo.

Abstract
For a long time, colonial chronicles lacked proper ecocritical analysis. This contribution revisits colonial texts, focusing on how issues of resource exploitation, the destruction of nature, and sustainability have been approached through different times and contexts. We will try to analyze the exploitative logic, images, and narratives that were created around American nature, and which contributed to naturalize the appropriation of land and natural resources. In addition, we will see that the colonial-exploitative discourse was criticized from the beginning of colonization in missionary and indigenous texts. In these, we observe the emergence of a variety of heterogeneous topics and perspectives that clashed with the logic of exploitation and that —in some cases— give us a glimpse of another relationship with nature that can be related to concepts such as sustainability and animism.

En el debate ecológico actual, la descripción de América Latina como un continente que sufre desde los tiempos de la conquista el robo de recursos y la destrucción de la naturaleza por parte de un poder ajeno explotador, suele ser un tópico central. Ya en *Las venas abiertas* de 1971, Eduardo Galeano desarrolla justamente el tópico de la explotación y apropiación de las riquezas de América Latina por parte de europeos y norteamericanos:

> Desde el descubrimiento hasta nuestros días, todo se ha trasmutado siempre en capital europeo o, más tarde, norteamericano, y como tal se ha acumulado y se acumula en los lejanos centros de poder. Todo: la tierra, sus frutos y sus profundidades ricas en minerales, los hombres y su capacidad de trabajo y de consumo, los recursos naturales y los recursos humanos. (Galeano 2004: 16)

La continuidad de la explotación es un argumento central de la teoría de la dependencia y forma así parte de la crítica de la teoría del desarrollo. Hoy en día sigue siendo un argumento en el debate ecológico, como se puede ver en la publicación del mismo Galeano *Úselo y tírelo* (1994).

Es obvio que la referencia a la conquista sirve para denunciar la explotación capitalista, el extractivismo desenfrenado y la destrucción de la naturaleza, creando la imagen de una apropiación extranjera que habría existido desde siempre. Evidentemente, esta construcción dicotómica corre el riesgo de disminuir el papel de las élites locales en los procesos de la explotación y destrucción y de llevar a una simplificación de los procesos actuales. Al mismo tiempo, se ignoran las ambivalencias y contradicciones de la época colonial —una época en la cual se produce un discurso muy diferenciado en torno a la naturaleza.

Por este motivo, me gustaría retomar los textos coloniales para preguntar cómo se presentan los temas de la explotación de recursos, de la destrucción de la naturaleza y de la sostenibilidad en otros tiempos y en otros contextos. Asimismo, busco demostrar que es posible observar en las crónicas coloniales profundas preocupaciones en relación con el comportamiento de los conquistadores frente a la naturaleza. Por último, veremos que el discurso colonial-explotador es cuestionado desde el primer momento en textos de misioneros y de indígenas, de modo que se produce una variedad de tópicos heterogéneos y perspectivas que se enfrentan a la lógica de la explotación.

1. Las crónicas como objeto de estudio de la ecocrítica

Según la introducción al *Ecocriticism Reader* de Glotfelty (1996), se pueden distinguir tres tipos de estudios y procesos de acercamiento en la ecocrítica que se definen muy brevemente como “the study of the relationship between literature and the physical environment” (xviii). Estos tres tipos son: la pregunta acerca de las imágenes de la naturaleza en la literatura, la pregunta acerca del canon (se buscan las obras con un compromiso con el tema ecológico o se buscan obras excluidas del canon que traten el tema de la naturaleza) y como tercera cuestión una pregunta de un tenor más teórico: ¿Cómo la naturaleza es construida en el discurso literario? ¿Qué conceptos surgen? ¿De qué modo se construye el sistema binario entre ser humano y naturaleza en el mismo discurso académico? (1996: xxii–xxiv).

Como muestra French en su fundamental artículo "Naturaleza y subjetividad en la América Latina colonial: Identidades, epistemologías, corporalidades" (2014), durante mucho tiempo las crónicas no formaron parte de la ecocrítica:

> El mundo de los estudios coloniales es ancho y ajeno, pero la ecocrítica encontrará guías en las generaciones de especialistas que han examinado el tema de la naturaleza [...] en la producción cultural de la época de dominio español. La mayoría no escribieron ecocrítica (French 2014: 38).

Según French, una ecocrítica entendida como ecología aplicada y conceptual no podría referirse a las crónicas (French 2014: 38). Por este motivo, el acercamiento ecocrítico consistiría, entonces, en desarrollar una nueva perspectiva de las crónicas —tomando en cuenta preguntas acerca de las imágenes y de los conceptos de la naturaleza que indican y justifican la explotación de recursos naturales o que articulan críticas frente a esta. Habrá que analizar de qué manera se naturaliza la toma de posesión no solamente de la tierra, sino también de todo lo que se encuentra en ella: frutas, árboles, oro —y muchas veces también de las personas que viven en estas zonas.

Si esto cabe en el conjunto del estudio de las imágenes, también resultaría interesante una revisión del archivo para identificar textos no-canónicos o reinterpretar textos ya canónicos bajo una perspectiva ecocrítica, tal como proponemos abordar las crónicas en esta contribución. En este sentido, las crónicas pueden brindar nuevas perspectivas teóricas para ver cómo la naturaleza es construida en los tiempos de la conquista y en qué medida corresponde al sistema binario entre hombre y naturaleza o no.

En este orden de ideas, la ecocrítica en el contexto colonial implicaría, según French (39), preguntarse por la epistemología de la época colonial, tomando como base el concepto de la colonialidad del poder de Aníbal Quijano, tal como lo presenta Santiago Castro-Gómez, una episteme que naturalizaba el imaginario europeo como la única manera de relacionarse con la naturaleza (Castro-Gómez 2008: 281).

Es evidente que, desde el principio, la conquista de América estuvo acompañada por saqueos y robos de recursos. A lo largo de mi contribución exploraré cómo se presentan en las crónicas coloniales de América la cuestión del robo de recursos, así como los temas que este conlleva, como la destrucción de la naturaleza, las relaciones de producción indígena y, en última instancia, el genocidio impulsado por la explotación específica colonial. Asimismo, el debate sobre la sostenibilidad puede ser desarrollado históricamente, ya que desde el comienzo de la colonización se ha planteado la cuestión de cómo utilizar los recursos existentes. Finalmente, habría que analizar cuáles son las imágenes y los conceptos de la naturaleza subyacentes y cuál es la epistemología implicada.

2. La tierra es para explotarla: Cristóbal Colón

En 1493 circula en Europa una carta que difunde la noticia acerca de los territorios indios que fueron alcanzados viajando por mar hacia el oeste: se trata de la Carta a Santángel, que Cristóbal Colón dirige al Tesorero de los Reyes Católicos poco después de regresar de su primer viaje a América. La carta es una especie de *best-seller* de la época: en poco tiempo es traducida al italiano, alemán, francés, catalán y de la versión latina se producen nueve ediciones en un año.[1] Como sabemos, Colón cree haber descubierto la ruta marítima a Asia. El objetivo declarado del proyecto es obtener mercancías comerciales, especialmente especias, ya que la ruta terrestre había sido bloqueada por los turcos. Igualmente, sabemos que Colón no encuentra realmente lo que esperaba encontrar (y que pensó que iba a encontrar en ese momento). Deseando obtener un mayor apoyo financiero, Colón necesita construir lo 'descubierto' como un potencial objeto de inversión que merece la pena. En este contexto, llama la atención el modo en que las islas son descritas:

> [...] todas [las islas] andables y llenas de árboles de mil maneras y altas, y parecen que llegan al cielo; y tengo por dicho que jamás pierden la hoja, según lo pude comprender, que los vi tan verdes y tan hermosos como son por mayo en España. Y dellos estaban floridos, dellos con frutos [...]; y cantaban el ruiseñor y otros pajaricos de mil maneras [...]. Hay palmas de seis o de ocho maneras [...]; en ella hay pinares a maravilla, y hay campiñas grandísimas, y hay miel, y de muchas maneras de aves y frutas muy diversas. En las tierras hay muchas minas de metales y hay gente instimabile número [sic]. (Colón 1985: 223)

A primera vista —y es así como se evaluó el texto durante mucho tiempo— el párrafo se lee como la descripción de un paraíso en la tierra y, de hecho, Colón fue considerado a menudo como alguien que amaba y apreciaba a la naturaleza (véase p. ej. Todorov 1982, Greenblatt 1991).

Pero quizá con esta lectura ya hemos caído en una primera trampa. Juzgar un lugar como idílico no significa necesariamente no aprovecharse de él y explotarlo. Justamente si el lugar solo es idílico, económicamente no sirve para nada. En el discurso colonial, el tópico de los indígenas que no utilizan la tierra de una manera adecuada es central para justificar su apropiación.

1 Luis Arranz menciona traducciones al latín, italiano, alemán (Colón 1985, 221, nota de pie 1), Esteva Barba menciona una edición catalana, hoy perdida, así como nueve ediciones latinas publicadas en Roma, París Amberes y Basilea (1992: 24).

Un segundo aspecto parece llamativo. Los indígenas no solamente no se aprovechan de la tierra, sino que incluso parecen formar parte de la naturaleza: son incluidos en la enumeración de lo que se encuentra en la isla: palmas, pinares, campiñas, miel, aves, frutas, minas y gente sin número.

El imaginario de una tierra no trabajada se produce también a nivel iconográfico. El grabado de Jan van der Straet presenta la alegoría de América (alrededor de 1580) que descansa perezosamente en su hamaca dentro de una naturaleza abundante que produce frutas, árboles y animales.[2]

Figura 1. *America* diseñado por Jan van der Straet y grabado por Theodoor Galle (alrededor de 1600).

Curiosamente, en el dibujo incluso los animales domésticos europeos como el cerdo y el caballo se están paseando en la selva sin domino humano. No sirven ni para la alimentación, ni para trabajar la tierra. Aún peor, en vez de comer el cerdo, los indígenas se alimentan de carne humana como se ve en la parte superior donde se muestran brazos y piernas sobre un fuego caníbal.

Evidentemente, los indígenas parecen formar parte de la naturaleza. América no tiene conciencia de sí misma. Según la leyenda del grabado: "Americen Americus retexit & Semel vocavit inde semper exitam" se despierta al ser llamada

2 Acerca del grabado véase entre otras las interpretaciones de Montrose (1991) y Zamora (1993: 152–181).

por Vespucci.[3] Es decir, que antes de haber sido descubierta por el hombre europeo no había existido. Estaba durmiendo en su hamaca —como parte de la naturaleza— y como tal, carecía de consciencia humana. En un tipo de *speech act*, Vespucci la enuncia y ella empieza a existir por el acto de ser enunciada.

Además, el canibalismo, que se ve en la parte superior izquierda, puede interpretarse como si los indígenas no supieran aprovechar óptimamente el entorno natural. En vez de comer el cerdo que corre por los bosques, los indígenas comen carne humana y cometen de esta forma un error categorial.[4] A nivel epistemológico, no distinguen entre animal y ser humano. Esta cercanía del indígena a la naturaleza indica claramente su inferioridad frente al europeo y justifica su dominación. Como explica French, los hombres tenían que distinguirse de la naturaleza para poder llegar al conocimiento en el sentido del cristianismo:

> Se entendía que desde los tiempos de Jesucristo los seres humanos se dividían en dos grupos principales, 'homo renatus' (el bautizado) y 'homo naturalis', el hombre en estado de naturaleza. Entonces la naturaleza —o sea, el nacimiento— provee la luz de la razón, pero sólo la intervención de la cultura puede proveer el conocimiento, enseñanza y ritual que son necesarios para que los seres humanos aprendan a separarse de la naturaleza bruta. (French 2014: 41)

Volviendo a la carta, es evidente que también Colón nos muestra una naturaleza no utilizada y, por lo tanto, la toma de posesión se justifica. La visión supuestamente entusiasta de la naturaleza sólo puede ocultar la cuestión de su potencial explotación.[5] Para las intenciones expansivas, se necesitan tanto árboles para la construcción naval (o para la reparación de barcos), como miel, frutas y aves (en el sentido de aves de corral) para el suministro de alimentos.

Al final de su carta, Colón resume muy claramente las posibilidades de beneficios económicos inmediatos y alude a una riqueza rápida: reservas de oro y posibles esclavos. Habla de "oro sin cuento" (Colón 1985: 227) y les promete a los reyes lo siguiente: "[...] yo les daré oro [...]: especería y algodón cuanto sus altezas mandaren cargar, y almastiga [...], y lignáloe cuanto mandarán cargar, y esclavos cuantos mandarán cargar [...]." (228) Así, los seres humanos aparecen como recursos naturales. La posibilidad de esclavizarlos ya no se cuestiona, ya que son vistos como parte de la naturaleza.

---

3 Amerigo descubre América. La llamó una vez, se despertó para siempre [Traducción de la autora].

4 Para el tema del canibalismo como error categorial véase Wehrheim-Peuker (1998), para el canibalismo como tópico colonial véase Hulme (1986) y Wehrheim-Peuker (1998).

5 Acerca del *Diario de a bordo* de Colón Moebus (1982) hace hincapié el aspecto del aprovechamiento que se encuentra escondido en las descripciones entusiasmadas aparentemente solo por la belleza de la naturaleza.

Con la promesa de riquezas rápidas, Colón lanza un cebo con fines publicitarios y aumenta considerablemente las expectativas en las nuevas regiones.

A partir de ese momento, el oro se convertirá en un factor decisivo en la percepción de América. Aunque las cantidades de oro que Colón trae a España son comparativamente pequeñas y principalmente oro de río (según Fisher/Pietschmann 1994: 404), las expectativas de riqueza rápida son aparentemente ilimitadas desde el principio. Según Fisher/Pietschmann, Hernán Cortés, quien desembarca en la costa de México en 1519, cuando se le ofreció tierra cultivable en La Española en 1504, al parecer contestó: "Pero vine a buscar oro, no a arar la tierra como un granjero" (404), lo cual lograría con la conquista de México en 1521.

3. El oro de México: Hernán Cortés

La carta-relación que escribe Hernán Cortés en 1522 al Emperador Carlos V ilustra el intento de justificar su arbitraria conquista de México (luego de desobedecer las órdenes de su superior directo Velásquez, quien lo había enviado a explorar la costa de México sin desembarcar)[6]. Al mismo tiempo, está impregnada de la expectativa de encontrar oro desde el comienzo de la incursión a tierra. A pesar der ser un buen observador, Cortés valora claramente lo nuevo con la mirada de los que buscan riquezas. En México-Tenochtitlán, la capital del imperio azteca, parece haber alcanzado la meta de sus deseos. En su primer encuentro con Moctezuma, le regala un collar de perlas y diamantes de vidrio. A cambio es ricamente recompensado:

> Vino un servidor suyo con dos collares de camarones envueltos en paño, que eran hechos de huesos de caracoles colorados, que ellos tienen en mucho y de cada collar colgaban ocho camarones de oro de mucha perfección, tan largos casi como un geme y como se los trajeron se volvió a mí y me los echó al cuello. Y tornó a seguir por la calle [...] hasta llegar a una muy grande y muy hermosa casa que él tenía para apostarnos [...].
>
> Y dende [desde] a poco rato, ya que toda la gente de mi compañía estaba aposentada, volvió con muchas y diversas joyas de oro, plata, plumajes a hasta cinco o seis mil piezas de algodón, muy ricas y de diversas maneras tejidas y labradas [...]. (Cortés 1985: 116)

Cortés elogia la artesanía de los aztecas y mesura la riqueza del país. En este sentido, la descripción del mercado de México-Tenochtitlán parece emblemática:

> Tiene esta ciudad muchas plazas, donde hay continuo mercado y trato de comprar y vender. Tiene otra plaza tan grande como dos veces la ciudad de Salamanca, toda cercada de portales alrededor, donde hay cotidianamente arriba de sesenta mil ánimas

6 Acerca del conflicto entre Cortés y Velázquez véase Hugh 2004: 131–142.

> comprando y vendiendo; donde hay todos los géneros de mercadurías que en todas las tierras se hallan, así de mantenimientos como de vituallas, joyas de oro y plata, de plomo, de latón, de cobre, de estaño, de piedras, de huesos, de conchas, de caracoles y de plumas. Véndese cal, piedra labrada y por labrar, adobes, ladrillos, madera labrada y por labrar de diversas maneras. Hay calle de caza donde venden todos los linajes de aves que hay en la tierra, así como gallinas, perdices, codornices, lavancos, dorales, zarcetas, tórtolas, palomas, pajaritos en cañuela, papagayos, búharos, águilas, halcones, gavilanes y cernícalos; y de algunas de estas aves de rapiña, venden los cueros con su pluma y cabezas y pico y uñas. (132)

El mercado muestra el potencial de la futura colonia. Representa un microsistema de la riqueza minera y agrícola de la región, es una metonimia que alude a un contexto más grande y más general: el mercado de la ciudad es el sistema en miniatura del mercado general del territorio. En este orden de ideas, entendemos la descripción del mercado entonces como una anticipación de lo que se puede extraer del lugar.

Si bien se interesa también por la artesanía de los aztecas en el mercado, cosas tan importantes y valiosas para los aztecas como las plumas, reciben poca atención en sus descripciones.[7]

Por encima de todo, es el oro lo que le atrae mágicamente. Por lo tanto, Cortés se fija de dónde sacan el oro los mexicanos y le pregunta a Moctezuma sobre las minas de este metal. Al mismo tiempo, considera que se necesitan asentamientos para la explotación de las minas y prevé el cultivo de productos consuetudinarios como maíz, frijol y cacao ("que es una fruta como almendras, que ellos venden molida y la tienen en tanto, que se trata por moneda en toda la tierra", 123–124).

De este modo, la explotación a corto plazo del oro labrado por los aztecas debe ser seguida por el desarrollo y la explotación de las minas de oro, lo que garantiza el suministro a largo plazo del metal precioso.[8]

Ya a principios de 1520, con el objetivo de ganar el apoyo del rey para su expedición caprichosa, Cortés envía tesoros de oro, junto con cinco totonacas (tres hombres y dos mujeres), a España. Estos fueron expuestos en Valladolid y visitados por Bartolomé de las Casas y Pedro Mártir, quien alaba el alto nivel de artesanía. El emperador los vería finalmente en Tordesillas (Hugh 2004: 348).

7 A diferencia de Cortés, Bernardino de Sahagún describe en su *Historia general de las cosas de la Nueva España* ([alrededor de 1577] 1990) con detalle la importancia de las plumas ricas en la cultura azteca. En este sentido el título del libro nono "De los mercaderes, oficiales de oro y piedras preciosas y pluma rica" es revelador —la pluma rica se menciona en el mismo contexto como el oro y las piedras preciosas.

8 Sin embargo, a largo plazo la minería de plata cobraría mayor importancia en México que la minería de oro (Fisher/Pietschmann 1994: 407). Las ciudades plateras de México han alcanzado un nivel de fama mundial: Taxco, Zacatecas, Guanajuato y el antiguo sitio minero Real de Catorce.

Nuevamente es revelador constatar que se trataba a los seres humanos como curiosidades de la tierra americana, exponiédoseles como el oro. Es como si para los conquistadores, los habitantes de estas tierras formaran parte de su naturaleza y de sus riquezas.

En agosto de 1520 el tesoro fue expuesto en Bruselas. Albrecht Dürer escribe con admiración en su diario sobre su viaje a los Países Bajos:

> También he visto las cosas que le fueron traídas al rey desde el nuevo El Dorado: un sol completamente dorado, de una braza entera de ancho, así como una luna completamente plateada, igual de grande [...]. Todas estas cosas fueron tan exquisitas que se les estima un valor de 100.000 florines. Y no he visto nada en mi vida que me haya alegrado tanto el corazón. Porque he visto en ellos maravillosas obras de arte y me he maravillado ante la sutil artesanía de los pueblos de tierras extranjeras.[9] (Dürer en: Rupprich 1956: 155)

Aunque la admiración por la artesanía era generalmente grande, los soles de oro y las lunas de plata que impresionaban tanto a Dürer fueron fundidos rápidamente en lingotes. A menudo los conquistadores fundían las obras de arte incluso antes de ser llevadas a España —Cortés tenía especialistas para esto como Antonio de Benavides (Hugh 2004: 330). Casi no existen informaciones sobre las reacciones de los indígenas ante la fundición de sus obras de arte; según Hugh (330), se conservan solo las quejas del hijo del jefe Comogre en Panamá, que reprendió a Balboa por derretir la joyería de oro de su tribu ignorando así su valor artístico (Sauer 1966: 222).

Las explicaciones desde la perspectiva económica del comportamiento de los españoles son conocidas. A parte del intento de los conquistadores de enriquecerse, una quinta parte de lo obtenido (el Quinto) llegó a manos del rey. Además, el oro era necesario para financiar la colonización (Fisher/Pietschmann 1994: 405), que fue hasta 1510 un negocio deficitario: los costos de los alimentos básicos para alimentar a los colonos como la harina, el aceite y el vino, así como las herramientas, las armas, los animales, las semillas y los materiales de construcción eran superiores al valor de los bienes importados (oro y bienes tropicales). Para la corona, la situación económica mejoró con la conquista de México (1519–1521). Los historiadores Fisher y Pietschmann ven en esto la base de una

9 Texto original: Auch hab jch gesehen die dienge, die man dem könig auß dem neuen gulden land hat gebracht: ein ganez guldene sonnen, einer ganczen klaffter braith, deßgleichen ein ganecz silbern mond, auch also groß, [...] Diese ding sind alle köstlich gewesen, das man sie beschäezt vmb huntert tausend gulden werth. Und ich hab aber all mein lebtag nichts gesehen, das mein herez also erfreuet hat als diese ding. Dann ich hab darin gesehen wuderliche künstliche ding und hab mich verwundert der subtilen jngenia der menschen ji frembden landen. Agradezco a Juanita Arango la traducción de este párrafo del diario de Dürer. El texto está disponible en: https://digi.ub.uni-heidelberg.de/diglit/rupprich1956bd1/0161.

expansión general del comercio que se pudo observar desde 1524 hasta alrededor de 1550 (406).[10]

Ahora bien, ¿cómo se pueden interpretar estos textos desde una perspectiva ecocrítica? En la carta de Colón y en el grabado de van der Straet el argumento implícito para apropiarse de las tierras y de los recursos naturales es que los indígenas no saben dominarlas, no labran la tierra, no se aprovechan de las riquezas. En este contexto, los indígenas forman parte de la naturaleza y son tratados como tal —como recursos naturales, es decir, como esclavos. Si suponemos que los europeos tenían una perspectiva antropocéntrica en relación con la tierra, postulan una actitud holística respecto a los indígenas. No diferencian entre indígenas y naturaleza con el simple argumento de que los indígenas no ejercían dominio sobre la naturaleza. La discursividad colonial construye a los indígenas como parte de la naturaleza que no se posiciona frente a la tierra. Sin pensar que los primeros europeos hayan entendido la cosmovisión indígena y entendido una supuesta relación holística con la tierra, reprochan el comportamiento desinteresado de los indígenas por las ganancias y justifican de tal manera su dominio.

La situación en México es totalmente diferente. Cortés se ve enfrentado a una sociedad que trabaja las tierras, que tiene mercados y comercio, que sabe labrar oro, plata y piedras preciosas. Sin embargo, también considera estar en la posición de apropiarse de las riquezas. Un papel central en la legitimación discursiva de la conquista juega el discurso que Cortés atribuye a Moctezuma mismo que representa una *translatio imperii.*[11] En este discurso Moctezuma acepta al Emperador Carlos I como soberano de la tierra, admitiendo que "yo y todos los que en esta tierra habitamos no somos naturales de ella sino extranjeros y venidos a ella de partes muy extrañas [...]" (Cortés 1985: 116) e indicando también que su dominio no es legítimo. Si los mexicanos no son nativos (indígenas) del lugar, son migrantes y usurpadores y como tales tampoco tienen títulos legales de la tierra (véase Straub 1976: 69). Sin admitir que se tratara de un discurso real, se podría pensar que esta sentencia en la perspectiva de Moctezuma se refería al mito de peregrinaje de los aztecas (de Aztlán al lago de Texcoco). De tal modo, se produce aquí una ambivalencia semiótica. El mito migratorio de los mexi'ca se traduce en el contexto europeo en un argumento jurídico para legitimar la conquista de México.

10 En 1540, 79 barcos zarparon de Sevilla a América, de los cuales regresaron 47. Cada año alrededor de 1000 personas partían de Sevilla con destino a Veracruz. Los barcos de América transportaban lingotes de oro, pieles de ganado, carmín y azúcar de Santo Domingo. El uso de esclavos negros incrementó considerablemente porque la población indígena había sido casi exterminada (véase Fisher/Pietschmann 1994: 406).

11 Acerca de la discursividad colonial de la carta véase p.ej. el análisis de Mackenthun (1997: 79–89).

Otro argumento más implícito se encuentra en el aspecto económico. Aunque ricos, los aztecas no conocen los verdaderos valores de las cosas según occidente. Cortés le regala un collar con diamantes de vidrios a Moctezuma, mientras el soberano de los mexi'ca le ofrece collares con camarones de oro (Cortés [1522] 1985: 116). En vez de tener un valor económico para los mexi'ca, el oro tiene solo un valor decorativo y no juega un papel en el circuito del comercio.

Así, si los mexi'ca forman obras de arte del oro, los españoles destruyen estas obras fundiéndolas. Los conquistadores invierten el proceso de la creación cultural y reducen el oro a su materialidad que solo tiene un valor hipotético. Pero de cierta manera se produce una ambivalencia: si labrar los materiales de la tierra correspondería al concepto de dominio de la tierra, uno podría preguntarse desde la propia lógica de los europeos, si el acto de la reducción de la obra a su materialidad no correspondería a un proceso de deculturación. Destruyendo las obras de arte, los europeos se convertirían en seres sin cultura y se encontrarían más cerca de la naturaleza que los propios indígenas.

Puede ser que los discípulos aztecas que escribieron para el franciscano Bernardino de Sahagún se hayan dado cuenta de esta contradicción. Muchas veces, conocemos solo el texto en español de la *Historia general de las cosas de Nueva España* del franciscano conocido por su impresionante investigación que hacía sobre la cultura de los aztecas. Se trata de un texto que se escribió a base de los testimonios que recogieron los discípulos del padre, jóvenes indígenas que estaban educados en el espíritu del humanismo y del cristianismo en el Colegio de Santa Cruz de Tlatelolco a partir de 1536.[12] Ellos no solo hablaban náhuatl y español sino también latín (véase León-Portilla 1992: 233). El texto entero, también conocido bajo el título de *Codex Florentinus* (1577), está repartido en dos columnas —una con el texto náhuatl y la otra con el texto español— muchas veces acompañado por ilustraciones. Entre ambas versiones existen grandes diferencias que se notan, sobre todo, en el Libro XII que trata la conquista de México.[13] En el capítulo 12 de este libro encontramos la descripción del encuentro de Tzihuacpopocatzin con Cortés en las cercanías del Popocatépetl donde el embajador azteca presentó regalos de Moctezuma[14]:

---

12 Acerca del proceso de la investigación sobre la cultura náhuatl véase Klor de Alva (1988) quien considera a Sahagún como pionero de la etnografía moderna.

13 Los textos de los aztecas transmiten una crítica muy fuerte a los conquistadores que se reduce significativamente en el texto español. Aunque éste queda también crítico se nota una cierta distancia hacia la perspectiva indígena. Es evidente que Sahagún estaba en una situación peligrosa ya que escribía prácticas paganas y de esta manera corría el riesgo de que el texto fuera considerado como herético, véase Wehrheim 2006.

14 Se trata de la traducción de la versión del náhuatl de Ángel Garibay que se encuentra en Miguel León-Portilla (ed.) (1988): *Visión de los vencidos.* Madrid (Historia 16). La versión española del libro XII de la *Historia general* de Sahagún se diferencia mucho de la traducción directa del náhuatl que tenemos de Garibay. El texto de Sahagún es más breve y mitiga en

> Les dieron a los españoles banderas de oro, banderas de pluma de quatzal, y collares de oro. Y cuando les hubieron dado, se les puso risueña la cara, se alegraron mucho (los españoles), estaban deleitándose. Como si fueran monos levantaban el oro, como que se sentaban en ademán de gusto, como que se les renovaba y se les iluminaba el corazón. Como que cierto es que eso anhelan con gran sed. Se les ensancha el cuerpo por eso, tienen hambre furiosa de eso. Como unos puercos[15] hambrientos ansían el oro [...]. Y las banderas de oro las arrebatan ansiosos, las agitan a un lado y a otro, las ven de una parta y de otra. Están como quien hable lengua salvaje; todo lo que dicen, en lengua salvaje es. (88)

La descripción, que solamente se encuentra en la versión náhuatl del texto, pone a los españoles al lado de lo salvaje. Están tan conmovidos que hablan una "lengua salvaje", se deleitan. Se comportan como animales: como si fueran monos, como unos puercos hambrientos. Son los conquistadores los que pierden el estatus de hombres civilizados y se convierten en seres salvajes, es decir, no se diferencian del mundo de las bestias. Educados en el espíritu del humanismo, puede ser que los discípulos indígenas hayan iniciado una transculturación de la perspectiva europea. Retoman el argumento que el ser humano tendría que dominar la naturaleza —pero lo utilizan en contra de los conquistadores afirmando que —como cerdos y monos— forman parte de la naturaleza y no la dominan.

Es interesante constatar que encontramos descripciones muy semejantes en la crónica de Guamán Poma de Ayala.

4. El oro en otra perspectiva: Guamán Poma de Ayala

A través de los informes de Colón y los tesoros de oro que finalmente fueron encontrados en México, el oro se convierte en una obsesión para los conquistadores. Pasemos ahora a otro cronista, a Guamán Poma de Ayala, quien describe de manera impresionante el impacto del oro en Europa.

En 1532 Francisco Pizarro desembarca en Tumbes, en el norte de Perú. Después de la muerte del duodécimo Inca Huayna Cápac, Perú se encuentra en medio de una guerra civil entre los hermanos Atahualpa (Quito) y Huáscar (Cuzco). Cuando Pizarro llega al Perú, Atahualpa y su ejército se encuentran en Cajamarca. El conquistador se dirige hacia allí y el primer encuentro con Atahualpa resulta en su derrota y captura por parte de la gente de Pizarro. Su liberación se realizaría a cambio de una suma exorbitante: según las crónicas, el llamado Cuarto de Rescate debía ser llenado con oro y plata hasta alcanzar la

---

mucho la fuerte crítica del comportamiento de los españoles que se encuentra en la versión de los alumnos de Sahagún —aunque sigue siendo bastante crítica.

15 En la nota de pie se explica que el texto nahuatl dice pitzome, 'puercos de la tierra' (89).

altura de Atahualpa con su mano levantada (Lavallé 2005: 123–139). Los tesoros necesarios fueron traídos desde el Imperio Inca hasta que la demanda fue satisfecha. Esto no fue de gran utilidad para el Inca, quien fue ejecutado de todos modos. Con la fundición del oro y de la plata se perdieron a su vez enormes obras de arte.

Guamán Poma de Ayala nace hacia 1534 —ya en tiempos de la conquista— y muere hacia 1617. El indígena quechua se desempeñaba como traductor en el proyecto de la evangelización del Perú. Escribió una de las crónicas más extraordinarias de la época colonial, la *Nueva Corónica y buen gobierno,* que fue terminada alrededor de 1615.[16]

La crónica ha sido objeto de una intensa investigación desde los años ochenta —sobre todo gracias a los estudios pioneros de Rolena Adorno[17]. Es sabido que se trata de un texto que abiertamente critica y denuncia la dominación española, partiendo de una argumentación cristiana. Poma fue bautizado y se tomó muy en serio su cristianismo. En este sentido, Poma exige al rey español Felipe III retirar a los españoles del Perú, debido a su abuso de poder. Según él, el rey podría seguir siendo reconocido como soberano supremo, pero los indígenas deberían someterse al cristianismo.

A Poma le debemos las más impactantes descripciones del *hype* del oro y de la codicia de los españoles por encontrar este mineral. Bajo el título "Conquista" describe cómo se difunden las noticias de las riquezas en España:

> Todo Castilla ubo grandes alborotos; era de día y noche entre sueños. Todo decía: "Yndias, yndias, oro, plata, oro, plata del Pirú." Hasta los músicos cantauan el rromance "Yndias, oro, plata". A se ajuntaron estos dichos soldados y nesage del rrey nuestro señor católico de España y del santo padre papa. (372 [373], 1987: 378)

La noticia acerca del oro y la plata se extiende velozmente. Solo se habla de estos dos metales, e incluso los cantantes cantan "el romance del oro y plata". El país parece sumido en una histeria, "Yndias, oro, plata" forman una tríada sólida. En retórica, la asociación de términos relacionados temáticamente se llama acumulación. Poma, al crear la asociación entre "Indias" y "Oro y Plata", deja en claro qué perspectiva tienen los conquistadores sobre el territorio: lo reducen a oro y plata. En términos modernos, este acortamiento también podría entenderse como un eslogan exitoso de la industria publicitaria, con el objetivo de reclutar aventureros para la colonización.

16 El manuscrito permaneció sin ser descubierto en la Biblioteca Católica de Copenhague durante mucho tiempo hasta que fue encontrado por el historiador alemán Richard Pietschmann en 1908. El manuscrito contiene alrededor de 1200 páginas de descripciones y 400 dibujos a pluma. Está disponible en línea en: http://www.kb.dk/permalink/2006/poma/info/en/frontpage.htm.

17 Se cita según la paginación de Poma y según la edición de Adorno/Murra/Urioste 1987.

Al mismo tiempo, la sensibilidad de Poma por la eficacia de ciertas imágenes en Europa es sorprendente: para España, el Nuevo Mundo se ha convertido en sinónimo de metales preciosos. El siguiente pasaje es una maravillosa descripción de la codicia por el oro y la plata —que se transforma en una especie de 'formula gemela', una hendíadis. El texto narra la salida de Pizarro, Almagro y 350 soldados a Perú:

> Y no quicieron descansar ningún día en los puertos. Cada día no se hazía nada, cino todo era pensar en oro y plata y rriquiezas de las Yndias del Pirú. Estauan como un hombre desesperado, tonto, loco, perdidos el juicio con la codicia del oro y plata. A ueses no comía con el pensamiento de oro y plata. A ueces tenía gran fiesta, pareciendo que todo oro y plata tenía dentro de las manos. A cido como un gato casero quando tiene al rratón dentro de las uñas, entonces se huelga. Y ci no, siempre azecha y trauaja y todo su cuidado y pensamiento se le ua allí hasta coxello; no para y cienpre vuelve allí. Ací fue los primeros hombres; no temió la muerte con el enterés de oro y plata. Peor son los desta uida, los españoles corregidores, padres, comenderos. Con la codicia del oro y plata se uan al ynfierno. (374 [376], 1987: 380)

La hendíadis del oro y plata recorre el texto como un mantra, el texto refleja el pensamiento de los españoles, cuya mente está nublada por la fijación en las riquezas: a veces no comen, no hacen otra cosa que pensar en oro y plata, se comportan como locos, se desesperan, luego se regocijan como si ya tuvieran los tesoros en sus manos. La metáfora del gato doméstico muestra una vez más la capacidad de Poma de llevar la prisa y la inquietud de los españoles a un cuadro apropiado: el gato doméstico sólo se calma cuando tiene el ratón en sus garras. Además, el ejemplo del gato doméstico muestra muy bien, según Adorno, como Poma se ha apropiado de las estrategias de los sermones —utiliza imágenes conocidas de la vida cotidiana de sus lectores (Adorno 2000: 125–126).

Al mismo tiempo, Poma animaliza a los españoles (son como el gato doméstico) —como en las descripciones de los indígenas que componen la versión náhuatl de la *Historia de las cosas de la Nueva España* de Sahagún. El *tercium comparationis* entre los conquistadores y los animales (mono y puerco en Sahagún, gato en Poma) es la pérdida del control de sí mismo; los seres humanos se agitan en un delirio, se dejan llevar por la locura del oro, han perdido la razón. En cierta medida encontramos aquí un concepto que remite a la moral aristotélica según la cual el hombre tiene que controlar sus placeres comunes (alimentación, bebida y sexo) para no correr el peligro del exceso "que va más allá de la necesidad" (Foucault [1984] 2003: 33). El combate agnóstico entre deseos y templanza que constata Foucault, se puede interpretar como el antagonismo entre naturaleza y logos. En este pensamiento el hombre se hace hombre por la capacidad de controlar sus instintos. Así, en nuestro ejemplo, los conquistadores pierden —debido a su codicia— el estatus de soberanía en frente de la naturaleza, se animalizan.

En otras descripciones parece como si los españoles necesitaran oro para sobrevivir —y esta es precisamente la idea detrás de la imagen que muestra al español Candía (de hecho, es griego) y al inca Huayna Capac (369 [371], 1987: 376) en un encuentro en Cuzco. Con bocadillos como en los cómics, se representa el siguiente diálogo entre los dos: “Conquista/ Gvaina Capac Inca / Candía / Cay coritacho micunqui? ¿Es éste el oro que comes? Este oro comemos”.

Figura 2. Guamán Poma de Ayala, Felipe (alrededor de 1615): “Cay coritacho micunqui? [¿Es éste el oro que comes?] / Este oro comemos. / en el Cuzco”.

La imagen ilustra un encuentro ficticio, un evento que nunca ocurrió. En efecto, Candía desembarcó en Tumbes en 1527, pero no entró al país. Huayna Cápac murió en 1527. Es interesante anotar que aquí se mencionan hechos históricos reales (el desembarco de Candía, el conocimiento sobre el oro en el imperio incaico) pero se crea una historia ficticia. En el diálogo inventado, el Inca habla quechua, el español (el griego) habla castellano. El contenido podría ciertamente ser considerado como una conversación seria: es posible que los indígenas creyeran realmente que los españoles se alimentaban de oro porque dependían tanto de él, y que los españoles, tal vez, les dejaran creerlo. Después de todo, también existe un dibujo que muestra como algunos indígenas dan de 'comer' oro fundido a los españoles, ostensiblemente para ver si realmente lo comen, pero más probablemente para sofocarlos con su avaricia.

Figura 3. "Indios gießen den Spaniern geschmolzenes Gold in den Mund" (Los indios vierten oro fundido en la boca de los españoles). Benzoni, Girolamo (1594): *Americae Pars Quarta.* (Ed. de Theodor De Bry).[18]

Volvamos al dibujo del encuentro de Candía y del inca. Más que una ilustración de un evento real, me gustaría ver el dibujo de Poma como una alegoría que muestra la práctica colonial de apropiación del oro: los españoles se comportan como si necesitaran oro para sobrevivir y los incas no les niegan esta comida.

Al mismo tiempo, esta ilustración de la inmensa avaricia por el oro, en palabras e imágenes, denuncia el objetivo real de la conquista: no es la cristiani-

18 Este dibujo forma parte de la famosa edición de textos sobre la conquista de América del editor protestante Theodor De Bry. Sobre el papel de la publicación protestante en la propaganda anti-española y anti-católica veáse Duchet 1987.

zación de los indígenas, como señalan los autores españoles, sino la pura codicia, uno de los siete pecados capitales del cristianismo.

La crítica de Poma apunta, así, al fundamento del sistema colonial. Poma niega que los españoles hayan ido a América a difundir el cristianismo. Estos son impulsados más bien por la codicia y por eso terminarán en el infierno: "los españoles corregidores, padres, comenderos. Con la codicia del oro y plata se uan al infierno" (374 [376], 1987: 380). Con esto han perdido toda justificación teológico-jurídica para la dominación del Perú.

5. La denuncia de la falta de mesura: Bartolomé de Las Casas

Curiosamente, las prácticas coloniales también fueron un tema de discusión entre los propios españoles, prácticas que no se libraron de fuertes críticas. Ya en 1511 el sermón de Adviento del Padre Antonio Montesinos, que pronunció en la Hispañola, causó un escándalo entre los colonizadores por atacar duramente a los españoles debido al trato inhumano que daban a los indígenas (véase Pagden 1982: 30). Este sería el comienzo de la protesta cristiana contra la excesiva explotación colonial. Posteriormente, el monje dominico Bartolomé de Las Casas se convirtió en el prominente defensor de los indios. En su publicación de 1552, *Brevísima relación de la destrucción de las Indias*, describe las atrocidades cometidas contra los indios de manera drástica. En este contexto, existe mucha evidencia de una fuerte intertextualidad entre los textos de Las Casas y la crónica de Poma (véase Adorno 2000: 21–27).

En su texto, Las Casas cuenta que cuando las islas del mar caribe fueron descubiertas, eran fértiles y estaban llenas de gente (sigue en esto las descripciones de Colón), pero después estas regiones estaban desiertas y desoladas; habla de tierras baldías y devastadas. Los españoles, "que se llaman cristianos" (1989: 76), tienen la culpa de ello, matando a los indígenas con una brutalidad incomprensible. La comparación central de los españoles con los lobos que se habían metido en un rebaño de ovejas es famosa: "En estas ovejas mansas [...] entraron los españoles desde luego que las conocieron como lobos y tigres y leones crudelísimos de muchos días hambrientos." (77)[19]

Aquí Las Casas recurre a imágenes bíblicas que son semantizadas de una manera nueva: el pueblo cristiano asume el papel de animales salvajes que atacan

19 La representación de los españoles como bestias se encuentra también en el texto 695 [709] y en el dibujo 694 [704]: "Pobre de los indios / de seis animales que come que tememos los pobres de los indios en este rreyno", se comparan el corregidor con la sierpe, españoles del mesón con el tigre, comendero con el león, el padre con la zorra, el escribano con el gato, cacique principal con el ratón (Guamán Poma 696 [704], 1987: 748–750).

a un rebaño de ovejas —el cordero, después de todo, es el símbolo de Jesucristo. ¿Qué motiva a los cristianos?

Es la codicia por el oro, por la riqueza rápida: "La causa porque han muerto y destruido tantas y tales y tan infinito número de ánimas los cristianos, ha sido solamente por tener por su fin último el oro y henchirse de riquezas en muy breves días [...]" (78).

Las Casas denuncia las rápidas incursiones, pero también las condiciones de trabajo por las que los indígenas sufrieron y murieron, cuando fueron utilizados en minas o para bucear en busca de perlas. Los indios son descritos como personas de estatura débil, totalmente inadecuados para este duro trabajo —razón por la cual de las Casas recomienda importar esclavos de África. La consecuencia de la prohibición de la esclavitud india que finalmente se impuso es la pérfida trata de esclavos con África, mediante la cual 1,5 millones de africanos fueron enviados a América entre 1492 y 1870 (Waldmann 2000: 9).

La desmesura, la búsqueda del placer rápido y excesivo, es decir, en nuestra terminología, un comportamiento no sostenible hacia el ser humano y la naturaleza, se le atribuye a los conquistadores también en otros pasajes: Las Casas, en su *Historia de las Indias* describe la glotonería de los españoles (1875: T2, 73) tan diferente a la frugalidad de los indígenas que se contentan con lo que la naturaleza les da (400). En la *Brevísima relación* contrasta de manera antagónica el consumo excesivo de productos de todo tipo con la vida frugal de los indígenas de la Hispañola, que no acumulan bienes, sino que sólo poseen lo necesario para sobrevivir:

> En la isla Española, que fue la primera [...], donde entraron cristianos y comenzaron los estragos y perdiciones destas gentes y que primero destruyeron y despoblaron, comenzando los cristianos a tomar las mujeres e hijos a los indios para servirse y para usar mal dellos, y comerles sus comidas que de sus sudores y trabajos salían, no contentándose con lo que los indios les daban de su grado, conforme a la facultad que cada uno tenía, que siempre es poco, porque no suelen tener más de lo que ordinariamente han menester y hacen con poco trabajo, y lo que basta para tres casas de a diez personas cada una para un mes, come un cristiano y destruye en un día [...]. (Las Casas 1989: 80)

Traducido a parámetros cristianos, los cristianos cometen tres pecados capitales a la vez: avaricia (codicia por oro y riquezas), lujuria y gula. Destruyen a la gente y a la naturaleza y, con ellos, también la base misma del comercio —como no hay más trabajadores indígenas, importan esclavos de África. De Las Casas, en efecto, no se opone fundamentalmente a la colonización. Quiere difundir el cristianismo, pero por medios pacíficos.

De hecho, la población indígena de las islas del Caribe había casi desaparecido debido a las prácticas coloniales. En muchas islas de las Indias Occidentales los nativos se extinguieron completamente. Según Waldmann, en 1520 quedaban sólo 16.000 del millón de habitantes indígenas que vivían en 1492 en Haití. Para América Central indica las cifras siguientes: 1519: 15 millones, 1568: 2,6 millones, 1605: 1 millón. (Waldmann 2000:9).

Peter Waldmann atribuye la disminución de la población a las hambrunas, las condiciones de trabajo inimaginablemente duras del sistema de encomienda y mita en las minas y los patógenos introducidos por los europeos, contra los cuales los indígenas no tenían defensas (viruela, fiebre tifoidea, gripe, neumonía) (9). Sólo después de 1650, la situación en el continente se estabilizó de nuevo, pero en este momento ya no había más indígenas en las islas.

6. Sostenibilidad y animismo: Guaman Poma y los alumnos de Bernardino de Sahagún

Volvamos a la crónica de Guaman Poma. Hemos visto que Poma acusa a los colonizadores españoles de ser inhumanos, anticristianos y codiciosos. Bajo su gobierno reina la violencia, la explotación, la injusticia. En términos modernos, los conquistadores están interesados en obtener ganancias rápidas sin pensar en el bienestar de la tierra. Asimismo, según su concepto antagónico entre naturaleza y ser humano, los europeos se realizan como hombres por intervenir y modificar la naturaleza. Con referencia a Aristóteles, quien considera la naturaleza como una masa inerte que recibe su forma adecuada por la actitud humana, Anthony Pagden concluye que:

> Europeans are also unusual in their beliefs that to transform nature in this way is a crucial part of what it is to be a man; for Nature has been given by God to man for his use. Men were thus encouraged to see in the natural world a design of which they were the final beneficiaries. Those who understood this, and hence could use science to control nature, were 'civil' or 'civilized', and those who did not were either 'savage' or 'barbarian'. (Pagden 1993: 6)

Es interesante constatar que el tópico del hombre que se hace hombre por modelar la naturaleza se subvierte en los escritos de los indígenas como Poma y los alumnos de Sahagún: los hombres que se aprovechan desmesuradamente de la tierra y de sus riquezas se deshumanizan y se transforman en animales: se les compara con monos, puercos y gatos caseros.

Vale la pena mencionar el concepto de templanza que, según Foucault, tiene mucho que ver con el soberano justo en el pensamiento griego. Como explica Foucault en *L'usage des plaires* (1984), haciendo referencia a la *Ética nicomaquea*[20], justo es soberano aquel que sabe controlar sus deseos:

20 Foucault se refiere a la *Ética nicomaquea*, II, 2, 1104ª.

> [...] el dominio de sí y el dominio de los demás están considerados bajo la misma forma; puesto que uno debe gobernarse a sí mismo como se gobierna una casa y como se desempaña una función en la ciudad, de ahí se sigue que la formación de las virtudes personales, y en especial de la *enkateia,* no es distinto por naturaleza de la formación que permite superar a los demás ciudadanos y dirigirlos. (Foucault 2003: 49)

Aunque Foucault hace hincapié en las diferencias entre la templanza como un control interno que debe ejercer el hombre sobre sí mismo y la moral cristiana, la moderación tiene también un papel central en ella —aunque más como una tentación externa (41). El ejemplo central de la seducción externa se puede ver en el concepto de los siete pecados. Si en el pensamiento griego el derecho al dominio se concede a un ser razonable que sabe controlar sus deseos, el cristianismo exige contemplación, moderación y el rechazo de los poderes del demonio.

Los conquistadores que describen Poma y Las Casas no corresponden ni al concepto de un soberano justo (ni frente a los humanos, ni frente a la naturaleza), ni al ideal cristiano: cometen los pecados de la avaricia, la gula y la lujuria.

Para Poma, la cultura andina ofrece un contra-modelo. Aunque Poma también critica a los incas al denunciar (como cristiano) su idolatría, reconoce que el modelo de Estado y el sistema económico son justos. En la última parte de su crónica (Buen Gobierno), Poma yuxtapone la adicción a la riqueza rápida y la explotación de oro y plata con la concepción del año agrícola andino y muestra así una economía que, en nuestro entendimiento, se puede caracterizar como una producción 'sostenible' y una economía adaptada a las necesidades. Así, en los tiempos prehispánicos, el inca cuidaba p.ej. que en todos los pueblos los indios no gastaran las comidas en el mes de marzo que tenían que servir para todo el año (Guamán Poma 1137 [1147], 1987: 1209). Argumenta que sin las exigencias de alimentos de los españoles se asegurará el abastecimiento de la gente en el mundo andino. "Los pobres indios", como Poma los llama con frecuencia, ahora no tienen nada que comer, por más rica que sea su tierra. En el primer capítulo de los meses y años caracteriza la situación de la manera siguiente:

> Y ancí lo qual en este rreyno tiene Dios criado la rriquiesa de oro y plata y del año que no tiene enbierno ni verano en todo el año y no falta fruta, pan y uino, carne porque ci se cienbra y se trauaja no falta, aunque los seys meses [l]lueve y los seys se seca la [sic] agua del cielo. Es tierra que jamás falta pan, carne, uino y plata del mundo para los pobres y seruicio de Dios y de su Magestad.
>
> Y ací digo que en de tener esta dicha horden los dichos padres de las doctrinas y corregidores porque con sus tratos los susodichos les estorua a los pobres, lo qual no lo saue su Magestad, y los etorua los dichos padres.
>
> De ello se ausentan y se salen los dichos indios de sus pueblos porque no tienen qué comer [...]. (1130 [1140], 1987: 1199)

Poma le pide al rey que deje que el pueblo trabaje la tierra, así al pueblo (y por lo tanto al rey) no le faltaría nada. Las imágenes de la crónica, que muestran las diferentes fases de trabajo en el campo, son armoniosas y pacíficas, y muestran a las personas trabajando juntas, cantando y festejando: es todo lo contrario a la tierra no labrada que nos mostraban Colón y las pinturas de la época. Como se puede ver en el grabado de agosto, los trabajos en el campo se ejercen en un contexto de actividades culturales. El texto del dibujo dice: "Travaxa / Huilli chacra iapvicvi pacha [cantos triunfales, tiempo de abrir la tierra] agosto/ *Yapuy Quilla* [mes de abrir las tierras]" (1153 [1163], 1987: 1228). En el dibujo mismo se puede leer el texto de una canción.[21]

Es evidente que también en los tiempos de los incas la gente tenía que controlar su consumo en tiempos de cosecha para tener alimentos durante todo el año. A pesar de estas condiciones difíciles de la agricultura andina, los dibujos transmiten una imagen idílica y armónica que contrasta en todo con las escenas de encuentros entre indios y colonizadores (padres, encomenderos etc.).

Si así se desea, tenemos acá un modelo económico alternativo al robo de recursos, que sirve a unos pocos y además empobrece y mata de hambre a la población. Podemos ver una obra común, de la que cada uno obtiene algo y que se adapta a los ciclos y posibilidades que ofrece la naturaleza. Como Ursula Ewald subraya: "En tiempos precolombinos, la población de las zonas de América continental producía civilizaciones avanzadas en zonas que hoy se consideran inhóspitas." (Ewald 1994: 40).

Sin embargo, en su postura frente a las riquezas de la tierra, Poma no se posiciona totalmente contra la explotación de los recursos naturales. En su diálogo fingido con el rey, el rey le pregunta cómo se pueden encontrar las minas: "Dime, autor, ¿cómo se descubrirá las minas encubiertas de este rreyno?". Poma contesta que todavía había muchas minas que los indios no denunciaban porque después los españoles los maltratarían en ellas. Promete al rey grandes riquezas si se respetara al descubridor de las minas (964 [982], p. 1059). Aquí, la postura de Poma frente a las minas es obviamente antropocéntrica: la tierra tiene que servir al hombre.

Puede ser que Poma haya aceptado la ontología cristiana que considera al hombre como el ser superior que debe dominar la tierra, puede ser que se trate de un argumento estratégico ya que conoce los intereses del rey Felipe III. No obstante, es evidente que no argumenta en contra de las exigencias de la corona

21 En el texto que se refiere a agosto (1151 [1162], 1987: 1227). Se describen las prácticas en el campo que remontan a la época prehispánica. Mientras tanto, en los llanos, se muestra la influencia colonial: se trasiega el vino nuevo y empieza la borrachera y la matanza. Los pecados que surgen se relacionan con los "indios Yungas" y los "salteadores negros".

Figura 4. Guamán Poma de Ayala, Felipe (alrededor de 1615): “Agosto: cantos triunfales, tiempo de abrir las tierras”.

desde una perspectiva holística que considera tierra, naturaleza y seres humanos como unidad, en la cual habría que respetar los derechos de la tierra.

Obviamente, constatamos algunas ambivalencias. Seguramente para el autor indígena resulta más lógico y menos peligroso criticar las apropiaciones coloniales a partir de la misma lógica cristina (haciendo referencia a los siete pecados), que hacer referencia a la cosmovisión andina, desde luego sospechosa de paganismo. Sin embargo, se pueden encontrar huellas de la perspectiva holística en la descripción de los meses del año o, aún más, en los dibujos que acompañan estos capítulos.

Existen también textos que transmiten de forma más nítida otra relación entre hombres y naturaleza que podemos considerar como una visión holística del mundo donde no hay una separación entre seres humanos y no-humanos. Para terminar, me gustaría presentar algunos ejemplos de descripciones de árboles en el texto original de los alumnos aztecas de Sahagún. Se encuentran en el XI con el título "Que es bosque, jardín, vergel de lengua mexicana" en la *Historia general de las cosas de Nueva España.* Evidentemente, es otra perspectiva hacia la naturaleza que se transmite en un estilo poético que se guardaba solo en parte en la traducción del franciscano. Por esto, nos referimos otra vez a la versión náhuatl, traducida al inglés, de Dibble y Anderson (Sahagún 1981):[22]

El pino se caracteriza del modo siguiente:

> The pine tree is tender, verdant, very verdant. It has particles of [dried] pine [resin]. It has cones — pine cones; it has a bark, a thick skin. [...] The pine is embracing. It is a provider of light, a means of seeing, a resinous torch. It is spongy, porous, soft. It forms a resin; drops stand formed, they stand sputtering. They sputter. It burns, it illuminates things, it makes a resin; a resin exudes. It turns into a resin. Resin is required. (Sahagún 1981: 107–108)

Es llamativo que el pino tiene cualidades muy 'humanas': es suave, su corteza se compara con la piel gruesa, está abrazando. Las gotas de la resina que produce el pino parecen muy activas, chisporrotean. El pino exuda una resina que es requerida. Parece como si el pino tuviera una existencia independiente del hombre, como si tuviera un alma. Si recordamos la tesis de Descola (2011) que señala que en la ontología europea solo los seres humanos tienen interioridad, vemos que en estos textos de origen azteca también los seres no-humanos (los arboles) la tienen. Solamente en la última frase se menciona un aspecto útil para el hombre.

También la descripción del ciprés muestra un ser independiente:

> It is of dark yellow surface, without blemishes. It has branches, spindle-whorl-shaped ones, like spindle whorls. [...] It is fragrant, of pleasant odor. It is large, high, thick, shady, shadowy. There is constant entering into its shade; under it one is shaded. [...] It shades things, it forms a shadow; it gives shade, it gives shadow. It takes a form of a spindle whorl. It thickens, extends its branches, extends branches everywhere, forms foliage. It sheds foliage, it sheds butterfly-like leaves. It towers above, it excels. (108)

La descripción se diferencia en mucho de aquellas de los árboles que conocemos de Colón. Es respetuosa, con una mirada que presta atención a los detalles: las ramas del ciprés son espirales de huso, tiene un lindo olor, es grande, grueso y

22 Agradezco mucho a mi colega Antje Gunsenheimer sus aclaraciones y comentarios del texto náhuatl.

hace sombra, tiene follaje de hojas en forma de mariposa. La sombra aparece como una parte inherente del ciprés y da la posibilidad de entrar. La versión náhuatl muestra aún más el estatus del árbol como ser independiente, en un gesto propio del animismo. "Itlan necacalquilo" significa que uno entra consigo mismo al árbol, "itlan necehualhuilo", que uno entra en la sombra.[23] Árbol y sombra existen, sin o con relación a otros seres que pueden aprovecharse de la sombra generosamente ofrecida por el árbol.

En este texto de los alumnos de Sahagún pueden vislumbrarse las huellas de otra relación entre hombre y naturaleza, una perspectiva holística tan diferente del antropocentrismo que domina las crónicas coloniales.

Bibliografía

Adorno, Rolena (2000): *Guamán Poma. Writing and Resistance in Colonial Peru.* Austin: University of Texas Press.

Castro Gómez, Santiago (2005): *La poscolonialidad explicado a los niños.* Popayán: Ed. Universidad del Cauca.

Colón, Cristóbal [1593] (1985): "Carta a Sántangel". En: Colón, Cristóbal: *Diario de a bordo.* Ed. de Luis Arranz. Madrid: historia 16, pp. 221–229.

Cortés, Hernán [1522] (1985): "Segunda carta-relación". En Cortés, Hernán: *Cartas de relación.* Ed. de Mario Hernández. Madrid: historia 16, pp. 77–182.

Descola, Philippe (2011): *L'écologie des autres. L'anthropologie et la question de la nature.* Versailles: Ed. Quae.

Duchet, Michel (1987): *L'Amérique de Theodore de Bry. Une collection de voyages protestante du XVIe siècle.* Paris: Ed. du Centre National de la Recherche Scientifique.

Dürer, Albrecht [1520] (1956): "Tagebuch der Reise in die Niederlande". En: Rupprich, Hans (ed.): *Schriftlicher Nachlass.* Vol. 1, Berlin, pp. 148–202. https://digi.ub.uni-heidelberg.de/diglit/rupprich1956bd1/0161 (última consulta: 14.03.2022).

Estebe Barba, Francisco (1992): *Historiografía indiana.* Madrid: Gredos.

Ewald, Ursula (1994): "Der Mensch und seine Umwelt. Ein historisch-geographischer Überblick". En: Bernecker, Walther L. et al. (eds.): *Handbuch der Geschichte Lateinamerikas.* T.1. Stuttgart: Klett-Cotta, pp. 23–100.

Fisher, John R./Pietschmann, Horst (1994): "Wirtschaft, Handel, Geldwesen, Fiskus und Verkehr". En: Bernecker, Walther L. et al. (eds.): *Handbuch der Geschichte Lateinamerikas.* T.1. Stuttgart: Klett-Cotta, pp. 400–453.

Foucault, Michel [1984] (2003): *Historia de la sexualidad.* T.2, *El uso de los placeres.* Buenos Aires: Siglo XXI.

French, Jennifer (2014): "Naturaleza y subjetividad en la América Latina colonial: Identidades, epistemologías, corporalidades". En: *Revista de crítica literaria latinoamericana* XL, 79: *Ecocrítica en América Latina*, pp. 35–56.

Galeano, Eduardo [1971] (2004): *Las venas abiertas.* México, D.F.: Siglo XXI.

23 Traducción del nahuatl de Antje Gunsenheimer.

Galeano, Eduardo (1994): *Úselo y tírelo: El mundo del fin del milenio, visto desde una ecología latinoamericano.* Buenos Aires: Planeta.

Glotfelty, Cheryll (1996): "Introduction: Literary Studies in an Age of Environmental Crisis". En: Glotfelty, Cheryll/Fromm, Harold (eds.): *The Ecocriticism Reader. Landmarks in Literary Ecology.* Athens, Ga.: University of Georgia Press, pp. xv–xxxvii.

Greenblatt, Stephen (1991): *Marvelous Possessions. The Wonder of the New World.* Chicago: University of Chicago Press.

Hugh, Thomas (2004): *The Conquest of Mexico.* London: Pimlico.

Hulme, Peter (1986): *Colonial Encounters. Europe and the Native Caribbean 1492–1797.* London/New York: Methuen.

Klor de Alva, Jorge J. (1988): "Sahagún and the Birth of Modern Ethnography: Representing, Confessing, and Inscribing the Native Other". En: Klor de Alva, Jorge J. et al.: *The Work of Bernardino de Sahagún. Pioneer Ethnographer of Sixteenth-Century Aztec Mexico.* Austin: University of Texas Press, pp. 31–52.

Las Casas, Bartolomé de [1552] (1989): *Brevísima relación de la destrucción de las Indias.* Ed. André Saint-Lu. Madrid: Cátedra.

Las Casas, Bartolomé de (1875): *Historia de las Indias.* T.2. Madrid: Miguel Ginesta. http://www.cervantesvirtual.com/obra-visor/historia-de-las-indias-tomo-2-0/html/ (última consulta: 17.02.2021).

Lavallé, Bernard (2005): *Francisco Pizarro. Biografía de una conquista.* Lima: Instituto francés de estudios andinos.

León-Portilla, Miguel (ed.) (1988): *Visión de los vencidos.* Madrid: historia 16.

León Portilla, Miguel (1992): *Literaturas indígenas de México.* México, D.F.: Fondo de cultura económica.

Mackenthun, Gesa (1997): *Metaphors of Dispossession. American Beginnings and the Translation of Empire, 1492–1637.* Norman/London: University of Oklahoma Press.

Moebus, Joachim (1982): "Über die Bestimmung des Wilden und die Entwicklung des Verwertungsstandpunkts bei Kolumbus". En: Kohl, Karl-Heinz (ed.): *Mythen der Neuen Welt. Zur Entdeckungsgeschichte Lateinamerikas.* Berlin: Frölich und Kaufmann, pp. 49–56.

Montrose, Louis (1991): "The Work of Gender in the Discourse of Discovery". En: *Representations* 33, pp. 1–41.

Pagden, Anthony (1982): *The Fall of the Natural Man. The American Indian and the Origins of Comparative Ethnology.* Cambridge: Cambridge University Press.

Pagden, Anthony (1993): *European Encounters with the New World.* New Haven/London: Yale University Press.

Poma de Ayala, Guamán (alrededor de 1615): *Nueva corónica y buen gobierno.* Edición en línea: http://www.kb.dk/permalink/2006/poma/info/en/frontpage.htm (última consulta: 14.03.2022).

Poma de Ayala, Guamán [alrededor de 1615] (1987): *Nueva corónica y buen gobierno.* Ed. de Murra, John/Adorno, Rolena/Urioste, Jorge L. Madrid: Historia 16.

Sahagún, Bernardino de [alrededor de 1577] (1990): *Historia general de las cosas de la Nueva España.* Ed. de Juan Carlos Temprano. Madrid: historia 16.

Sahagún, Bernardino [1577] (1981): *Florentine Codex. General History of the Things of New Spain. Book 11: Earthly Things.* Translated from the Aztec into English with Notes by Dibble, Charles E./Anderson, Arthur, J.O. Salt Lake City, Utah: University of Utah Press.

Sauer, Carl Ortwin (1966): *The Early Spanish Main.* Berkeley: Univ. of California Press.

Straub, Eberhard (1976): *Das Bellum iustum des Hernán Cortés in Mexiko.* Köln: Böhlau.

Todorov, Tzvetan (1982) : *La conquête de l'Amérique. La question de l'autre.* Paris: Seuil.

Waldmann, Peter (2000): "Spanische Kolonialherrschaft". En: *Informationen zur politischen Bildung* 226, Lateinamerika, pp. 3–10.

Wehrheim, Monika (2007): "Entre historiografía y literatura. *La historia general de las cosas de Nueva Espana* de Sahagún vista por la crítica". En: *Actas del XV Congreso de la Asociación Internacional de Hispanistas "Las dos orillas".* Monterrey, México del 19 al 24 de julio de 2004. México: Fondo de cultura económica, pp. 105–119.

Wehrheim-Peuker, Monika (1989): *Die gescheiterte Eroberung. Eine diskursanalytische Betrachtung früher französischer Amerikatexte.* Tübingen: Gunter Narr.

Zamora, Margarita (1993): *Reading Columbus.* Berkley: University of California Press.

Adrián Herrera Fuentes

Volcanes en la obra gráfica de Alexander von Humboldt

Resumen
Del mismo modo en que practicaba la interdisciplinariedad, Alexander von Humboldt creía en el potencial de medios de distinta índole para incentivar el estudio de las ciencias y transmitir el conocimiento. Digna de análisis es su obra gráfica. Este artículo desea analizar la representación visual de algunos volcanes, visitados por Humboldt durante su viaje a América, para demostrar cómo el viajero pone en función tanto valores estéticos como información objetiva al producir gráficas donde interactúan texto e imagen, y en donde el color, la perspectiva, las proporciones y los trazos tienen una función no solo representativa, sino también científica, estética y emotiva.

Abstract
In the same way that he practiced interdisciplinarity, Alexander von Humboldt was convinced that different media could incentivize the study of science and serve as a tool to disseminate knowledge. Worth of analysis is his graphic work. This article offers an interpretation of Humboldt's images of some of the volcanoes that he studied during his travel through South America and Mexico, and demonstrates how the German traveller puts in practice both aesthetical values and objective information to produce graphics in which text, image, colour, perspective, proportions and traces have a representative, scientific, aesthetic and emotional function.

1. Introducción

No cabe duda que Alexander von Humboldt (1769–1859) fue uno de los científicos y viajeros europeos más influyentes del siglo XIX. Conocidos son sus relatos de viaje, ensayos y tratados interdisciplinarios que reúnen los resultados y experiencias de sus expediciones tanto en América como en Asia Central. Menos conocido es el hecho de que Humboldt, a su vez, produjo alrededor de 1.500 gráficas, mapas y dibujos que ilustran sus textos. El proceso de producción de sus imágenes fue generalmente multidireccional y en él estuvieron involucrados más de un agente: en muchas ocasiones, trazaba él mismo bocetos que luego mandaba grabar y colorear en Europa, o bien, se basaba en los trazos de terceros para producir los propios. Él mismo tomó clases de grabado con Daniel Chodowiecki, y de pintura con François Gérard (Lubrich 2014: 7). Como artista visual y como autor, es evidente su influencia sobre la representación gráfica de América en viajeros sucesivos, como Johann Moritz Rugendas y Ferdinand Bellermann, de modo que hay especialistas que incluso hablan de una escuela de pintura humboldtiana (Minguet y Duviols 1999: 20) donde las ideas estéticas del viajero sobre la representación de paisajes naturales es claramente identificable (Löschner 1975: 7). De Humboldt se dice que incluso formuló, sin proponérselo explícitamente, una propia 'doctrina' estética que contempla aspectos emotivos, epistemológicos y éticos (Labastida 1999), y de haber creado incluso una "escuela de la mirada" que, en sus mapas y gráficas, rompe con las convenciones de una lectura ordinaria (Kraft 2014).

Del mismo modo que sus textos interdisciplinarios, las imágenes de Humboldt representan seres humanos y sus costumbres, objetos arqueológicos y arquitectura, paisajes de diversa índole y por supuesto mapas, mismos que fueron utilizados por otros científicos e incluso plagiados.[1] Dentro de la colección visual humboldtiana, se encuentran también animales, peces y plantas que sirvieron de base para Charles Darwin, quien también desarrolla a profundidad el dibujo científico décadas más adelante. El papel de la imagen como medio de difusión y proyección del conocimiento no puede ignorarse si analizamos algunos de los libros más famosos de Humboldt que se publican en paralelo a sus anexos con mapas y grabados. Por ejemplo, el *Tableau physique* o cuadro físico que acompaña el *Essai sur la géographie des plantes* (1805), o el respectivo atlas físico y geográfico (1808–1811) del *Ensayo general sobre la Nueva España*, publicado por entregas como parte del enorme proyecto editorial que conforma la totalidad de los tomos del *Voyage aux régions equinoxiales* (Fiedler/Leitner 2000: 183).[2] A ello hay que añadir los numerosos dibujos y trazos que ilustran sus diarios de viaje, sus escritos sueltos y sus cartas personales.

¿Qué relevancia tiene la imagen para la investigación científica y, en concreto, para Alexander von Humboldt? Conforme se desarrolla la ciencia en los siglos XVIII y XIX, la producción de imágenes se involucra aún más en la difusión de los descubrimientos (Zimmermann 2009: 27). Ya desde siglos anteriores, el desarrollo de las ciencias naturales arrastra consigo elementos de la cultura visual: gráficas y símbolos ilustran conceptos y teoremas matemáticos, aluden a valores o estándares de medición en física y química, y actualmente no puede negarse la

1 Este hecho era conocido por Humboldt, según puede evidenciarse en un ensayo publicado en 1812, donde se queja de la forma en que un tal Arrrowsmith plagia un mapa suyo de la Nueva España (Humboldt 2010: 269).

2 De hecho, se sabe que son las *Tablas geográfico-políticas*, un composición textual y visual al mismo tiempo, la base sobre la cual Humboldt trabaja en la redacción de su *Ensayo general sobre la Nueva España* (Kraft 2014: 256).

importancia tanto científica como cultural de videos y fotografías de alta definición, producidas por robots, satélites, sondas y telescopios, para la investigación de todo tipo de fenómeno. De hecho, la unión entre imagen científica y estética entra en una interacción tal que hay teóricos que afirman que es imposible hablar de una representación totalmente objetiva del mundo natural (Gehring 2010: 30–31). Concretamente para Humboldt, la contemplación e investigación de la naturaleza es una experiencia multisensorial y multimediática pues, como lo señala en el segundo tomo de su *Kosmos* (1847), se sirve de diversos instrumentos como el telescopio, el astrolabio, el compás, el barómetro, el termómetro, etc., para recabar información que después debe desembocar en una representación textual y visual. Asimismo, enfatiza que ésta debe reflejar la experiencia estética única que ofrece la naturaleza, y conectar lo sensorial con lo racional (*Das Sinnliche und das Unsinnliche*) para inspirar a otros a la investigación y al viaje:

> Wie eine lebensfrische Naturbeschreibung so ist auch die Landschaftsmalerei geeignet, die Liebe zum Naturstudium zu erhöhen. Beide zeigen uns die Außenwelt in ihrer ganzen gestaltenreichen Mannigfaltigkeit; beide sind fähig, nach dem Grad eines mehr oder minder glücklichen Gelingens in Auffassung der Natur das Sinnliche an das Unsinnliche anzuknüpfen. Das Streben nach einer solchen Verknüpfung bezeichnet das letzte und erhabenste Ziel der darstellenden Künste. (Humboldt 2008: 54)[3]

En concreto para la exploración y estudio de los volcanes, Humboldt estaba convencido de la utilidad no solo de fuentes literarias, históricas y científicas, sino también de las representaciones artísticas; así, por ejemplo, afirma que las pinturas de paisajes localizadas en el palacio Portici, en Nápoles, podrían ayudar al geólogo a escribir una historia del volcán Vesubio.[4]

Considerado como uno de los pioneros de la vulcanología, Humboldt le dedica un lugar eminente en su obra gráfica. De sus expediciones resultan datos descriptivos e interpretaciones que amplían lo conocido hasta esa época en

3 "Al igual que una descripción de la naturaleza realizada con frescura vital, así también la pintura de paisaje es idónea para elevar el amor por el estudio de la naturaleza. Ambas nos muestran el mundo exterior en toda su multiplicidad, tan abundante en formas; ambas son capaces, según la manera más o menos afortunada con que se hayan logrado, de conectar, en lo que se refiere a la comprensión de la naturaleza, lo sensorial con lo no sensorial. El afán por lograr esa conexión caracteriza el fin último y más sublime de las artes representativas." La traducción de esta, así como del resto de las citas, es de Gonzalo Vélez, excepto donde se indique lo contrario.

4 "[...] el geólogo que quisiera escribir la historia de este volcán podría, viendo los paisajes de Hackert en el palacio Portici, reconocer, atendiendo a los contornos del vértice, según que el borde septentrional de la montaña es superior o inferior a la parte opuesta, el momento en que el artista hizo el dibujo de sus cuadros" (Humboldt 1999: 404).

Europa,[5] así como algunas imágenes que se volvieron tan famosas como sus hazañas. Además de la resonancia científica de sus expediciones volcánicas, éstas tuvieron una consecuencia cultural notoria, como por ejemplo, la expedición al Chimborazo, en Ecuador: con ella, Humboldt y Bonpland se convirtieron en los primeros en casi alcanzar la cima de la montaña considerada entonces la más alta del mundo, e incluso se dice que Simón Bolívar escaló el Chimborazo inspirado por él, como una manera de simbolizar su deseo de una emancipación de América (Lubrich 2012: 153–154). En el continente americano, el científico se dedicó al estudio de montañas y volcanes como el Cotopaxi, el Chimborazo, el Pichincha, el Cofre de Perote, el Nevado de Toluca y el Jorullo, y destacó la relevancia de montañas y volcanes para el desarrollo cultural americano al observar el hecho de que es en las alturas donde se desarrolla la civilización y la agricultura en América, mientras que en Europa, en alturas similares, no se encontraban más que villas pequeñas y diminutos caseríos en las zonas alpinas (Humboldt 1805: 140–141).

Este artículo desea analizar la representación gráfica de algunos volcanes, visitados por Humboldt durante su viaje a América, para demostrar cómo el viajero pone en función tanto valores estéticos como información objetiva al producir gráficas donde interactúan texto e imagen, y en donde el color, la perspectiva, las proporciones y los trazos tienen una función no solo representativa, sino también científica, estética y emotiva. De este modo, la gráfica volcánica de Humboldt permite interpretaciones tanto literales como metafóricas al permear arte y ciencia.

2. El Chimborazo

Sin duda una de las expediciones más conocidas y recordadas es aquella que Humboldt realizó en el Chimborazo, en compañía de Aimé Bonpland y Carlos Montúfar. Escalar este volcán inactivo el 23 de junio de 1802, y alcanzar así alturas nunca antes exploradas por otros, dotó al viajero alemán de gran fama en círculos científicos. Es así como la figura de Humboldt se asocia irremediablemente con esta montaña ecuatoriana en artefactos culturales de décadas posteriores: Simón Bolívar, Claus Hammel y Eduardo Galeano usan su expedición como tema y motivo literario, mientras que artistas plásticos como el venezolano Tito Salas y los alemanes F. G. Weitsch y Karl von Steuben representan en su óleos la figura de

5 Humboldt critica la forma en que, hasta entonces, la ciencia vulcanológica se había basado únicamente en las observaciones sobre el Vesubio y el Etna, en Europa, para formular teorías universales. Véase: "De la estructura y modo de acción de los volcanes en las diversas regiones de la Tierra" (1999: 396).

Humboldt junto al Chimborazo (Lubrich 2012: 153–155). Curiosamente, Humboldt elude detallar en la mayoría de sus textos los pormenores de sus experiencias. Como lo observa Lubrich (156), no es sino hasta diez años después que, en *Vues des Cordillères* (1810–1813), dedica escasos dos capítulos, el 16 y el 25, a comentar superficialmente el episodio. Más tarde, en la década de 1830, publica dos versiones de su intento de llegar a la cima.[6] Este monte, que se consideraba el más alto del mundo en aquella época, impactó de manera tal al científico que para él fue una metáfora de la modernidad: el Chimborazo es con respecto a los Andes, lo que el Miguel Ángel es a los monumentos de la de Roma antigua (157).

Un ejemplo paradigmático de la gráfica vulcanológica de Humboldt la conforma el conocido "Tableau physique des Andes et Pays voisins" que es, al mismo tiempo, tanto un capítulo del *Essai sur la géographie des plantes* (1805) como una innovadora gráfica que representa la "Géographie des plantes équinoxiales", y que se basa en el texto del mencionado capítulo. Esta gráfica, que Pratt (2008), Ette y Lubrich (2006) consideran como una nueva e innovadora forma de representación, muestra un corte transversal del volcán con énfasis en sus plantas. A manera de un infograma, integra imagen estética y texto científico, de modo que Kraft la considera un híbrido entre "ensayo" (en el sentido de texto literario, *Essay*, y experimento, *Versuch*) y "cuadro" (*Tableau*) que cumple con un objetivo estético, pero sobre todo didáctico, y que permite diversas formas de leerse además de la convencional (2015: 151–152). Se trata de un tríptico replegable que muestra a escala no solo el Chimborazo, sino también la cima del volcán Cotopaxi en la parte trasera. Como lo observan Kraft (149), Ette y Lubrich (2006: 23), los nombres de las plantas están colocados al nivel de altura en el que, proporcionalmente, se encuentran en realidad. Para Lubrich, se trata no solo de una taxonomía estática, sino dinámica, pues a través de este posicionamiento Humboldt alude a la migración de las especies y su distribución —es decir, el espacio dentro del gráfico está en relación con la realidad objetiva (2012: 160). Visualmente pueden identificarse diversos efectos, por ejemplo, en los paratextos: la colocación del nombre de las plantas sugiere la inclinación del monte, que se enfatiza en aquellas palabras escritas en cursivas y colocados en curvas. Así mismo, la superposición de los nombres de las plantas, de arriba hacia abajo, y de manera escalonada, es una alusión no solo a la altura en la que vive cada planta, sino que también forma una especie de escalinata que obliga al ojo a subir o a bajar —un proceso de lectura que, como también observa Kraft en relación a las columnas que rodean a la imagen central, está abierto al capricho de la mirada y

6 Estas dos versiones son: Humboldt, Alexander von (1837): "Ueber zwei Versuche den Chimborazo zu besteigen". En: *Jahrbuch für 1837*, pp. 176–206, y Humboldt, Alexander von (1836/1837): "Über zwei Versuche den Chimborazo zu besteigen". En: *Annalen der Erd-, Völker- und Staatenkunde* 3, pp. 199–216.

no obedece a los criterios convencionales izquierda-derecha o arriba-abajo (2015: 153). De este modo, la mirada traza el recorrido mismo de la expedición: es decir, nosotros indirectamente también 'escalamos' o 'descendemos', o dicho en términos técnicos, 'interactuamos' con el Chimborazo.

De hecho, algunas de estas inscripciones en curvas pronunciadas están realzadas como si se tratase de aquellos abismos y alturas que Humboldt describe con un lenguaje dramático y emocionalmente cargado en una carta a su hermano Wilhelm sobre la expedición: en este texto, Humboldt habla del terrible peligro de caer en los abismos, del sufrimiento de los síntomas de la altura y el miedo a la muerte (Lubrich 2012: 156). Si observamos con cuidado, la misma sensación de vértigo y malestar puede expresarse perfectamente en la curvatura de los paratextos, en los diversos grados de inclinación de los nombres de las plantas y sus orientaciones. Visualmente esto sugiere el mareo que pudieron haber experimentado los miembros de la expedición.

Figura 1. Detalle de "Géographie des plantes équinoxiales. Tableau physique des Andes et Pays voisins". En: Humboldt, Alexander von (1805): *Essai sur la géographie des plantes*. París: Schoell.

La tipografía posee también un efecto visual que no puede ignorarse. Si bien muchas de estas letras están trazadas en forma vertical y estable, otras están en cursivas e incluso algunas grafías están más separadas entre sí. Como se ha mencionado ya, en los casos donde se habla de regiones vegetales, esta disposición de las letras es proporcional a la expansión de una especie sobre el terreno. Se puede entender el uso de la cursiva como una metáfora visual de la inclinación y la acción del viento mismo. Este efecto se repite en las inscripciones colocadas en el cielo azul. Un ejemplo es la que se encuentra en la parte superior derecha, donde Humboldt detalla el nivel de altura que alcanzó su amigo Gay Lussac, con quien por cierto realizó una expedición al Vesubio en 1805. Dicha inscripción dice: "Hauter de 7016^{m} à laquelle Mr. Guy Lusac s'est élevé seul en Ballon (de Paris le 16. Sept 1804)."[7] Esta leyenda, que aparece a un par de centímetros de los dibujos de unas nubes, y muy por encima del pico del Chimborazo, nos recuerda la manera en que el propio Humboldt menosprecia la valentía de su ascenso; a sus ojos, hubo otros como Gay Lussac que alcanzaron alturas aún superiores. De hecho, el científico expresa discretamente su admiración al decir que su colega la realizó solo y en globo.

Figura 2. Detalle de "Géographie des plantes équinoxiales. Tableau physique des Andes et Pays voisins". En: Humboldt, Alexander von (1805): *Essai sur la géographie des plantes.* París: Schoell.

A la vez que se trata de una infografía con información botánica, esta lámina puede leerse también como un texto de geografía comparada y una fuente para la historia del montañismo: nos muestra, por una parte, la altura comparativa de otros volcanes famosos (como el Popocatépetl, por ejemplo), así como las alturas

7 "Altura de 7,016 metros a la que el Sr. Guy Lussac se elevó, solo, en globo (París el 16 de septiembre de 1804)". Véase ilustración. Traducción del autor.

alcanzadas por otros científicos en sus expediciones: en el lado superior izquierdo, está señalada la altura que alcanzaron Bouguer y La Condamine en su expedición al Corazón, volcán vecino al Chimborazo, en el año de 1738.

Parte del tríptico lo conforman también las dos alas extremas con información científica de diversos tipos: los niveles que alcanzan las nieves perpetuas en las distintas latitudes de la montaña, datos zoológicos, datos de la composición química del aire, datos de geografía comparada, información agrícola —qué cultivos se encuentran a determinadas alturas—, e incluso el grado de intensidad del azul del cielo a distintos niveles. De este último dato, llama la atención cómo el cielo presenta también diversas gradaciones del azul, de modo que la presentación visual está en concordancia con la información científica. Vale la pena poner atención sobre los paratextos —si bien muchos de ellos tienen una redacción simple, hay algunos otros en los que pueden identificarse algunos recursos retóricos. Por ejemplo, hay casos en los que podemos identificar rimas vocálicas, o bien, como sucede en el apartado dedicado a los animales, de la lectura en voz alta de las especies surge una enumeración rítmica: "Des Vigognes de Guanaco, des Alpaca en bandes nombreuses. Quelques Ours. Condor: Faucons Caprimulgus. Plus de poissons dans les lacs."[8]

Obsesionado con la precisión, y siempre temeroso de ser inexacto, llama la atención el uso de pronombres como "algunos", "unos cuantos", "pocos", "muchos", que contradicen su obsesión por lo exacto, pero que a su vez nos recuerdan el afán didáctico que ya le atribuye Kraft (2015) a esta gráfica y el deseo de divulgación entre un público ansioso, no especializado, que Pratt señala como motivación principal de parte de la obra humboldtiana (2008: 115). Algunos otros efectos retóricos pueden detectarse en otras frases. Por ejemplo, al hablar de la presencia del cóndor, endémico de la región andina y emblema cultural de gran importancia entre las culturas de la región, Humboldt no escatima en usar una frase subordinada y una comparación que le otorga a la frase un cierto efecto poético: "Le Condor des Andes, quelques mouches en Sphinx voltigeant dans les airs, peut-être élevés en ces Régions par les courans ascendans."[9]

Finalmente hay que recordar que este gráfico no se enfoca en las propiedades del Chimborazo como antiguo volcán, sino en la vida que prospera en él una vez que han cesado para siempre sus erupciones: esta imagen debe recordarnos el valor vital que surge, paradójicamente, del poder destructivo de la Tierra, mismo que hace de los volcanes íconos sagrados en varias culturas. Por ello parece bastante metafórico que Humboldt muestre detrás la cima humeante del Co-

8 "Vicuñas de Guanaco, alpacas en manadas numerosas. Algunos osos. Condor: Faucons Caprimulgus. Además de los peces en los lagos." Véase imagen.

9 "El cóndor de los Andes, como moscardones-esfinge que revolotean por los aires, quizás llevados a las alturas en esas regiones por las corrientes ascendentes". Véase imagen.

topaxi, aún activo, desplegando así un antes y un después en la historia geológica de la región: vida y muerte, creación y destrucción. Asimismo, el corte blanco que rasga el verdor de las faldas del volcán, donde se encuentran detallados los nombres de las plantas, parece una revelación de los tesoros naturales, y de los peligros de la misma naturaleza: si bien al lado izquierdo del volcán tenemos una perspectiva general de plantas y árboles, el lado derecho, desprovisto de color, nos enfrenta en la claridad del blanco a las pendientes inclinadas y a la profundidad de abismos y barrancos, sugeridas en el trazo vertical color gris. Se forma así un evidente contraste entre vida y muerte, belleza y peligro, fascinación y horror.

El modelo de corte transversal y comparativo utilizado aquí se repite, con menos detalles, para diversas láminas de otros volcanes y montañas, por ejemplo, del Pico de Tenerife, que aparece en *Vues des Cordillères*. Asimismo, los perfiles de elevación que utiliza para el Chimborazo también son usados para crear "cortes transversales" del terreno, como lo hace de la Península Ibérica o del camino hacia la ciudad de Caracas. En resumen, puede decirse que esta gráfica es un primer ejemplo de una de las tendencias que toma la imagen científica de Humboldt en trabajos posteriores, y también del afán de precisión y valor estético que determina la producción de estas láminas.

3. El Pico de Tenerife

Como se ha mencionado en la introducción, la gráfica humboldtiana oscila entre lo científico y lo estético, aproximándose en ocasiones con mayor decisión a este segundo campo. Un ejemplo lo conforma la "Vue de l'intérieur du Cratère du Pic de Ténériffe" que aparece en *Vues des Cordillères* (1810–1813). Esta lámina, que omite explícitamente datos científicos o atrevidas técnicas de representación visual, pareciera una típica obra de arte del romanticismo o naturalismo. Sin embargo, una observación cuidadosa demuestra cómo detrás de esta representación estética pueden leerse minuciosos detalles de la práctica científica de Humboldt. Ya en su ensayo "De la estructura y modo de acción de los volcanes", contenido en *Cuadros de la naturaleza* (*Ansichten der Natur*, 1808), Humboldt reconoce los "esfuerzos", "trabajos" y "peligros" necesarios para una exploración geológica (1999: 396), recordándonos cómo era él mismo un científico bastante osado en sus expediciones y experimentos. Esta idea de un escalamiento peligroso puede encontrarse aquí en la imagen de tres hombres vestidos en pantalones, chalecos y sombrero de copa que se acercan a la orilla del cráter; dos de ellos ya se encuentran al borde de éste, mientras que otro, con esfuerzos, apenas termina de trepar por una pendiente lisa en la que apenas parece contar con cierto apoyo.

En este punto es imposible no recordar las anécdotas de Humboldt en su *Relation historique* (1814–1831),[10] donde narra cómo sus guías le habían mentido diciendo que conocían la punta del Teide, y cómo estos se negaban a continuar escalando (Humboldt 1991: 141). Del mismo modo, recuerda la forma en cómo se aventuran hacia la cima sin abrigos ni tiendas de acampar ("Ohne Zelt und Mäntel": 134), así como sus sufrimientos ante la inclemencia del viento y el frío ("Es war acht Uhr morgens und wir waren starr von Kälte" [Eran las ocho de la mañana y estábamos tiesos de frío]: 144.). Uno de estos tres hombres, postrado ante la orilla del cráter, descansa sobre su pierna mientras parece mirar al mar —el otro, recargado sobre la pared de roca, se concentra en las lavas petrificadas: un motivo frecuente de la pintura romántica alemana, el de mostrar a personas diminutas, de espaldas al espectador, absortas en la contemplación de una naturaleza indomable y más antigua que la Humanidad, y en la que este, en su diminuto tamaño, se pierde. Sin embargo, también en la posición de estos individuos pueden leerse la insaciable curiosidad intelectual de los ilustrados: ambos hombres parecen dialogar —disertan posiblemente sobre lo que observan en el cráter que apenas han alcanzado. Ciertamente una proyección imaginaria, pues Humboldt mismo se encontraba "an Ort und Stelle" ["En el mismo lugar"] (146) dibujando la vista postrado a la orilla del cráter.

Dentro de éste, la lava está petrificada en olas, representadas en un color más claro que las hace destacar por encima de las rocas que las rodean. Pequeño se observa al fondo el mar, y en el frente izquierdo, también muy pequeños los tres exploradores, cuyo rostro es imposible de distinguir. Ante ellos se abren "diese ungeheuren Bänke", que se encuentran, "bald waagerecht, bald geneigt und wellenförmig gewunden, und alles weist darauf hin, daß einst die ganze Masse flüssig war und daß mehrere störende Ursachen zusammenwirkten, um jedem Strom seine jeweilige Richtung zu geben."[11]

La descripción de las lavas petrificadas, residuos de una era pasada y remota, como si Humboldt quisiese enfatizar la incomputable antigüedad de la Tierra, contrasta frente al breve, diminuto y efímero instante de la experiencia humana frente a la grandeza y sentida eternidad del volcán. Si bien Pratt (2008: 118) identifica la representación en miniatura, casi invisible de lo humano en Hu-

10 En este ensayo, se cita la edición en alemán de Ottmar Ette de Humboldt, Alexander von (1991): *Reise in die Äquinoktialgegenden des Neuen Kontinents*. Frankfurt: Insel. Por no tratarse del original francés, se evita aquí una interpretación filológica del texto y se utiliza éste solamente como complemento para una interpretación de las imágenes, objetivo central de este estudio.

11 "[...] estas descomunales bancas, a veces horizontales, a veces inclinadas y con sinuosidades como de olas, y todo indica que alguna vez la masa entera fue líquida, y que fueron varias las causas perturbadoras que actuaron de manera conjunta para darle a cada flujo su propia dirección." (149)

Figura 3. Humboldt, Alexander von (1810–1813): "Vue de l'intérieur du Cratère du Pic de Ténériffe". En: *Vues des Cordillères.* Aquí se utiliza la reproducción que aparece en Lubrich (2014): *Das graphische Gesamtwerk.*

mboldt como parte de un discurso que reduce el continente americano a su naturaleza 'salvaje', sin 'civilización', este rasgo podría más bien interpretarse como aquella parte del programa científico humboldtiano centrado en las cualidades naturales del mundo.

Al lado derecho inferior está sugerido el fuego y el humo de pequeñas llamas como residuos de un pasado volcánico. El cráter mismo y su lava petrificada son, según Lubrich (2014: 9–10), una metáfora de la toma del poder de Napoleón en 1799, lo que supuso una paralización de la Revolución francesa. Aunque esta parece más bien una interpretación muy libre de una referencia que no parece intencional, pues Humboldt mismo en su *Relation historique* describe un cráter con lava efectivamente petrificada, si siguiéramos dicha línea interpretativa, las pequeñas fumarolas podrían aludir a las heridas que deja detrás de sí una guerra de revolución (metaforizada aquí en una erupción volcánica).

De regreso al contraste entre la grandeza del mundo natural y la pequeñez del hombre, estos exploradores esforzados que, sin temor ante la naturaleza, consiguen llegar a la cima del volcán son un elogio del éxito científico y de la tenacidad humana, de la intrepidez y curiosidad de la Ilustración que enfrenta los peligros del mundo natural. Sin embargo, Humboldt queda aquí no como protagonista, sino como espectador de su propia empresa: la ciencia y sus logros son más importantes que los méritos individuales —de ahí que los rostros de los expedicionistas carezcan de importancia. Las olas de lava, petrificadas, como si fuesen las olas de un mar tempestuoso —otro motivo favorito en la pintura romántica—, parece detenerse sorprendido ante la presencia de los exploradores, sometida por la mirada humana que se empeña en un momento fijo en el tiempo para su estudio cuidadoso y contemplación.

Figura 4. Humboldt, Alexander von (1810–1813): "Volcans d'air de Turbaco". En: *Vues des Cordillères*. Aquí se utiliza la reproducción que aparece en: Lubrich, Oliver (2014): *Das graphische Gesamtwerk*.

4. El volcán de aire de Turbaco

Otra gráfica conocida de gran valor artístico es el grabado de los volcanes de aire de Turbaco. Esta imagen procede originalmente de la placa XLI del segundo tomo de *Vues des Cordillères* (1810–1813).[12] Sobre los "volcancitos" o volcanes de agua de Turbaco, Humboldt habla tanto en el mencionado volumen como en la *Relation historique du voyage aux régions equinoxiales du Noveau Continent* (1814–1831), donde esta imagen aparece nuevamente sin cambios. Fue realizada sobre

12 En este trabajo, se cita Humboldt (1810): *Vues des Cordillères, et monuments des peuples indigènes de l'Amérique* (París: Schoell) disponible en https://gallica.bnf.fr/ark:/12148/bpt6k61301m (último acceso: 26 de agosto de 2020).

un croquis de Louis de Rieux y más adelante grabada por Bouguet, en París (Humboldt 1810: 342). Aparentemente esta imagen tiene un menor énfasis en la información científica, ya que no encontramos claramente señalizados ni nombres de plantas ni medidas concretas. Sin embargo, esto no es más que una impresión superficial; si se observa con cuidado, pueden identificarse algunas de las especies mencionadas por Humboldt en el respectivo pasaje en *Vues des Cordillères:* a nivel del suelo, aparecen las *Bromelia karatas*; en la parte trasera, aparecen tres ejemplares de *Cavanillesa* y muchos más del *Baumier de Tolu*, también conocido como bálsamo del Perú. A la derecha, hay un ejemplar de *Gustavia.* El científico se abstiene de precisar información científica sobre la lámina, pues evidentemente le interesaba más resaltar la belleza natural de Turbaco. De éste dice era un lugar de descanso donde de noche reinaba una 'frescura deliciosa' ("une fraîcheur délicieuse") que caía muy bien a los viajeros no acostumbrados al trópico (Humboldt 1810: 340). Las cualidades climáticas de Turbaco las sugiere el predominio del color verde, cuya claridad aumenta hacia el fondo de la imagen. El verde también puede asociarse con la diversidad botánica y su belleza que el viajero tanto detalla. Fue en Turbaco donde la expedición hizo una pausa luego de un 'penoso' ("pénible") (340) viaje desde Cuba, camino a Santa Fe de Bogotá: de este modo, el verde claro del paisaje contrasta con las descripciones de los 'calores excesivos' ("chaleurs excessives") y las 'enfermedades' ("maladies") (339) que proliferan en los trópicos [traducciones del autor].

Sobre estos volcancitos, Humboldt cuenta en *Vues des Cordillères* dos detalles importantes. El primero de ellos es la leyenda que los rodea: antiguamente los volcanes de Turbaco escupían fuego y estaban distribuidos sobre un suelo incandescente. No fue sino hasta que un sacerdote local los roció varias veces con agua bendita que se convirtieron en volcanes de agua. Segundo, Humboldt se detiene en un detalle curioso sobre Turbaco: tan pronto como uno se acerca a los volcancitos, se puede escuchar un ruido sordo y bastante fuerte que precede, de 15 a 18 segundos, a una fuerte expulsión de aire caliente que levanta el agua que cubre la punta del cráter. Dicha explosión aparece representada aquí dos veces. Sin embargo, contrario a las erupciones de un volcán de fuego, se trata aquí de agua, restándole al paisaje cualquier aire amenazante; tanto el relato de la leyenda como los colores utilizados, crean una imagen de Turbaco como remanso de reposo en medio de las inclemencias de la región. Si bien Karl Rosenkranz en su *Ästhetik des Häßlichen* (1853: 314) utiliza esta lámina para explicar que la naturaleza anorgánica también puede ser 'abominable' ("scheußlich") y 'sumamente asquerosa' ("höchst ekelhaft") [traducciones del autor].[13] Una segunda

13 Rosenkranz afirma: "Man sehe die Darstellung eines solchen Schlammausbruches in A. v. Humboldts *Vues des Cordillères.* So ist auch das Sumpfwasser in Stadtgräben, worin sich die Immunditien aus den Rinnsteinen sammeln, worin Pflanzen- und Thierreste aller Art mit

mirada sobre la imagen sugiere todo lo opuesto: más bien observamos abundante vegetación y amable clima.

Figura 5. Detalle de "Volcans d'air de Turbaco".

Finalmente resaltan dos figuras humanas: un hombre europeo de espaldas, con bastón y sombrero, señalando uno los cráteres junto a un indígena desnudo,

Lumpen und sonstigen Culturverwesungsabschnitzeln zu einem scheußlichen Amalgam sich zusammenfinden, höchst ekelhaft" [La representación de una de esas erupciones de fango puede verse en las *Vues des Cordillères* de A. v. Humboldt. De igual modo, el agua cenagosa en los fosos de las ciudades, donde se acumulan las inmundicias de las alcantarillas, donde restos de plantas y de animales de todo tipo se juntan con andrajos y demás residuos culturales en descomposición para formar una amalgama asquerosa, es también sumamente repulsiva] (1853: 314).

cuyo cuerpo y rostro podemos observar de frente. El cuerpo del indígena tiene una constitución atlética y piel morena —recuerda una escultura clásica y al hecho de que en múltiples ocasiones Humboldt sostuvo una mirada clasicista sobre el mundo americano al comparar, por ejemplo, los cuerpos semidesnudos de los indígenas con "estatuas de bronce" griegas (Lubrich 2000: 176). Interesantemente tanto Humboldt como su interlocutor están situados al mismo nivel; el indígena parece dar explicaciones al europeo, cuya posición sugiere la de un hombre que pregunta con curiosidad: al leer el texto sobre Turbaco que acompaña a esta placa, sabemos que son los indígenas quienes proveen a Humboldt de la mayor información. El científico recalca que la leyenda y superstición que rodea a estos volcanes no proviene tanto de ellos sino de los europeos, mestizos y esclavos africanos, y de aquellos cuyas "ensoñaciones" se han convertido en tradiciones históricas para explicar la naturaleza (Humboldt 1810: 240). Esta figura, trazada a modo de un modelo humano clásico, representa a la cultura indígena como una fuente válida de conocimiento y de su renovación,[14] en este caso concreto, del de la vulcanología.[15]

De este modo, el indígena se convierte en fuente del saber, del mismo modo que los restos del mundo clásico lo fueron para los sabios renacentistas. Un detalle notable sobre la vestimenta del europeo está en sus pantalones: como Oliver Lubrich lo señala, se trata del pantalón que regularmente usaban los *sansculottes*, es decir, los militantes de clase baja de la Revolución Francesa. Humboldt, que simpatizaba con ellos, es representado en varias ocasiones vistiendo esta prenda (Lubrich 2014: 9).

5. El volcán de Jorullo

Un par de años más tarde, en México, la historia de un volcán que había nacido de la tierra despierta la curiosidad del viajero. Es así como se dirige a explorar el Jorullo, en el occidente del país, expedición que tuvo una gran relevancia para los científicos de la época, pues este volcán había sido el primero que se conociera en nacer sobre tierra firme, suficientemente alejado de las costas (Humboldt 1809: 150). Se sabe incluso que las noticias del fenómeno acaecido en 1759 no había

14 Aunque ha habido disputas al respecto, entre investigadores que afirman que Humboldt se había estancado en una perspectiva eurocéntrica (Pratt 2008) y otros que lo niegan (Lubrich 2014 y), lo que sí es evidente para nosotros es que Humboldt muestra una evolución en su concepto y valorización del mundo indígena, mismo que diferenciaba claramente entre las "grandes culturas" (incas, aztecas) y las tribus "salvajes" (savages) de las selvas del Orinoco.

15 En este punto vale la pena mencionar, que es ampliamente conocido el hecho de que Humboldt contribuyó decisivamente al progreso de la vulcanología, desechando las teorías nepunistas y supliéndolas por las uranistas (Kraft 2014).

cruzado las fronteras del mundo hispánico hasta que Humboldt habló de ello 50 años después en artículos publicados en Inglaterra y Alemania. Además de estos textos, el científico dedica al Jorullo un capítulo en el segundo tomo de *Vues des Cordillères* (1810–1813), así como fragmentos en el *Essai politique générale de la Nouvelle Espagne* (1811). En estos textos lanza la hipótesis sobre la existencia de una falla volcánica que se extendiera desde el centro de México hasta las islas Revillagigedo. También describe la composición química del aire en la región afectada por el Jorullo, mide la temperatura de los cráteres y analiza la composición química del agua en las termas cercanas. En sus diarios privados detalla aún más su viaje a la zona y su expedición, y cuenta cómo es que él y Bonpland descendieron cuidadosamente al cráter del Jorullo solo para tomar una muestra del aire. En total son tres las placas que le dedica: una vista panorámica, analizada aquí, para *Vues des Cordillères* (1810–1813), y dos mapas o vistas aéreas más para el *Atlas des régions équinoxiales* (1814–1834).

En sus diarios, Humboldt narra dramáticamente cómo es que nació el volcán tras una serie de temblores y una terrible erupción el 29 de septiembre de 1759 (Humboldt 1986: 376). En un artículo de 1809, que conforma un extracto del mencionado *Essai politique*, cuenta también la leyenda que rodea su origen: según le contaron a Humboldt los indígenas de la comarca, fue en 1759 que unos monjes capuchinos lanzaron una maldición sobre el lugar; furiosos por no haber encontrado hospedaje digno en la cercana hacienda de San Pedro, predijeron que la tierra se incendiaría para después enfriarse de modo tal que reinaría un invierno perpetuo en la región (1809: 153). Aunque incrédulo de este relato, este mismo drama se repite en la forma en que Humboldt hace sus propias observaciones: del nacimiento del Jorullo dice que fue una "grande catastrophe" ["gran catástrofe"], una las "révolutions physiques les plus considérables que nous présente notre planète" ["las revolución físicas más considerables que nos presenta nuestro planeta"] (1809: 149), así como una "épouvantable phénomène" ["fenómeno horripilante"] (1986: 376). En *Vues des Cordillères*, su grabado, según sus palabras, "rappelle une des catastrophes les plus remarquables qu'offre la histoire physique d'notre planète" ["recuerda una de las catástrofes más memorables que ofrece la historia física de nuestro planeta"] (1810: 242).

Como afirma Kraft, esta lámina contiene dos relatos: por un lado, el relato científico —la mirada sobre la formación geológica de las distintas capas de lava—, y el relato de viaje, cuyo punto de referencia son las figuras de los propios exploradores (2014: s.p.). Ciertamente las representaciones gráficas que hace Humboldt del Jorullo constituyen un primer paso en la "revolución del conocimiento" vulcanológico (Kraft 2014: s.p.), adquiriendo así un carácter decididamente científico. Sin embargo, en el plano estético, la lámina dedicada a *Vues des Cordillères* (1810–1813) que analizamos aquí contiene también una profunda carga emotiva: la misma emoción retórica con que se narra el nacimiento del

Figura 6. Lámina del volcán de Jorullo para *Vues des Cordillères* (1810–1813). Grabado en lámina de Louis Bouquet basado en una acuarela de Wilhelm Friedrich Gmelin, a su vez, a partir de un esbozo de Humboldt. Aquí extraído de Lubrich (2014): *Das graphische Gesamtwerk.*

volcán, dispersa en los diversos textos sobre éste, se repite en los diversos grados del marrón del paisaje volcánico y en la perspectiva. La imagen nos muestra una elevación brusca de la tierra donde se pueden ver las capas fracturadas de roca que se elevan del suelo. A la derecha, se observa una fractura en la tierra hacia adonde desciende una corriente de agua con violencia. En la llanura afectada por la erupción, de la que Humboldt dice que los nativos han llamado 'malpaís', distinguimos numerosos pequeños cráteres o *farolitos* que aún se encontraban humeantes. Éstos se elevaban de 2 a 3 metros de altura, según dice, superiores en altura a cualquier persona, y su extensión parece casi infinita hasta interrumpirse en los cráteres mostrados al fondo.

Atrás se encuentra el cráter principal, el volcán de Jorullo, que Humboldt y Bonpland escalaron y penetraron. Cabe mencionar que, al momento de su visita, el volcán todavía estaba incandescente y que en la región de las fumarolas, la temperatura alcanzaba a la sombra los 43 grados. La elevación de la tierra, mostrando rocas cortadas, los cráteres como pústulas sobre una piel herida y los diversos tonos ocres bien reflejan el dramatismo de la narración, la destrucción del paisaje y la ausencia de vida. En particular, la vista hacia las profundidades de la tierra y la falta de verdes asocian a este escenario con desolación y muerte, o, si se quiere, con un imaginario infernal, aunque Humboldt no haya tenido en mente ninguna evocación religiosa. La lámina no está libre de evocación sentimental alguna, lo que recuerda el principio "emotivo" de la doctrina estética humboldtiana, como la llama Labastida (1999: 86).

Las diminutas, casi imperceptibles figuras humanas que se localizan en la parte media son notoriamente más bajas que las fumarolas, y llevan respectivos sacos de viaje. Una de ellas recolecta muestras del suelo, mientras las otras dos, de pie, parecen dar instrucciones. Interesantemente sus miradas no se encuentran dirigidas hacia las alturas del Jorullo, sino hacia el suelo, de donde había surgido de pronto aquel fuego que transformó radicalmente el terreno. A pesar de la desolación y hostilidad del paisaje, los exploradores no parecen mostrar emoción alguna; se mueven libremente, empujados por su curiosidad: es el principio "estoico" que, en la búsqueda de la satisfacción intelectual y la verdad, resiste a los "golpes del destino" (Labastida 1999: 94), o bien aquí, a la imponente fuerza natural. A este respecto, es interesante apuntar como Humboldt califica a la erupción del Jorullo como una "revolución" (1809: 149). Aquí vale recordar dos detalles: en la región donde nace el volcán se encontraba una hacienda, símbolo del régimen colonial; en el "Plan du Volcan de Jorullo", una de las láminas que aparecen en el *Atlas des régions équinoxiales* (1814–1834), Humboldt introduce dos paratextos de gran significado metafórico:

1. Le Terrain soulevé vu de l'Ouest [El terreno elevado visto desde el oeste]
2. Étendue de la masse soulevée [Extensión de la masa elevada]

Este adjetivo, "soulevé[e]", que puede traducirse como 'elevado[a]' pero también como 'sublevado[a]', evoca involuntariamente las guerras de independencia que, años más tarde, se levantarían en el continente.

6. Conclusión

Tras el análisis aquí presentado observamos cómo la cultura científica tiene una relación íntima con lo visual, lo estético y lo emotivo. Humboldt lo deja ver así no solo en su obra gráfica conocida, sino también en los minuciosos detalles, textuales y visuales, que aparecen en cartas y diarios para concretar ideas. Si bien los investigadores han profundizado en diversos aspectos de su obra, no podemos olvidar que su gráfica es también protagonista principal de muchos de sus libros más famosos. La lámina "Géographie des plantes équinoxiales" discutida al principio es indudablemente un elemento vertebral del *Essai sur la géographie des plantes* (1805) y que tuvo un importante efecto cultural y científico en Europa, mientras que el resto de sus grabados comparten el protagonismo de *Vues des Cordillères* (1810–1813) —de ahí que términos como *vues* o *tableau* tengan no solo una relevancia metafórica, sino también literal. No puede ignorarse el hecho

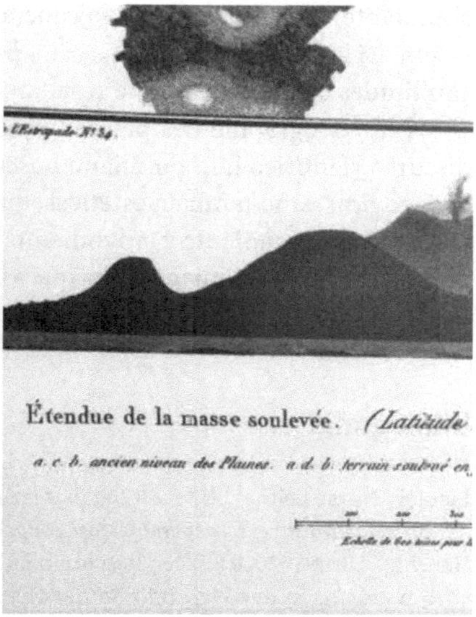

Figuras 7 y 8. Detalles de Humboldt, Alexander von (1814–1834): "Plan du Volcan de Jorullo". En: *Atlas des régions équinoxiales.* Aquí extraído de Lubrich (2014): *Das graphische Gesamtwerk.*

de la forma en que tanto las gráficas como los textos de Humboldt inauguran toda una escuela pictórica que inspiraría a artistas como Rugendas, Bellerman, Hildebrandt y Berg (Löschner 1976).

Finalmente hay que considerar que la gráfica volcánica de Humboldt, aunque se construye sobre una minuciosa base científica producto de su interminable curiosidad, nunca pierde de vista el valor estético y emotivo: de este modo, en el Pico de Tenerife puede percibirse la emoción ante la vista de la lava petrificada, así como en el Chimborazo, el trazo y el color nos muestran el contraste entre la fascinación por la abundancia vegetal y los grandes riesgos que ofrece una expedición de este tipo. Más adelante, la furia volcánica del Jorullo queda plasmada en los colores y formas rocosas de un paisaje desolado que, al mismo tiempo, es un corte analítico transversal de las formaciones geológicas. Como hemos visto en la representación de los volcancitos de aire de Turbaco, lo que en apariencia es solo una lámina decorativa que codifica visualmente la exuberancia, frescura y vida que Humboldt evoca en sus textos, es a su vez un mapa botánico de aquella región idílica en la que solían descansar los viajeros europeos escapando del calor y las enfermedades tropicales.

Como observa Löschner, llama la atención también la forma en que Humboldt resalta los detalles concretos más expresivos que otorgan a cada paisaje una "fisionomía" única (1976: 11): así las rocas, los *farolitos* y las fragmentaciones del suelo se vuelven característicos de la región del Jorullo, del mismo modo que la abundante vegetación y los volcancitos otorgan a Turbaco su particularidad —son así las especificidades de cada paisaje volcánico, y no necesariamente sus similitudes con otros, los que resaltan en cada una de estas gráficas.

En la "Géographie des plantes équinoxiales", observamos también cómo el discurso científico humboldtiano buscó formas innovadoras que fuesen no solo pedagógicas, sino también estéticas, que recurren incluso a efectos visuales para evocar altura, pendiente y movimiento. En general, la gráfica de Humboldt desea unir belleza y conocimiento para que así, tal como el mismo científico lo deseaba, existiera una motivación para profundizar en el estudio del mundo natural.

Bibliografía

Fiedler, Horst/Leitner, Ulrike (2000): *Alexander von Humboldts Schriften. Bibliographie der selbständig erschienenen Werke.* Berlin: Akademie.

Gehring, Ulrike (2010): "Der beschreibende Blick. Künstlerische und wissenschaftliche Darstellungen der Welt im Bild der Neuzeit und Moderne". En: Gehring, Ulrike (ed.): *Die Welt im Bild. Weltentwürfe in Kunst, Literatur und Wissenschaft seit der frühen Neuzeit.* München: Fink, pp. 17–42.

Humboldt, Alexander von (1805): *Essai sur la géographie des plantes.* París: Schoell.

Humboldt, Alexander von (Julio 1809): "Des volcans de Jorullo". En: *Journal de physique, de chimie, d'histoire naturelle et des arts* 69, pp. 149–155.

Humboldt, Alexander von (1810): *Vues des Cordillères, et monuments des peuples indigènes de l'Amérique.* Paris: Schoell. Disponible en: https://gallica.bnf.fr/ark:/12148/bpt6k613 01m (consultado por última vez: 26 de agosto de 2020).

Humboldt, Alexander von (1837): "Ueber zwei Versuche den Chimborazo zu besteigen". En: *Jahrbuch für 1837*, pp. 176–206.

Humboldt, Alexander von (1836/1837): "Über zwei Versuche den Chimborazo zu besteigen". En: *Annalen der Erd-, Völker- und Staatenkunde* 3, pp. 199–216.

Humboldt, Alexander von (1986). *Reise auf dem Rio Magdalena, durch die Anden und Mexico.* Tomo I: Texte. Ed. de Margot Faak. Berlin: Akademie.

Humboldt, Alexander von (1991). *Reise in die Äquinoktialgegenden des Neuen Kontinents.* Tomo I. Ed. de Ottmar Ette. Frankfurt: Insel.

Humboldt, Alexander von (1999): "De la estructura y modo de acción de los volcanes en las diversas regiones de la Tierra". En: *Cuadros de la naturaleza.* Ed. de Charles Minguet y Jean-Paul Duviols. México: Siglo XXI - SEP, pp. 395–411. Originalmente publicado en 1808. Edición moderna basada en la de 1866.

Humboldt, Alexander von (2006): *Ueber einen Versuch den Gipfel des Chimborazo zu ersteigen.* Ed. de Ottmar Ette y Oliver Lubrich. Frankfurt: Eichborn.

Humboldt, Alexander von (2008): *Kosmos.* Tomo II. Ed. de Hanno Beck. Darmstadt: WBG. Originalmente publicado en 1847.

Humboldt, Alexander von (2010): "Ueber eine Carte Neuspaniens". En: Lubrich, Oliver (ed.): *Ueber die künftigen Verhältnisse von Europa und Amerika.* Hannover: Wehrhahn. Originalmente publicado en 1812.

Kraft, Tobias (2014): "Die Geburt der Gebirge. Alexander von Humboldts Erforschung des mexikanischen Vulkans Jorullo". En: http://www.kulturstiftung.de/die-geburt-der-gebirge/ (consultado por última vez: 15 de octubre de 2015).

Kraft, Tobias (2015). *Figuren des Wissens bei Alexander von Humboldt.* Berlín: DeGruyter.

Labastida, Jaime (1999): "Aproximaciones a la estética de Humboldt". En: *Humboldt, ciudadano universal.* México: Siglo XXI, FCE, SEP y el Colegio Nacional, pp. 85–97.

Löschner, Renate (1976): *Lateinamerikanische Landschaftsdarstellungen der Maler aus dem Umkreis von Alexander von Humboldt.* Berlin: Technische Universität.

Lubrich, Oliver (2000): "'Wie antike Bronzestatuen': zur Auflösung des Klassizismus in Alexander von Humboldts amerikanischem Reisebericht". En: *Arcadia* 35, pp. 176–191.

Lubrich, Oliver (2012): "Fascinating Voids: Alexander von Humboldt and the Myth of the Chimborazo". En: Ireton, Sean/Schaumann, Carolin (eds.): *Heights of Reflection. Mountains in the German Imagination from the Middle Ages to the Twenty-First Century.* Rochester, NY: Camden, pp. 153–175.

Lubrich, Oliver (2014): "Humboldts Bilder: Naturwissenschaft, Anthropologie, Kunst". En: Humboldt, Alexander von. *Das graphische Gesamtwerk.* Darmstadt: Lambert Schneider, pp. 7–33.

Minguet, Charles y Jean-Paul Duviols (1999): "Introducción". En: Humboldt, Alexander von. *Cuadros de la naturaleza.* México: Siglo XXI - SEP, pp. 11–23.

Pratt, Mary Louise (2008): *Imperial Eyes. Travel Writing and Transculturation.* New York: Routledge.

Rosenkranz, Karl (1853): *Ästhetik des Häßlichen.* Königsberg: Bornträger. Disponible en: http://www.deutschestextarchiv.de/rosenkranz_aesthetik_1853/ (consultado por última vez: 26 de agosto de 2020).

Zimmermann, Anja (2009): *Ästhetik der Objektivität. Genese und Funktion eines wissenschaftlichen und künstlerischen Stils im 19. Jahrhundert.* Bielefeld: Transcript

[illegible]

Imaginarios del petróleo

Manuel Silva-Ferrer

Petroficciones: naturaleza y literatura en los paisajes del petróleo

Resumen

Este artículo propone un acercamiento a las representaciones surgidas en torno a lo que he llamado los 'paisajes del petróleo'. El objetivo es mostrar cómo la literatura producida en América Latina a comienzos del siglo XX refleja las radicales transformaciones ocurridas a escala global como resultado de un acelerado proceso de incorporación a la modernidad impulsado por las energías fósiles. El trabajo pone de relieve los singulares contrapuntos entre modernidad y medio ambiente; al tiempo que busca una relocalización de la literatura y la crítica latinoamericana dentro de las nuevas líneas de investigación que han comenzado a visibilizarse en el espacio académico internacional: ecocrítica, estudios energéticos, humanidades medioambientales y estudios ecocríticos poscoloniales.

Abstract

This article proposes an approach to the representations that emerged around 'oil landscapes'. The objective is to analyze how Latin American literature at the beginning of the 20th century reflects the radical transformations that occurred on a global scale as a result of an accelerated process of incorporation into modernity driven by fossil energies. The paper highlights the specific counterpoints between nature and modernity. At the same time it pursues a relocation of Latin American literature and critique within the new fields of research that have begun to become visible in the international academic scene: ecocriticism, energy studies, environmental humanities and post-colonial ecocritical studies.

> It is easy to see why it will be utterly impossible to tell our common geostory without all of us —novelists, generals, engineers, scientists, politicians, activists, and citizens— getting closer and closer within such a common trading zone
> (Bruno Latour: "Agency at the time of the Anthropocene", 2014)

> Lo que es a mí no me da nada aquí. Aún no he encontrado el trópico. No he visto las señoritas con guitarras, ni los cómicos sombreros mexicanos. Aquí no hay más que petróleo. ¿No es cierto, doctor?
> (César Uribe Piedrahita: *Mancha de aceite*, 1935)

El petróleo es uno de esos temas que ha sido arduamente explorado por estudiosos e investigadores de todos los campos de las ciencias. Sin embargo, es muy poco lo que se ha escrito sobre la literatura y la cultura del petróleo. Este artículo, que forma parte de una investigación más amplia, todavía en curso, quiere sumarse a aquellos que se han abocado a llenar ese vacío, a través de un acercamiento a las representaciones surgidas en torno al llamado oro negro. Lo que persigo es mostrar cómo cierta literatura producida a comienzos del siglo XX se identifica con las radicales transformaciones ocurridas en aquellos espacios de América Latina que fueron afectados por un acelerado proceso de incorporación a la modernidad impulsado por la industria del petróleo. Un cambio epocal identificado con el comienzo de una nueva fase de la globalización, determinada por el auge y expansión de las energías fósiles.

De un amplio y poco conocido corpus literario he seleccionado un par de obras fundacionales: *Panchito Chapopote*, de Xavier Icaza (1928), y *Mancha de aceite*, de César Uribe Piedrahita (1935). Dos novelas que, al ubicarse en una perspectiva de análisis de mayor amplitud, permiten observar esa constelación que he llamado los 'paisajes del petróleo'.

Siguiendo las definiciones de Henry Lefebvre (1974) y su triada de 'práctica espacial, representaciones del espacio y espacios representacionales', los paisajes del petróleo podrían ser definidos como un complejo ecosistema cultural resultado de una realidad marcada por un conjunto de relaciones y formas, en donde la naturaleza del subsuelo deja de ser un objeto pasivo, para transformarse en una determinante de su configuración. En este contexto, la llamada 'novela del petróleo' —en tanto forma de representación— es un lugar privilegiado para examinar cómo la naturaleza interviene en la construcción de ese espacio, y, al mismo tiempo, cómo ese espacio participa en la construcción de la literatura.

En este marco, quisiera volver la mirada sobre el *ecological turn* iniciado hace ya dos décadas en el campo de la literatura y las humanidades. Con ello deseo prestar atención al llamado realizado por Cheryll Glotfelty en su hoy lejana introducción a *The Ecocriticism Reader: Landmarks in Literary Ecology* (1996), para introducir en el análisis de los textos algunas consideraciones de los estudios ambientales. No es mi objetivo desarrollar un enfoque estrictamente ecocéntrico, una tendencia que suma cada vez más adeptos en el mundo académico. Se trata aquí más que nada, tal como plantea Gisela Heffes, de involucrar los estudios de la literatura y la cultura con la problemática ecológica global, una variante teórica que busca vincular las humanidades con el movimiento medioambiental en el contexto latinoamericano (2014: 31).

Al concentrarme en este trabajo en dos textos producidos en torno a los 'paisajes del petróleo' latinoamericano, trataré de mostrar los singulares contrapuntos entre modernidad y medio ambiente; así como las contradicciones entre las luchas locales y los intensos traspasos y flujos globales que reflejan esta literatura. Al tiempo que persigo realizar una relocalización de una porción de la literatura y la crítica latinoamericana dentro de las nuevas líneas de investigación que han comenzado a visibilizarse en el espacio académico internacional: *energy studies, energy humanities, poscolonial ecocritical studies*, etc.

Esta exploración en las representaciones de ese espacio denominado 'los paisajes del petróleo' debe observarse entonces como la reconstrucción de las genealogías que están en la propia base de una parte de la modernidad latinoamericana más reciente, así como de las consecuencias que diversos procesos de modernización acelerada han tenido para el medio ambiente. Un hecho a partir del cual la historia moderna —separada en esferas autónomas— ha visto producir una inversión de roles, un cambio radical entre forma y fondo, en el que "la historia de la humanidad ha sido congelada y la historia de la naturaleza evoluciona a un ritmo frenético" (Latour 2014: 12). No obstante, me interesa en lo que sigue avanzar en forma de contrapunto, para mirar esas constelaciones surgidas en torno al petróleo como un solo cuerpo, en el que la marcha de la historia humana y de la historia de la naturaleza se cruzaron de forma determinante en un nuevo ciclo epocal.

1. En los inicios: discursos y narrativas del petróleo

Al incorporarse a la Academia de Ciencias Políticas y Sociales en el año de 1955, el escritor venezolano Arturo Uslar Pietri formuló una tesis que medio siglo más tarde se había transformado en evidencia: que al menos las últimas tres cuartas partes del siglo XX, casi todo lo que ocurre en Venezuela guarda relación directa o indirecta con la industria del petróleo:

> Cuando hayan desaparecido las generaciones presentes y otras remotas y distintas las hayan sucedido en el modificado escenario de este país, es posible que, al contemplar en su conjunto el panorama de nuestra historia, lleguen a considerar que uno de los hechos más importantes y decisivos de ella, si no acaso el más importante y decisivo, es el hecho geológico de que en su subsuelo se había formado petróleo en inmensas cantidades. (Uslar Pietri 1955: 223)

Las transformaciones generadas por el petróleo produjeron así el fenómeno decisivo: convertir repentinamente un país muy pobre en un rico enclave petrolero; y al Estado venezolano en el administrador y agente principal de esa riqueza, y como consecuencia de ello, en el protagonista de todos los renglones de la actividad económica del país. Esta circunstancia geológica, obra del azar y de la naturaleza, va a dar pie a un reordenamiento de las estructuras económicas, políticas, sociales y culturales del país a comienzos del siglo pasado, durante el período de dominio del dictador Juan Vicente Gómez (1908–1935), cuando surgió lo que el dramaturgo venezolano José Ignacio Cabrujas llamó 'el sueño venezolano':

> La aparición del petróleo como industria creó en Venezuela una especie de cosmogonía. El Estado adquirió rápidamente un matiz "providencial". Pasó de un desarrollo lento, tan lento como todo lo que tiene que ver con la agricultura, a un desarrollo "milagroso" y espectacular. [...] El anuncio de que éramos un país petrolero creó en Venezuela la ilusión de un milagro. Creó en la práctica la "cultura del milagro". [...] ¿Cómo un pobre se convertía en rico en la Venezuela de 1905? Descubriendo un tesoro. No había otra manera. No había "negocios", ni especulación en la Bolsa, ni golpes de fortuna. [...] El hueco petrolero sustituía a la imaginación del hueco donde había morocotas españolas. El Estado era ahora capaz de hacernos progresar mediante audaces saltos. ¡Viva Gómez y adelante! ¿No era esa la consigna? ¿No pagó el dictador la deuda externa en pocos años? ¿No comenzamos a ver prodigios? ¿No fue ese el comienzo del sueño venezolano? (Cabrujas 1987: 16–18)

En efecto, Juan Vicente Gómez fue a Venezuela lo que Porfirio Díaz a México: el hombre que Octavio Paz describe como el supresor de la anarquía y al mismo tiempo de la libertad. El organizador del país que "prolonga un feudalismo anacrónico e impío", "estimula el comercio, construye ferrocarriles, limpia las deudas de la hacienda pública y crea las primeras industrias modernas", al abrir las puertas al capitalismo angloamericano, iniciando así también el período de país semicolonial (Paz 1959: 117).

Volver a leer a estos intelectuales emblemáticos de las dos naciones latinoamericanas petroleras por excelencia es muy útil para resaltar no solo las singularidades de la genealogía local de los paisajes del petróleo, sino tambien para observar cómo en su doble condición de escritores de ficción, al tiempo que historiadores y críticos de la cultura, Uslar Pietri y Paz —a diferencia de Cabrujas—, se decantan desde mediados del siglo XX por el ensayo y la historiografía para sus acercamientos al tema, manteniendo su producción creativa alejada del 'hecho geológico' y de la problemática medioambiental que determina la vida en sus respectivos países.

Las citas anteriores de Uslar Pietri, Paz y Cabrujas son así de enorme utilidad para volver a constatar que el estudio de los paisajes del petróleo en América Latina se mantuvo a lo largo del siglo XX dominado por una perspectiva mayoritariamente sociopolítica y socioeconómica. Por lo tanto, los acercamientos realizados desde el espacio de la cultura y, especialmente, de la literatura —incluso aquella que realizaron importantes intelectuales— constituyeron desde siempre experiencias aisladas, casi siempre marginales de sus respectivos campos literarios.

Pero a pesar de este predominio de las ciencias sociales, es en el campo de la literatura y posteriormente en el cine donde van a producirse los primeros esfuerzos por tematizar de forma ampliada las complejas derivaciones que la conversión del petróleo en combustible fundamental del mundo moderno estaba produciendo en diversas regiones del continente americano.

De esta forma, podríamos considerar a *Panchito Chapopote* (1928), del escritor mexicano Xavier Icaza, y a *Mancha de Aceite* (1935), del colombiano César Uribe Piedrahita, como las columnas fundacionales de un corpus literario que va a conseguir realizar tempranamente y con notables resultados una reconstrucción de los paisajes del petróleo en América Latina. Esto es: ficcionalizar las radicales transformaciones del espacio, el cambio de mentalidades y esquemas de experiencia que supusieron las interacciones entre sociedad y naturaleza para la conversión del petróleo en uno de los productos esenciales para la vida en el mundo moderno. Esto implicó para distintos escenarios de América Latina el ingreso a un ciclo de modernización acelerada, así como a una novedosa fase de la globalización. Al mismo tiempo esto ocurría en otros paisajes del petróleo en América del Norte, Rusia, Africa y el Medio Oriente, en momentos en que la industria del petróleo impulsaba una agresiva reconfiguración de los mapas ecopolíticos del planeta.

2. Los paisajes del petróleo en *Panchito Chapopote*

Aunque desde comienzos del siglo XX varios autores latinoamericanos habían estado reflejando en sus narraciones distintos aspectos de los cambios que en la sociedad y la cultura estaban produciéndose tras la sorprendente conversión del petróleo en fuente de energía, es sólo en la década de 1920 cuando van a aparecer los textos que ofrecerán auténtica expresión literaria a esa nueva era iniciada en el espacio latinoamericano con la instalación de la moderna industria petrolera (Rapp 1957; Carrera [1972] 2005; Schneider 1989, 1997b; Negrín 1995, 1997; Campos 1994, 2006, 2014, DeVries 2013).

Los paisajes del petróleo van a tener así su primera traducción literaria de importancia en el trabajo de Xavier Icaza: *Panchito Chapopote. Retablo tropical o relación de un extraordinario sucedido en la heróica Veracruz* (1928). Una obra poco difundida y, sin embargo, considerada por la crítica como “uno de los fenómenos más extraordinarios que se encuentran en el estudio de la literatura mexicana" (Brushwood 1982: 161). El texto constituye no solo uno de los puntos de partida de la tradición literaria del petróleo en América Latina —pues en él están contenidos casi todos los elementos que vamos a observar a lo largo de un siglo de creación literaria y cultural dedicada al tema—, sino también de la literatura mundial de contenido petrolero. Este género había comenzado a elaborar su propio canon con el reconocimiento obtenido por la novela *Oil* (1927), de Upton Sinclair, considerada como la primera gran novela del petróleo, y alcanzaría algunos años más tarde una de sus mayores realizaciones cuando Georges Clouzot lleve al cine *Le Salaire de la peur* (1953) —la valiosa novela de Georges Arnaud (1950), cuya acción se desarrolla también en paisajes del petróleo latinoamericanos.[1]

Ubicada en el estado de Veracruz, en el extremo occidental del arco que completa la antigua región Huasteca, frente al caribe mexicano, *Panchito Chapopote* tiene lugar a comienzos del siglo XX, en la última fase del largo período de dominio político de Porfirio Díaz y el comienzo de la revolución mexicana. Panchito, el personaje principal, es un campesino heredero de 'tierras malditas' que no sirven para la agricultura, pues del fondo de éstas brota una chapopotera que contamina las aguas y quema las plantas. En la reiteración de la pobreza que le endosa su condición de campesino sin tierras que cultivar, Panchito es también rechazado por la mujer que pretende. Pero su vida da un giro inesperado cuando el azar hace que Huasteca y toda la región veracruzana comiencen a ser codiciadas por el capital internacional, tras los informes que ofrecen geólogos de todo origen, quienes concluyen que el aceite que hace imposible su huerto es la señal de existencia de una inimaginable riqueza, que apacible aguarda desde hace siglos en las profundidades de la tierra.

> Panchito no tenía bien alguno. Mejor dicho, como si no tuviera ninguno. Su padre le había dejado unas tierritas, pero se diría que pesaba sobre ellas la maldición de Dios. [...] No producían nada. Ninguna semilla fructificaba en sus landas negruzcas. El agua

1 En términos estrictamente cronológicos se habían publicado ya en México y Venezuela antes de *Panchito Chapopote* otros textos dedicados parcial o íntegramente al tema petrolero: *Lilia, ensayo de novela venezolana* (1909), de Ramón Ayala, *Elvia, novela caraqueña* (1912), de Daniel Rojas, *Tierra del sol amada* (1918), de José Rafael Pocaterra, *Oro Negro* (1927), de Francisco Monterde García, *Mapimí 37* (1927), de Mauricio Magdaleno *La hermana impura* (1927), de José Manuel Puig. Hasta donde he podido indagar la novela del petróleo escrita por autores no latinoamericanos, pero ambientada en América Latina, comienza con la publicación de *Tampico* (1926), de Joseph Hergesheimer. En la misma década se publica también *Die weiße Rose* (1929), del exitoso autor alemán B. Traven (traducida al castellano en 1940: *La Rosa Blanca*). En la década de 1930 se publicarían también *Barrancabermeja* (1934), del colombiano Rafael Jaramillo Arango, la ya mencionada *Mancha de aceite* (1935), de César Uribe Piedrahita y *Öl am Catatumbo* (1935), del también alemán Franz Taut, publicada el mismo año en Caracas como *La Canaan del petróleo* (1935).

> del manantial que borboteaba en ellas era aceitosa. Parecía maldita. Diríase que su simple contacto quemaba las plantas. (Icaza 1928: 17–18)

Con este argumento, la obra va a describir las transformaciones estructurales (el cambio perturbador, la riqueza súbita, la ambición, la corrupción, la complicidad interna, la expoliación, los negocios turbios, la discriminación, la locura del petróleo, el éxodo campesino, el suprapoder de la compañía, la invasión de tierras, el antiimperialismo, etc.), y delinear los personajes (el campesino, la compañía extranjera, el magnate, el agente local intermediario, el ingeniero, el técnico, los gringos, el estado, el presidente, el licenciado, el juez, el funcionario, las prostitutas, etc.) que según el detallado inventario realizado por el investigador venezolano Gustavo Luis Carrera ([1972] 2005) van a definir algunos de los ejes fundamentales que desarrollará la novela del petróleo en las décadas posteriores y que después fueron observados parcialmente en el ahora clásico ensayo de Amitav Ghosh ([1992] 2005) "Petrofiction: The Oil Encounter and the Novel".

La mayor originalidad de *Panchito Chapopote* se encuentra en su estructura formal, más parecida a una obra de teatro, a un guión radiofónico o cinematográfico, que a una novela. Y no sorprende esto, habida cuenta de la fascinación de Icaza con las nuevas tecnologías comunicacionales de su tiempo, un gusto que lo lleva a desarrollar novelas de corta extensión, de una precisión sintética hecha a base de frases cortas y un minimalismo narrativo que, aderezado con abundantes elementos de la cultura popular mexicana serían, según el propio autor, la "exigencia de una sociedad frenética y por eso moderna" (Brushwood 1982: 164).[2]

La fórmula se identifica con los nuevos procedimientos expresivos del movimiento estridentista mexicano, una vanguardia artística fuertemente influenciada por el futurismo, el dadaismo y el ultraismo europeos, que se opuso al realismo y sucedió al modernismo que había permeado las letras de todo el continente. Esta manifiesta voluntad de experimentación repudia cualquier encasillamiento o clasificación tradicional,[3] por lo que no debe extrañar que el escritor catalán Ramón Xirau afirme: "por lo que toca a los géneros, Icaza ha tenido que inventárselos" (1963: 8). Y tal postura es cónsona con el momento de ruptura y búsqueda de nuevas fórmulas narrativas por el que transita la cultura y las artes a comienzos del siglo XX, un contexto internacional que en México se ve complejizado por la crisis que produce el fin del 'porfiriato' y los acontecimientos que desencadena la revolución. Tal como expone la investigadora mexicana Edith

2 El propio Icaza desgrana tendencias y opiniones sobre su trabajo en: *La Revolución en la literatura. Conferencias del Palacio de Bellas Artes.* México: Imprenta Mundial. 1934.

3 Los trabajos ya citados de John S. Brushwood (1982), "Las bases del vanguardismo en Xavier Icaza"; Edith Negrín (1995), "La estridencia y el petróleo: Panchito Chapopote", así como los dos volúmenes de Luis Mario Schneider: *El estridentismo o una literatura de la estrategia* (1997) y *El estridentismo:* México 1921–1927 (1985), ofrecen valiosos elementos de análisis y numerosas referencias para profundizar en estos aspectos.

Negrín, en "*Panchito Chapopote* hay como un prisma de géneros literarios en movimiento constante [...] que corresponden a un momento histórico de redefinición tanto cultural como política" (1995: 183). Ese momento histórico es, sin embargo, mucho más amplio, pues lo que singulariza en México la transición económica y cultural, es que ella se está produciendo al mismo tiempo que ocurre una revuelta política y social.

> La caravana se fue, dejando su tentadora huella de oro. Empezaba una nueva era en la Huasteca. Del resto del país llegaban tristes nuevas. La revolución había estallado. Un chaparrito audaz se enfrentaba al tirano.
> La caravana se dirigía hacia Rancho Viejo -como Tepetate, futuro Eldorado. (Icaza 1928: 46)

Los emisarios de los revolucionarios se cruzan entonces con geólogos, abogados, funcionarios, agentes e intermediarios de las compañías trasnacionales, en el afán por apoderarse de las tierras, el dinero, el petróleo.

Simultáneamente, sobre un mismo territorio cuatro revoluciones se encuentran en marcha: una energética y espacial, simbolizada por la novedosa redefinición del paisaje mexicano: el campo petrolero que desplaza a la hacienda; una política y social, identificada con el comienzo de la revolución; una estética y cultural —'el renacimiento mexicano'— protagonizada por el impulso educativo que ofrece el proyecto alfabetizador de José Vasconcelos y el ascenso de diversos movimientos artísticos y literarios encabezados por el muralismo. Y en el fondo, y sin que la literatura alcance a problematizarlo del todo, ocurre también una revolución en torno a la naturaleza, una revolución ecológica, cuyas consecuencias sólo comenzarán a ser tangibles varias décadas más tarde.

Panchito Chapopote se presenta en su título como un 'retablo' o 'relación de un extraordinario', en la tradición de la literatura y la crónica hispanoamericana, y los textos se alternan con grabados del pintor mexicano Ramón Alva de la Canal, miembro de la generación de muralistas encabezada por Rivera, Siqueiro y Orozco. Estos grabados y su autor, estética y políticamente identificados con la revolución, la obsesión maquinista y el deseo de romper con el arte religioso, introducen en el texto una suerte de metadiscurso que, al igual que los trabajos que veremos en la novela de Uribe Piedrahita, amplían el campo semántico y hacen del libro una auténtica pieza de arte.

Los elementos pictóricos ejercen a su vez de contrapunto con chispeantes recursos onomatopéyicos, que funcionan como una banda sonora que acompaña las manifestaciones propias del habla y la cultura popular de la región: la rumba, el huapango huasteco, el danzón, la lotería, la nieve de mango, el café de olla, la cotorra y el loro parlanchín, 'dale la vuelta negrito'; así como referencias a la radio, la otra novedad cultural y tecnológica de la época.

Figura 1. Grabado de Ramón Alva de la Canal (Icaza 1928: 61).

Se acabaron los focos. El pueblo queda a oscuras. Los juerguistas le disparan sus pistolas a la luna. La luna hace un guiño burlesco. Panchito le dispara muy serio un escopetazo de chapopote.

Desaparece la luna entre las nubes, (baño de chapopote). El cielo se encapota. La noche se nubla.

– ¡Pif! ¡paf! ¡pof! ¡puf!

– ¡Panchito ha apagado la luna!

– ¡Viva Panchito Chapopote!

Un poeta borracho, desde Francia:

– ¡Hé bonsoir la Lune!

(Icaza 1928: 23–24)

El diálogo es una referencia a los ya mencionados cruces e intercambios con las vanguardias europeas que marcaron el estridentismo y todo el resto de la literatura y el arte occidental de su tiempo. El grabado de Canal —en la imagen a continuación— no hace más que dibujar la forma en que el barco a vapor realiza el traspaso: el poeta francés participa de la juerga con la que se celebra el bautizo de Panchito Chapopote. Hermanados a la distancia por la poesía y el alcohol, los dos le hablan y disparan a una luna que, a ambos lados del Atlántico, ilumina a París y Veracruz.

Figura 2. Grábado de Ramón Alva de la Canal (Icaza 1928: 25).

La escritura en *Panchito Chapopote* remite por momentos a los ejercicios surrealistas, cargados de la espontaneidad, el humor y el ritmo vertiginoso de los procedimientos expresos y la escritura automática acuñada por el dadaismo. El movimiento es parte de la reacción contra el realismo literario, que en México funcionaba simultáneamente como crítica a la política, la literatura y, sobre todo, la poesía. Al tiempo, exaltaba el maquinismo del mundo moderno y las formas en que se estaba produciendo una ampliación de los intercambios globales, como resultado de los procesos comunicacionales inducidos por la aparición del automóvil, el aeroplano, la radio y el cinematógrafo.

> Una gran escuadrilla de aeroplanos, zepelines, dirigibles, globos, cargados de fusiles y parque, flotan sobre el campo rebelde. Vuelcan su cargamento desde lo alto. Millares de fusiles, cañones, ametralladoras, obuses, tanks caen sobre las huestes rebeldes. (Icaza 1928: 86)

Y a continuación:

> Veracruz se va a normalizar. El país se va a normalizar. La Huasteca se va a normalizar.
> Todas las estaciones de radio piden:
> – ¡Chapultepec! ¡Chapultepec! ¡Chapultepec!
> Chapultepec escucha
> – ¡Listo Chapultepec!
>
> RADIO 1
> ¡Habla Washington! Coolidge al aparato. Coolidge felicita al presidente.
> RADIO 2
> ¡Habla New-York! La Bolsa al aparato. Wall Street felicita al Gobierno
> RADIO 3
> ¡Habla Europa! Europa que felicita la presidente.
> (Icaza 1928: 92–93)

Uno de los aspectos que más llama la atención de *Panchito Chapopote* es cómo éste descompone desde el mismo comienzo de la saga del petróleo la visión dicotómica que dominó a todo lo largo del siglo XX la mayor parte de la producción literaria y los estudios referidos a los paisajes del petróleo en América Latina. Propone una perspectiva discursiva que, primero como antecedente y luego como sustento de la teoría de la dependencia y los estudios poscoloniales, modela una otredad perversa, causante de todos los males de las inmaculadas repúblicas latinoamericanas.

Esta visión podría resumirse en la proclama atribuida en 1902 al caudillo venezolano Cipriano Castro (1859–1924): La planta insolente del extranjero ha profanado el sagrado suelo de la patria. Esta imagen subyace en las tesis del petróleo como naturaleza maldita —'los veneros del diablo' del poeta López Velarde (1932), o 'el excremento del diablo', en la variante sociológica de Juan Pablo Pérez Alfonzo (1976)—, cuya formulación incluye una suerte de alegoría del despojo protagonizada por innumerables arquetipos de figuras malignas foráneas: los gringos, las empresas invasoras, el capital internacional, el imperialismo yanqui, etc. Estas figuras van a fundir los símbolos del extranjero malvado y la naturaleza envenenada, que como fatalidad inexorable impedirán la felicidad de la 'suave patria'. Contra esa perspectiva dual que observa a la patria como un reservorio solemne de bondad afectado por la 'plaga extranjera' es que arremete Icaza:

> Se firmó el contrato del yanqui con Panchito Chapopote. El secretario y el alcalde le sacaron la mitad del anticipo. El juez lo supo. Hizo que le dieran su parte: no en balde se había enterado del enredo. Panchito se veía y no se conocía. (1928: 45–46)

De esta forma, lo mismo que *El Señor Rasvel* (1934), del venezolano Miguel Toro Ramírez, *Panchito Chapopote* (1928) —sin dejar de ser por ello una obra de espíritu antiimperialista— propone tempranamente revelarse para aniquilar esa versión maniquea del invasor heredada del criollismo. Al igual que Miguel Angel Campos observa en su lectura del texto de Toro Ramírez, el trabajo de Icaza "traspasa hasta el fondo y es capaz de explorar en las mínimas tensiones, casi en el crepitar de lo que sería después un fragor, abierto pero negado, escandaloso pero disimulado, inherente al alma del ser petrolero pero visto como ajeno" (2014: 116). Se refiere Campos a la corrupción imperante en los negocios del petróleo, no solo como resultado de la instalación del capital globalizado, sino mucho más del entronque de éste con las instituciones venales y los funcionarios y caudillos locales, que forman parte de una larga tradición autóctona, depredadora de las economías y la naturaleza.

Más permeable a los conflictos que ocurren a su alrededor en el campo de la política y de la economía, no hay sin embargo en Xavier Icaza una conciencia ecológica que evidencie las implicaciones que tiene en el espacio mexicano la radical transformación del huerto campesino en campo petrolero. Esto constituye una preocupación aparentemente alejada de la agenda de su tiempo, que es también consecuencia del hecho, apuntado por Fernando Coronil, de que "la apropiación masiva de los recursos naturales de la cual depende el mundo moderno ha llegado a asumirse como un hecho natural" (Coronil 2002: 23).

Pero a pesar de la aparente omisión, es de resaltar que el retrato a gran escala de los conflictos políticos y sociales en torno a la tierra que produce la obra de Icaza, conecta perfectamente con los elementos que determinan el pensamiento ecocrítico contemporáneo. Pues tal como apunta Cheryl Lousley, los retos de la ecocrítica en el campo de la literatura no se circunscriben a la representación de la naturaleza, sino mucho más a la politización del medio ambiente; esto es, a hacer socialmente visibles los conflictos socioecológicos como un asunto político (2014: 156).

Figura 3. Grabado de Ramón Alva de la Canal (Icaza 1928: 51).

Y esto es algo claramente perceptible en *Panchito Chapopote*, un texto en el que la referencia al petróleo como elemento transformador no se asimila de forma explícita con la problemática medioambiental, sino que se expresa, antes que nada, en la interpretación de un cambio de época que ocurre en el lapso que va del ocaso de la dictadura del caudillo Porfirio Díaz hasta el final de la revolución. Es el relato ficcionalizado de la agresiva penetración del capital petrolero trasnacional en convivencia con los poderes públicos locales, al que hacía referencia Octavio Paz, así como del vertiginoso ciclo de acelerada modernización estimulado por el oro negro. Ello conduce a una inesperada transformación del espacio geográfico y del espacio social —tal como lo concibe Lefebvre (1974)—, que resulta de convertir una economía agrícola en economía minera.

Se trata allí también de problematizar los contradictorios procesos transculturales de mezcla y copresencia: la americanización avasallante, según la formulación de Carlos Monsiváis (2000: 221), que imponen en un sentido epocal lo que Marshall Berman describió como "la atmósfera en que nace la sensibilidad moderna" (1982: 5). Son los radicales procesos de aceleración del tiempo y compresión del espacio que impulsan las novedosas máquinas modernas (el tren, el ferrocarril, el automovil, la radio, el cinematógrafo) y los intensos flujos de capitales que se insertan en el centro mismo de una vida rural que paulatinamente se va desintegrando:

> Es natural. Ya no es el antiguo Tepetate pintoresco y risueño. Lo atraviesa amplia carretera asfaltada. No más casas de palma, sino casonas galeras de tablón. Hoteles más caros que el Ritz: veinte dollars cama. Comida yanki, costumbres ayancadas. Lonches. Quick lunch. Free lunch. Banana lunch. No se asoman camisolas blancas de mujeres cuando alguien llega. Hay contínuo tráfico intenso. Pesados camiones con herramientas y maquinaria se entrecruzan. Carros tanques. Camiones regaderas. Camiones de carga. Camiones atestados de obreros. Automóviles con magnates de Nueva York, de California, de Londres, de no mans' land. (Icaza 1928: 64)

Es la transformación de un espacio que vertiginosamente, de la mano del petróleo, se incorpora a los ritmos que impone una nueva fase de la globalización determinada por la energía fósil.

3. Tierra en trance: *Mancha de Aceite*

Prácticamente desconocida fuera de los círculos de especialistas y académicos, la novela *Mancha de aceite* (1935), del escritor colombiano César Uribe Piedrahita, marca junto a *Panchito Chapopote* el momento de incorporación plena de los paisajes del petróleo al ámbito de la literatura en América Latina. De allí que Gustavo Luis Carrera la considere en su estudio de la literatura del petróleo en Venezuela como "la primera novela [...] fundada de modo íntegro en el tema petrolero, sus ambientes, sus personajes, sus problemas y sus perspectivas" (2005: 50).

La obra posee entonces un doble carácter inaugural, pues además de acompañar el valioso trabajo de Icaza como aportación latinoamericana a la fundación del canon literario del petróleo, constituye también en el ámbito local un eslabón originario en esa vertiente del ciclo de la novela antiimperialista, subsidiaria de la novela de la Revolución mexicana (Rapp 1957: 28). Esto es, una literatura de fuerte carácter documental, preocupada por llevar a cabo un registro de las estrategias y procedimientos puestos en práctica por las empresas petroleras norteamericanas, holandesas e inglesas en sus intentos de apropiación de los recursos naturales en el horizonte latinoamericano; en el contexto de la escritura regionalista hispanoamericana y el imperio invisible estudiados en perspectiva poscolonial por Jennifer French (2005).

El esquema queda claramente delineado en el cuadro que abre la primera parte de la novela. Un grabado del pintor colombiano Gonzalo Ariza, que refleja de forma precisa la propuesta estética e ideológica inaugurada por la literatura y la pintura mexicana, y que, como ya he mencionado, incorporan algunos años antes Xavier Icaza y Ramón Alva de la Canal a *Panchito Chapopote*.

Figura 4. Grabado de Gonzalo Ariza (Uribe Piedrahita 1935: 4).

El cuadro de Ariza que sirve de prólogo a *Mancha de aceite* reproduce un mapa del lago de Maracaibo, en cuyas riberas se representan las torres y los tanques de una tierra en trance, convertida en campo petrolero. En la base del cuadro, en el extremo izquierdo, aparece inconfundible el dictador Juan Vicente Gómez, acompañado por dos soldados que someten por la fuerza a un trabajador, quien carga sobre sus espaldas una enorme caja, y sobre quien recae en la composición todo el peso del rico lago. Dominándolo todo desde arriba, las imágenes de dos cabezas con sendos sombreros de copa, que representan al poder británico y estadounidense, pugnan por conducir sus barcos de carga hacia la nueva fuente de riqueza.

Y si en *Panchito Chapopote* Icaza relata con su característico sarcasmo: "solo faltaba un cura para que estuviera representado todo el país" (Icaza 1928: 27), en el grabado de Ariza se incorpora, abajo a la derecha, un miembro del clero para completar la imagen del círculo de poder.

Lo que sigue entonces es un breve texto de Uribe Piedrahita, en el que éste expone a manera de introducción, que *Mancha de aceite* constituye la suma de sus recuerdos y experiencias en Venezuela:

> Muy lejanas ya las emociones inmediatas [...] [en] estas páginas se encuentran en desorden y sin pretensiones artísticas, los recuerdos de algunos años de mi vida aventurera. [...] Yo viví intensamente y sin prejuicios lo que en estas páginas está escrito. (Uribe Piedrahita 1935: 3)

La naturaleza testimonial de la novela, ansiosa de ficcionalizar la historia conjugando experiencias y recuerdos acumulados por sus propios autores en el fragor de las luchas e inequidades imperantes en los primeros campos petroleros, va a ser así una de las marcas que identificará buena parte de las obras del primer medio siglo de la literatura del petróleo. Se trata de un posicionamiento en línea con el carácter original de esta industria y sus métodos, y con la necesidad de los involucrados más sensibles por relatar la emergencia de los paisajes del petróleo. Si bien el realismo y el naturalismo habían tematizado ya ampliamente la problemática social europea, su tardía recepción en América Latina y el contexto que ofrecía la realidad material del continente van a ser caldo de cultivo para toda una literatura que va a identificarse con los conflictos que devela el viejo antagonismo entre modernidad y tradición, aquí traducido en el muy estudiado debate entre civilización y barbarie.

De esta forma, el proceso de creación literaria, comprometido con la elaboración de una crónica de su tiempo, va a encontrar en la compleja problemática neocolonial que se desarrolla en torno a los paisajes del petróleo un nuevo escenario para la actualización de los relatos de la pobreza, la emancipación y el antiimperialismo latinoamericano; tradición que, como ha sido planteado por Miguel Angel Campos, lastrará estas obras hacia una especie de fomento moral, "aleccionamiento y deberes ciudadanos", que por momentos hará de la literatura un mero discurso subsidiario de la realidad (Campos 2005: 8–11). Mucho más en

Mancha de aceite que en la vibrante narrativa experimental de *Panchito Chapopote*, la indagación socioeconómica y sociocultural afectará profundamente la creación literaria. Ficción al servicio de la historia será así una de las claves explicativas de esta primera literatura del petróleo; un conjunto en el que, sin embargo, no se debe despreciar el valioso esfuerzo por traducir a la literatura el complejo cambio de época que produce la novedosa constelación que determina los paisajes del petróleo.

Mancha de aceite gira sobre un único personaje principal: Gustavo Echegorri (*alter ego* de Uribe Piedrahita), médico formado en los Estados Unidos y contratado por la *Mun Oil Co.* para acompañar las labores de exploración y desarrollo de la industria del petróleo en las zonas adyacentes al lago de Maracaibo. El argumento se desarrolla a partir de la experiencia de Echegorri —en su condición de médico, pero también de traductor cultural— al interior de la estructura jerárquica de la empresa, y en contacto directo con la precaria vida de los trabajadores en los campos petroleros, así como con la naturaleza selvática y agreste que bordea el lago. Estas interacciones producen una progresiva transformación de su personalidad, que va de un dócil empleado al servicio de la compañía, a convertirse en un hombre conflictuado, que toma plena conciencia de las contradictorias circunstancias en que se pone en marcha la industria petrolera y, en consecuencia, intenta rebelarse contra ellas. Tal como lo percibe el investigador colombiano Augusto Escobar Mesa, se trata de "la perspectiva de modernidad de un mundo burgués que se fisura hasta llegar a un nihilismo que no da lugar a catarsis ni trascendencia alguna" (2002: 34).

Pero a diferencia de la novela de Icaza, Uribe no pretende realizar una radiografía de los mecanismos de apropiación de la tierra por las compañías petroleras —un asunto que, por lo demás, carecía totalmente de sentido en Venezuela, pues el dictador había convertido el país en un enorme entramado de concesiones petroleras a disposición de las empresas foráneas—, sino se interesa más que nada en el drama humano, en las muy precarias condiciones de trabajo en que comienza a ponerse en marcha el sistema de extracción del petróleo en las selvas del occidente venezolano. Este proceso se traduce en un cambio radical en las condiciones de trabajo de los campesinos y peones que a ellas se incorporan, así como de los pobladores indígenas que van a ser desplazados y, en última instancia, exterminados por medio de bombardeos sistemáticos de la región. La aparición de la industria se presenta entonces como una especie de máquina de destrucción de la naturaleza, en la que confluyen de forma armónica los intereses de la dictadura con los negocios furtivos del emergente capitalismo petrolero globalizado.

> En las charcas, aprisionados por las barras y traviesas del esqueleto gigante, vio Gustavo asomar hombros y piernas, caderas y cabezas. Alguien se quejaba en el pantano y más

> allá otro pedía "por la Virgen" que lo sacaran pronto y lo dejaran vivir. [...]
> Entró la noche y a la luz de reflectores y linternas fueron colocándose en serie los heridos allí y los fragmentos de hombres más allá. Masas informes, rostros destrozados, vísceras cubiertas de fango, vientres rotos, piltrafas de carne. ¡Carne maltrecha y machacada! Seis, siete, nueve... Aún faltan y el arroyo crecía. [...]
> Al amanecer, Gustavo se durmió sobresaltado por crueles pesadillas, perseguido por fantasmas que, cubiertos de sangre, corrían pisándose los propios intestinos.
> (Uribe Piedrahita 1935: 10–12)

Abunda así la descripción de una pobreza trasplantada, malviviente en la selva cenagosa y salvaje: "[en] esta tierra no hay caminos, no hay terreno... ni mujeres, ni nada ¿verdad, doctor?" (6). Y en el fondo del drama, debido a las innumerables muertes que provocan los frecuentes accidentes, pero sobre todo el paludismo, la malaria, la fiebre amarilla, las casas de juego, el alcohol y la prostitución que azotan un ecosistema insalubre —"No sale naiden porque todos tienen las fiebres" (52)— se va perfilando también una valiosa representación de la transformación geográfica del paisaje. A través de este cambio, el petróleo, convertido ahora en especie de superestructura geológica, va a reconfigurar toda la vida en la superficie de la tierra:

> Siguió zumbando el aire y roncando la tierra bajo la lluvia espesa y pestilente del aceite maldito, que cubrió el paisaje y marchitó las hojas, ahogó los árboles y sumió, bajo su masa glutinosa y adherente, los millares de insectos, gusanos y sabandijas que poblaban el suelo. El chorro magnífico giraba con el viento y caía esparcido en gruesos goterones sobre las casas, por los senderos, hasta el lago, regando la mancha mortífera sobre la superficie del agua que adquiría una tersura metálica, donde serpeaban irisaciones multicolores y cambiantes. [...]
> La mancha de aceite crecía sin cesar, cubriendo kilómetros en la tierra y millas en el agua. (29–30)

Pero más allá de estos pasajes luminosos, la novela se concentra más que nada en el conflicto interior de su protagonista y, como ya he mencionado, en la problemática económica y social de los trabajadores. A diferencia de *Toá* (1933), el trabajo anterior de Uribe Piedrahita, novela de la tierra donde la selva es protagonista, en *Mancha de aceite* ésta es apenas un esbozo.[4] Se trata de una escritura que separa hombre y naturaleza, para luego decantarse más que nada por las circunstancias íntimas y el accionar del hombre, dejando de lado toda la complejidad cultural del paisaje.

Como observa Campos al hablar de los personajes de la obra:

---

4 Uribe Piedrahita se propone llevar a cabo el proyecto inconcluso de su gran amigo José Eustasio Rivera —fallecido prematuramente en 1928— , quien había estado investigando el tema de los despojos realizados por las empresas caucheras y petroleras, como resultado de las maniobras y acuerdos entre agentes locales y foráneos. El proyecto de novela llevaba por título "Mancha negra" o "Mancha de aceite" (Charría en Escobar Mesa 1993: 139–140).

desligados de una ecología tornada inexistente por omitida, estos hombres están sin una relación sustentadora, flotando en el vacío, tal y como duermen en los *long house*, en medio de la selva. [...] El aspecto caricaturesco y sombrío de la cultura del petróleo [se convertirá entonces en] la carga moral expresando lapidaria pero puerilmente, un balance, aquel que dará origen a la iracundia, a las reivindicaciones, en fin, a la literatura de tesis. (Campos 2006: 16–18)

Es la fórmula del petróleo perverso, el petróleo maldito, el excremento o los veneros del diablo. En este sentido, aciertan Rapp y Campos cuando señalan que la literatura del petróleo tendrá que esperar todavía un tiempo por la llegada de narradores más curiosos que indignados. Tal cambio de perspectiva comenzará a madurar al tiempo que lo hace también la propia expresión literaria en Miguel Toro Ramírez, Ramón Díaz Sánchez, el díptico de Miguel Otero Silva que componen *Casas Muertas* (1955) y *Oficina Número 1* (1961) y, sobre todo, en *Le salaire de la peur* (1950) del francés Georges Arnaud, novela ambientada en los paisajes del petróleo latinoamericanos.

4. Signos y síntomas de un paisaje adolorido

Uno de los rasgos más llamativos de la escritura de *Mancha de Aceite* es ese que convierte a la naturaleza en un ser afectado por una tenebrosa enfermedad, característica atribuible a la condición de médico de Uribe, un escritor novel que vierte sobre el papel aquello que le es más cercano y para lo cual ha sido formada su sensibilidad: el drama de las víctimas de las terribles enfermedades tropicales y de los cuantiosos heridos en los accidentes laborales que a diario tiene que atender.

Con esta perspectiva, el autor hace acopio del arsenal lexicológico aprendido en sus estudios de medicina, para traducirlo en metáforas que van a proyectar patologías humanas sobre la naturaleza y los males que la aquejan. Con ello pone al servicio de la literatura una representación del petróleo genuinamente antropocéntrica, que humaniza el medio ambiente y los objetos a su alrededor, a través de la descripción de la etiología y las manifestaciones clínicas de una naturaleza convertida en paciente enfermo:

Hacia abajo corría un arroyo sulfuroso eructando vapores fétidos y calientes. [...] Sin ruido, o si acaso la tierra se quejó, su lamento perdiose entre el roncar de los motores de explosión y los gritos de los capataces. Sin ruido, lentamente, las colinas, apoyadas sobre el plano oblicuo de la roca fracturada, cedieron a su peso y se deslizaron arrugándose en la base, donde las patazas ferradas de la torre oprimían el seno de la ladera. (1935: 9–10)

Situado en un plano quirúrgico, el descubrimiento de un yacimiento petrolífero es descrito como el reventar de un absceso purulento. No es un pozo de petróleo lo que expulsa bitumen del subsuelo, sino una úlcera inflamada la que supura líquido enfermo.

> Con ritmo palpitante penetraba el trócar gigantesco más abajo de la costa de la tierra. Hubo señales de esquistos grasos pero los expertos no sospecharon la vecindad del abceso reprimido que el taladro iba a romper.
> Bramó la tierra y se estremeció hasta las axilas. Retembló el suelo y con pujidos estruendosos, silbos y estertores, vomitó a lo largo de los tubos, contra la torre y hasta el cielo, el eructo negro que arrastró consigo el martinete, los cables, las traviesas, vigas y armazones retorcidas de la torre gigante y erizó sus costados de herrajes, alambres y planchas rotas. Parecía que hasta el sol llegaba las escupas del aceite asfáltico. [...]
> Fuertes cercas de alambre aíslan el bosque de torres, de tanques y potentes motores que hacen circular la sangre negra, desde las entrañas de la tierra y al través de las gruesas arterias de hierro, hasta la barriga de los buques. [...]
> Seguía el fragor de la tormenta y el bramar angustiado de las visceras de la tierra herida. [...] La infernal chimenea seguía vomitando la pasta semilíquida que penetró en los resquicios y bañó las cimas de los collados desnudos. [...]
> El horrendo cráter metálico continuaba expectorando los pulmones desgarrados de la tierra [...]
> Faltaba alguien que encendiera un hilo de la baba negruzca, para que la tierra hasta en sus cimientos se hubiera transformado en una pavesa.
> "¡Atrás, atrás todo el mundo!"
> Y la mancha seguía creciendo. (29–30)

A pesar de estas descripciones tan poderosas, *Mancha de aceite*, al igual que *Panchito Chapopote*, es una obra poco interesada en la problemática ecológica de los paisajes del petróleo, que debe explorarse entre líneas, en medio de la coyuntura sociopolítica y socioeconómica de los hombres que en ellos habitan. Por eso, en cierta forma, la naturaleza y la noción de espacio, tan cara al pensamiento ecocrítico, se encuentra en esta primera literatura del petróleo un tanto ausente, al menos de forma explícita.

Sin embargo, es importante recordar que estas prácticas estéticas configuradas desde la literatura en torno a problemáticas sociales no dejan de ser material importante para la configuración de una "nueva episteme crítica" (Heffes 2014: 31) asociada a los problemas ecológicos y medioambientales. Lo mismo que un valioso reflejo de los contradictorios procesos de transformación espacial, económica, social y cultural desarrollados en América Latina en torno a los paisajes del petróleo.

Como bien plantea Lefebvre, los espacios se producen en la interacción de las relaciones sociales y la naturaleza, que conforman su materia prima (1974: 84). De allí que los paisajes del petróleo sean el resultado de estas interacciones y, a la vez, la constelación que permite tales encuentros. Como relación social, los paisajes del petróleo suponen entonces una relación natural: un intercambio entre sociedad y naturaleza por medio del cual, al adueñarse de los recursos del subsuelo y moldear todo lo que ocurre en la superficie, la sociedad se genera a sí misma.

Y como representación de estos paisajes, la literatura producida a comienzos del siglo XX nos habla precisamente de esas originales interacciones entre sociedad y naturaleza, que van a estar en la base de una nueva fase de la globalización determinada por el auge y expansión de las energías fósiles.

Se trata de una nueva era en sentido epocal: un período determinado por las luchas que se producen en un espacio convertido en campo de fuerzas, en el intento de hallar y monopolizar las nuevas fuentes de energía. Simultáneamente, representa el comienzo de un ciclo de aceleración de la población mundial y de la destrucción sistemática del ecosistema de nuestro planeta, como resultado del aprovechamiento indiscriminado de sus recursos, que hoy pareciera estar llegando a su fin, o al menos vive una etapa de transición, en medio de los debates por la inviabilidad futura de la vida tal como ha sido ordenada en las sociedades modernas.

Bibliografía

Arnaud, Georges (1950): *Le Salaire de la Peur.* Paris: René Juliard.

Berman, Marshall (1982): *All That is Solid Melts into the Air: The Experience of Modernity.* New York: Penguin Books.

Brushwood, John (1982): "Las bases del vanguardismo en Xavier Icaza". En: *Texto Crítico* 24–25, pp. 161–170.

Cabrujas, José Ignacio (1987): "El Estado del disimulo". Entrevista realizada por Trino Márquez, Luis García Mora, Ramón Hernández y Víctor Suárez para el número especial de la Revista *Estado & Reforma:* "Heterodoxia y Estado: 5 respuestas". Caracas: COPRE, pp. 5–35.

Campos, Miguel Angel (1994): *Las novedades del petróleo.* Caracas: Fundarte/Alcaldía de Caracas.

Campos, Miguel Angel (2006): "Justicieros y novelería: primeras visiones de la mancha". Estudio introductorio a la reedición de *Mancha de Aceite*, César Uribe Piedrahita. Maracaibo: Universidad Católica Cecilio Acosta/Universidad del Zulia, pp. 3–32.

Campos, Miguel Angel (2014): "El petróleo narrado y exhumado". En: Campos, Miguel Angel: *Desagravio del mal.* Maracaibo: Universidad Católica Cecilio Acosta, pp. 113–122.

Carrera, Gustavo Luis [1972] (2005): *La novela del petróleo en Venezuela.* Caracas: Servicios venezolanos de publicidad.

Clouzot, Georges (1953): *Le Salaire de la peur.* Francia, Italia: CICC, Filmsonor, Vera Films, Fono Roma.

Coronil, Fernando (2002): *El Estado mágico: Naturaleza, modernidad y dinero en Venezuela.* Caracas: Nueva Sociedad.

DeVries, Scott (2013): *A History of Ecology and Environmentalism in Spanish American Literature.* Landhan, Bucknell University Press.

Escobar Mesa, Augusto (1993): *Naturaleza y realidad social en César Uribe Piedrahita.* Medellín: Concejo de Medellín.

Escobar Mesa, Augusto (2002): "Americanismo y modernidad en Mancha de aceite de César Uribe Piedrahita". En: *Universitas Humanística* 54, pp. 31–41.

French, Jennifer (2005): *Nature, Neo-Colonialism, and the Spanish American Regional Writers.* Hanover, NH: Dartmouth College Press.

French, Jennifer (2014): "Naturaleza y subjetividades en la América Latina colonial: identidades, epistemologías, corporalidad". En: *Revista de Crítica Literaria Latinoanericana* 79, pp. 35–56.

Garrard, Greg (ed.) (2014): *The Oxford Handbook of Ecocriticism.* New York: Oxford University Press.

Ghosh, Amitav (2005): "Petrofictions: The Oil Encounter and the Novel". En: *Incendiary Circumstances. A Chronicle of the Turmoil of our Times.* New York: Houghton Mifflin Company.

Glotfelty, Cheryll (2014): "Preface". En: Garrard, Greg (ed.): *The Oxford Handbook of Ecocriticism.* New York: Oxford University Press, pp. ix–xii.

Glotfelty, Cheryll/Fromm, Harold (1996): *The Ecocriticism Reader: Landmarks in Literary Ecology.* Athens, Georgia: University of Georgia Press.

Graeme Macdonald (2017):): ""Monstrous transformer": Petrofiction and world literature". En: *Journal of Postcolonial Writing* 53, 3, pp. 289–302.

Heffes, Gisela (2014): "Introducción. Para una ecocrítica latinoamericana: entre la postulación de un ecocentrismo crítico y la crítica a un antropocentrismo hegemónico". En: *Revista de Crítica Literaria Latinoamericana* 79, pp. 11–34.

Icaza, Xavier (1928): *Panchito Chapopote. Retablo tropical o relación de un extraodrdinario sucedido de la heróica Veracruz.* México D.F.: Editorial Cultura.

Latour, Bruno (2014): "Agency at the Time of Anthropocene". En: *New Literary History* 45, 1, pp. 1–18.

Lefebvre, Henry (1974): *La production de l'espace.* Paris: Anthropos.

López Velarde (1932): *El son del corazón.* México D.F.: B.

Lousley, Cheryl (2014): "Ecocriticism and the Politics of Representation". En: Garrard, Greg (ed.): *The Oxford Handbook of Ecocriticism.* New York: Oxford University Press, pp. 155–171.

Marrero Henríquez, José Manuel (2014): "Pertinencia de la ecocrítica". En: *Revista de Crítica Literaria Latinoamericana* 79, pp. 57–78.

Monsiváis, Carlos (2000): *Aires de Familia. Cultura y sociedad en América Latina.* Barcelona: Anagrama.

Monsiváis, Carlos (2010): *Historia mínima de la cultura mexicana en el siglo XX.* México D.F.: El Colegio de México.

Negrín, Edith (1995): "La estridencia y el petróleo". En: *Literatura Mexicana* 6, 1, pp. 153–186.

Negrín, Edith (1997): "En los inicios de la novela mexicana del petróleo: La hermana impura de José Manuel Casauranc". En: Jiménez de Báez, Yvette (ed.): *Varia lingüística*

y literaria. 50 años del Centro de Estudios Lingüísticos y Literarios. México D.F.: El Colegio de México.
Ortiz, Fernando (1963): *Contrapunteo cubano del tabaco y el azúcar: advertencia de sus constrastes agrarios, económicos, históricos y sociales, su etnografía y su transculturación.* Santa Clara: Universidad Central de Las Villas.
Paz, Octavio (1959): *El laberinto de la soledad.* Edición revisada y aumentada. México D.F.: Fondo de Cultura Económica.
Pérez Alfonzo, Juan Pablo (1976): *Hundiéndonos en el excremento del diablo.* Caracas Editorial Lisbona.
Rapp, Helen Louise (1957): *La novela del petróleo en México.* Tesis para obtener el grado de Maestro. México D.F.: UNAM. (Inédito).
Sheridan, Guillermo (2013): "El petróleo y el diablo". En: <http://www.letraslibres.com /blogs/el-minutario/el-petroleo-y-el-diablo> (consultado por última vez: 14.10.2015).
Schneider, Luis Mario (1985): *El estridentismo: México 1921–1927.* México D.F.: UNAM.
Schneider, Luis Mario (1989): "La literatura del petróleo en México". En: Reyes, Agustín/ Tejedo, Lorea San Martín (eds.): *México: a cincuenta años de la expropiación petrolera.* México D.F.: UNAM, pp. 295–308.
Schneider, Luis Mario (1997a): *El estridentismo o una literatura de la estrategia.* México D.F.: Consejo Nacional para la Cultura y las Artes.
Schneider, Luis Mario (1997b): *La novela mexicana entre el petróleo, la homosexualidad y la política.* México D.F.: Nueva Imagen.
Toro Ramírez, Miguel (1934). *El señor Rasvel.* Caracas: Editorial Universal.
Uribe Piedrahita, César (1933): *Toá, narraciones de caucherías.* Manizales: Arturo Zapata.
Uribe Piedrahita, César (1935): *Mancha de aceite.* Bogotá: Editorial Renacimiento.
Uslar Pietri, Arturo [1955] (1998): "El petróleo en Venezuela". En: *Nuevo mundo mundo nuevo.* Caracas: Biblioteca Ayacucho, pp. 223–241.
White, Hayden (1981): "The Value of Narrativity in the Representation of Reality". En: Mitchell, W. J. T (ed.): *On Narrative.* Chicago: The University of Chicago Press, pp. 1–23.
Xirau, Ramón (1963): "Noticia". Prólogo a Icaza, Xavier: *De Chalma y los Remedios.* México D.F.: Ediciones de Andrea, pp. 7–10.

Scott M. DeVries

Habrá sangre: ecología y la novela petrolera

Resumen

En 1990, se publicó *Los caminos de Paxil* de Arturo Arias, una novela fuertemente crítica de la industria petrolera en Guatemala. Las imágenes de contaminación ecológica representan una parte importante de la crítica indigenista en la novela de Arias. Pero esta crítica en otras novelas petroleras hispanoamericanas tiene tan larga historia como la llegada de las primeras empresas extractores de petróleo a tierras latinoamericanas. En este análisis, trazaré esta historia en novelas como *Barrancabermeja: novela de proxenetas, rufianes, obreros y petroleros* del Rafael Jaramillo Arango y *Mancha de aceite* de César Uribe Piedrahita, además de los textos *Mene* y *Sobre la misma tierra* de Ramón Díaz Sánchez y Rómulo Gallegos.

Abstract

In 1990, Arturo Arias published *Los caminos de Paxil* which strongly criticized the petroleum industry in Guatemala. This representation of environmental contamination echoes a similar critique that extends as far back as when the very first petroleum drilling companies had arrived on Latin American shores. In the analysis here, I trace this history in a series of relatively unknown novels such as *Barrancabermeja: novela de proxenetas, rufianes, obreros y petroleros* by Rafael Jaramillo Arango and in *Mancha de aceite* by César Uribe Piedrahita as well as in *Mene* y *Sobre la misma tierra* by Ramón Díaz Sánchez and Rómulo Gallegos among others.

La extracción y el transporte del petróleo en Latinoamérica han tenido una historia casi tan larga como la literatura de la región a partir del modernismo. Si aproximamos el principio del modernismo con la publicación de *Azul* (1888) del nicaragüense Rubén Darío en los años 1880 y el de los textos regionales e indigenistas con los cuentos del uruguayo Horacio Quiroga aparecidos en la primera década del siglo veinte, podemos comparar el inicio de estos periodos literarios con el levantamiento de las primeras instalaciones petroleras en la región: México en la década de 1890, Argentina y Colombia a inicios de 1900, Venezuela y Ecuador después de 1910 y Brasil en la década de 1930 (Wirth 1985; Gordillo García 2003). A la misma vez, todos estos países son o han sido exportadores de petróleo; así que este recurso debía haber brindado un aporte económico a los países nombrados, pero esto no siempre ha sido un beneficio para todos. En particular, la dependencia de empresas extranjeras para la creación y el mantenimiento de la infraestructura además de la volatilidad del mercado global son dos problemas económicos que han marcado el desarrollo de la industria petrolera en Latinoamérica. Y la contaminación ecológica ha sido y sigue siendo una plaga local y regional en los puntos de extracción y en las rutas de transporte del petróleo que conectan las instalaciones latinoamericanas con los consumidores globales, particularmente en los Estados Unidos y en Europa. Algunos episodios históricos de la industria petrolera en Latinoamérica y la situación económica actual en Venezuela pueden contextualizar la crítica de estas condiciones que caracterizan las novelas petroleras que se analizarán aquí.

1. Momentos históricos y la actualidad: ecología y economía

Miller (2007) documenta el momento tal vez más llamativo que ilustra los efectos ecológicamente dañinos de la industria petrolera en Latinoamérica: desde el 4 de julio hasta el 30 de agosto de 1908, la instalación petrolera en Dos Bocas, Tamulín, Veracruz, México, explotó con tanta fuerza que no sólo el pozo surtidor perforado intencionalmente sino una apertura adicional empezaron a derramar petróleo incontroladamente. Dos días después, se incendió y la conflagración duró casi dos meses:

> la misma corteza terrestre se rompió por la presión del depósito. El derrame del petróleo formó un tipo de arroyo viscoso que llegaba hasta la laguna de Tamiahua y todo se cubrió con el crudo pegajoso y volátil: los árboles, la vegetación, los peces, los pájaros y los caimanes. [traducción del autor] (157)

Cuando el petróleo se prendió, "destruyó casi completamente el bosque y la pesquería de los cuales dependían los Huasteca, la comunidad indígena de la localidad" (157). Kuecker indica que más de cien años después, "Dos Bocas sigue siendo un catástrofe ecológico" con un cráter lleno de "aguas de dos colores: uno, grisáceo, indica la presencia de los metales pesados; el otro, negro azabache, marca el petróleo que flota encima del agua" [traducción del autor] (2004: 73–74).

Algo similar pasó en la región del Lago Agrio en Ecuador en donde ha habido petro-contaminación extensa desde las primeras perforaciones en los años 1960 por la que un grupo de residentes locales entabló una demanda judicial en contra de Chevron-Texoco en 1993. Gallegos (2013) documenta la existencia de charcos contaminados todavía sin remediación, pero también las acusaciones de corrupción, fraude y falsificación de documentos por parte de los abogados del gobierno. El resultado fue que el juicio original de 19 mil millones de dólares en contra de Chevron-Texoco se apeló y el resultado más probable es que las víctimas verdaderas y más directas de las prácticas abusivas e irresponsables por parte de la compañía petrolera no vayan a ser recompensadas nunca.

Más reciente, nos podemos acordar del derrame de Deepwater Horizon / BP que siguió desde el 20 de abril hasta el 15 de julio de 2010 y echó cinco millones de barriles al Golfo de México (United States Coast Guard 2011). Antes de eso, el 3 de junio de 1979, el pozo exploratorio Ixtoc I sufrió un reventón que duró hasta el 23 de marzo de 1980 y vertió 3 millones de barriles también en el Golfo (Wood's Hole Oceanographic Institution 2014). Los últimos dos desastres son más dramáticos, pero la situación en Ecuador es más representativa del daño ecológico ocasionado por la industria petrolera; es decir, los derrames menos voluminosos pero más regulares representan la mayor fuente de contaminación. Por ejemplo, entre 1970 y 2000, unos 40 millones de barriles fueron derramados al mar solo en el proceso del transporte marítimo del petróleo (International Tanker Owners Pollution Federation Limited 2015). El fenómeno de la lemna en el lago Maracaibo en Venezuela, sitio de varias instalaciones petroleras que producen más de la mitad del crudo venezolano, es representativo de los daños que esa cantidad de petróleo vertido en el agua puede causar. Es una lenteja verde que se forma en aguas ricas en nitrógeno, condición que existe por las aguas contaminadas de petróleo y de aguas negras drenadas en el lago sin tratar. La lemna ha creado un anillo verde que cubre gran extensión de las costas del lago y como consecuencia, tapa la luz del sol e interrumpe los ciclos biológicos de otras plantas y algas endémicas a la zona. Al morir, la lemna se descompone y crea grandes cantidades de amonio y metano que no solo afecta el ecosistema lacustrino sino que hace la vida en las costas del lago casi intolerable debido al hedor de las plantas podridas.

El petróleo también ha causado problemas económicos por la corrupción que caracteriza su manejo político y la dependencia económica que ha traído como consecuencia. Como ejemplo, se puede considerar el caso de Venezuela donde el petróleo representa un 40 % de los ingresos gubernamentales y un 96 % de sus exportes (Forbes 2015). Es un país rico en este recurso lo que debe traerle desarrollo económico y aumento del estándar de vida para sus ciudadanos. Pero la dependencia en un solo producto para casi toda la actividad económica de la exportación y que produce la mitad del dinero con que el gobierno cuenta para funcionar puede ser problemática si algo le pasa al sector petrolero. Por ejemplo, los presupuestos del gobierno solo funcionan si el barril se vende a cierto nivel; cuando el precio del crudo cae debajo de 100 dólares por barril, ya no dan abasto. Eso es debido a la creación del Petrocaribe, una alianza económica entre Venezuela y los países participantes —varias islas caribeñas y los países de Centroamérica menos Panamá y Costa Rica— en donde se vende el petróleo en 5 a 50 % de su valor mercantil con préstamos para el resto en 0 %. La estrategia política de la alianza es crear un contrapeso a la influencia económica estadounidense en el hemisferio, pero el problema es que el presupuesto venezolano no se da para subsidiar la compra de su producto cuando un barril de petróleo se vende por menos de 100 dólares por barril. Mientras escribo, está en $34. Este tipo de volatilidad además de una corrupción endémica al sistema venezolano ha creado una economía de dependencia en la nación que se ha criticado fuertemente en la prensa de oposición de ahora. No obstante, este tipo de críticas en contra del mal manejo de la industria petrolera en Latinoamérica lleva una historia en la literatura que se extiende hasta la misma fundación de la industria en la región. Entonces, en el análisis que sigue, voy a documentar la presencia de estas críticas en varias petro-novelas venezolanas, colombianas y chilenas con un acercamiento ecocrítico que indaga tanto en los problemas económicos como ecológicos tal como han sido representados en la literatura.

2. La ecocrítica

La ecocrítica ha sido notoriamente difícil de definir. Esto se demuestra por el hecho de que uno de los primeros de trabajar el campo, Coupe, la llamaba "estudios verdes" en su antología, pero no quería ponerle definición; sólo pedía un corpus de textos para adelantar la discusión (Coupe 2000: xi). Entre los más conocidos ecocríticos ahora, Slovic también se negaba a ponerle una definición al principio, pero en un libro más reciente, *Going Away to Think*, planteó la idea de que debe hacer por lo menos una de dos cosas: "estudiar, desde cualquier perspectiva, las representaciones explícitas de la naturaleza que hay" y/o "estudiar desde una perspectiva ecológica cualquier texto para descubrir lo que dice acerca del mundo natural" [traducción del autor] (Slovic 2008: 27). En cuanto al canon, Tallmadge afirma que políticamente, la ecocrítica identifica textos explícitamente medioambientalistas, pero también informa el esfuerzo de revisitar y/o revalorizar tanto los clásicos de la literatura como los textos ya olvidados desde la perspectiva eco-céntrica (Tallmadge 2003: 282). El énfasis aquí, por el lado ético, afirma otra posición de Coupe sobre los estudios verdes que tienen que responder a la crisis ecológica, y si no, no deben ser considerados como ecocríticos (Coupe 2000: 4) y también la de Husband de que si no se sabe que la ecocrítica es política, entonces se niega su razón de ser (2010: 783). Finalmente, desde la perspectiva de la crítica latinoamericana, se puede citar a Mires cuyo análisis ecológico condena lo que denomina la 'economía del absurdo':

> Entre los 'economistas del crecimiento' existe una suerte de pacto tácito, que va más allá de toda convicción política. Ese pacto se hace presente en el desprecio absoluto que manifiestan frente a toda noción que altere en lo más mínimo el sentido puramente

> cuantitativo de la economía que ellos representan.
> Los 'economistas del crecimiento', en sus versiones de derecha e izquierda, al no integrar los valores no cuantificables de la naturaleza en las teorías del cálculo económico, tampoco pueden integrar al ser humano, dado que éste no puede ser únicamente entendido a partir de simples relaciones de cuantificación. (Mires 1990: 67)

En este sentido, la ecocrítica busca un corpus de textos apropiados para el análisis de su representación de la naturaleza. El proceso puede tener implicaciones para el entendimiento del canon pero también para cuestiones éticas de la política, del comportamiento, de la economía y del desarrollo. Estas consideraciones están presentes en las novelas que analizo ecocriticamente aquí, la mayoría de las cuales no llegarían a calificar como canónigas pero en las cuales hay una crítica que anticipa algunos de los problemas de la industria petrolera latinoamericana actuales: la dependencia económica y la ecología en particular.

3. Las petro-novelas latinoamericanas

Al hablar de las petro-novelas canónicas, hay que mencionar *Huasipungo* (1934) del ecuatoriano Jorge Icaza en donde una empresa petrolera hace que las comunidades indígenas locales tengan que dejar sus pequeños terrenos, sus 'huasipungos', porque estorban el camino a los pozos. La novela no indaga mucho en una crítica de la industria petrolera tal cual, pero como uno de los textos indigenistas mejor conocidos, su inclusión de esa industria como central al conflicto de la trama plantea la idea de que el petróleo debe considerarse un elemento importante para el género. Y de hecho, ese elemento está presente en una serie de novelas de los años 1930 y 1940 que ya percibían las consecuencias dañinas que iba a tener la industria petrolera en las tierras tradicionalmente indígenas. Entre estos títulos se incluyen *Barrancabermeja: novela de proxenetas, rufianes, obreros y petroleros* (1934) del Colombiano Rafael Jaramillo Arango; *Mancha de aceite* (1935), *Mene* (1936) y *Sobre la misma tierra* (1944) de los venezolanos César Uribe Piedrahita, Ramón Díaz Sánchez y Rómulo Gallegos, respectivamente; *Paralelo 53 sur* (1936) del chileno Juan Marín; *Los caminos de Paxil* (1990) del guatemalteco Arturo Arias y *Barranquilla 2132* (1932) del colombiano José Antonio Osorio Lizarazo.

Barrancabermeja: novela de proxenetas, rufianes, obreros y petroleros de Arango era una de las petro-novelas más tempranas que se escribió solo 12 años después del gran descubrimiento de petróleo en Cabimas, Maracaibo. Pero tan poco después, el lenguaje narrativo ya maneja las imágenes de manchas y daño ecológico: "todo, todo, todo lo que se mancha de este aceite queda maldita" (1934: 14). Afecta el aire que ya no brinda protección del calor del día: "las calles, negras de petróleo crudo, despiden vahos calientes que hacen más insoportable la temperatura. El aire es irrespirable" (27). La crítica va directo en contra de la nueva industria, con énfasis particular en la manera en que afecta a la comunidad indígena por la contaminación permanente que ha traído:

> Aquí podemos decir todos los lugares comunes de la patriotería, sin exagerar un camino: el capital absorbente, la soberanía entregada en manos mercenarias, la mancha indeleble del aceite [...]. ¿Y qué? Nada. Nada para nosotros, para los indígenas que no sabemos explotar, ni siquiera guardar, ni siquiera vender lo que tenemos. (37)

En esta breve selección de la novela, que fue escrita a principios de los treinta, vemos un anticipo a las críticas que van a caracterizar la literatura anti-petrolera hispanoamericana: en cuanto a la cuestión de la soberanía nacional y con algo de énfasis en la cuestión ecológica, la conclusión es que la industria es una mancha indeleble.

Mancha de aceite de Uribe Piedrahita ya incluye la imagen de la mancha en su propio título. El texto cuenta con varias imágenes bastante violentas de la explotación y el abuso de las comunidades indígenas afectadas por la extracción del petróleo por parte de las compañías extranjeras. En su mayoría, el petróleo representa una tragedia para la nación, pero particularmente para el pueblo. Los trabajadores son "esclavos que trabajan rompiendo la corteza de la tierra en busca de la riqueza que se exporta para los extraños" ([1935] 1985: 68); pero las compañías petroleras "han hecho de este pueblo, y de todos los que tienen el infortunio de poseer petróleo, unos pueblos esclavos" (50).

La novela critica la dependencia nacional y gubernamental de las compañías petroleras pero más que nada, condena la explotación de la mano de obra local en beneficio de las prioridades extranjeras. Sí, los gerentes norteamericanos sufren del paludismo, pero la novela se enfoca en los efectos dañinos sufridos por las poblaciones locales. En primer lugar, se rescata la resistencia local al dirigir una crítica fuerte en contra de la hipocresía de las entidades extranjeras que se quieren aprovechar de tierras indígenas. Al utilizar la supuesta legitimidad de organizaciones civiles como el club rotario, la compañía se aprovecha de una de sus reuniones para legitimar el desalojo de las poblaciones indígenas. En una ocasión, hay ataques de unas tribus pero sólo donde los ingenieros han hecho incursiones ilegales en tierras de ellos. Y con el apoyo de oficiales del gobierno nacional venezolano, uno de los miembros del club rotario dice lo siguiente:

> Los directores han acordado para terminar de una vez con los obstáculos que se oponen a los designios de quienes explotamos los campos petrolíferos. [...] En el programa de defensa de 'los intereses de la humanidad' está acordada la abolición de las tribus de insurrectas, salvajes y 'canibalistas'. (33)

A pesar del prejuicio de que esas organizaciones extranjeras tienen un propósito civilizador, se desmiente esa característica inocua por su plan de bombardear cualquier grupo indígena que resista la industvria. Pero, la más fuerte crítica de la industria petrolera se demuestra en el momento cuando se concluye la reunión y los miembros se alejan del lugar, algunos para casa, otros para destinos menos respetables. Se describe, por ejemplo, a un ejecutivo que va con una prostituta:

> – Entre, mister, entre, mi amorcito, que aquí está su negra.
> – Bueno. Tráeme mucho whisky, Carmencita... mucho whisky. Aquí hay dinero... ¿comprendes?
> – Mande, mister, que ésta es su casa. (36)

Lo que parece ser un intercambio económico-sexual y con un toque de color local que tal vez se viera como algo políticamente incorrecto aquí sirve como una metáfora para la posición ética de la narrativa en cuanto al desarrollo de la industria petrolera en Venezuela: se vendían no solamente los recursos nacionales sino también los habitantes, su tierra, su cultura y su bienestar ecológico a cambio de un pago que al final de cuentas realmente no beneficiaba a los que tenían que sufrir las indignidades de la transacción.

Parece que la representación sexual del control doméstico con que contaban las compañías petroleras no era exclusiva de la novela de Uribe Piedrahita; *Mene* de Díaz Sánchez lo representa como una violación que tiene eco en lo más remoto de la historia hispanoamericana. Es decir que la descripción de la extracción del petróleo asume un lenguaje explícito de violación y de violencia sexual que hace referencia hasta a la conquista americana original:

Negras proas rasgan la feliz virginidad.

> La linfa gris se escinde, himen roto de América en su latitud himenal.
> Hace cuatrocientos años dolió por vez primera este desgarramiento. Sin embargo, era más lento, más parsimonioso entonces. Ni esta impetuosidad de tajo que acuchilla ni este voltijear que cava, ahonda y remueve las entrañas líquidas sobresaltando el cieno y levantando la protesta de las espumas. Entonces, ni este humo negro, maculador de cielos, ni este grito bronco que llena de estupefacción el alma amodorrada del paisaje. ([1936] 1966: 15)

Hay que notar las imágenes 'himenales' que aquí se hacen: una inocencia perdida al 'desgarro', una violencia descrita como un 'tajo que acuchilla' y un 'voltijear que cava, ahonda y remueve las entrañas líquidas'. Es decir, las metáforas que se usan para denunciar la violación aquí se vuelven menos metáfora: se compara la extracción del petróleo con el abuso sexual, pero al usar imágenes como 'desgarrar', 'acuchillar' y 'voltijear' se describen literalmente los procesos de penetrar la tierra para descubrir el petróleo.

Y la violencia en *Mene* no se reduce simplemente a comparaciones estilizadas con el abuso sexual o la violación de la conquista sino que también hace referencia específica a la contaminación actual en donde lo referido articula el petróleo como una plaga. Los extranjeros vienen con sus "maquinarias fornidas, saturadas, diríase, de un espíritu de odio contra todo lo verde" (80) con el resultado de que "una laguna de betún anegaba las casas y las plantas, ennegreciéndolo todo" (147). Esto incluye particularmente el agua, ya que, según el texto, "el petróleo, el petróleo que llena todo esto por debajo, es lo que no deja brotar el agua dulce y crecer las matas" (38). Convencionalmente, la novela de Díaz Sánchez tiene como propósito explícito una defensa del trabajador trinitense como mano de obra demasiado barata y víctima de abusos laborales; así la interpretaba la crítica de su tiempo. Pero la realidad ecológica en la que se desenvuelve la defensa obrera en *Mene* no solo hace referencia a la injusticia laboral sino también a la contaminación y la representa como vimos en los ejemplos antes citados: se lo hace de una manera chocante y tan impactante como si la novela fuera una denuncia ecológica del discurso medioambientalista actual.

La última novela venezolana que aquí se analiza es *Sobre la misma tierra* de Gallegos. Conocemos al autor como el del canónigo *Doña Bárbara* (1929) donde se discute la modernización de la industria ganadera frente a la resistencia de una fidelidad conservadora a las tradiciones del rodeo enraizadas en la cultura del llano. En *Sobre la misma tierra*, Gallegos critica igualmente otro fenómeno de la tierra venezolana: la industria petrolera y su impacto en las culturas locales por la zona de Maracaibo. En primer lugar, la novela condena la transferencia de grandes lotes de tierra nacional a entidades extranjeras para que se volvieran campos petroleros. La novela indica que "una inmensa porción del subsuelo venezolano pasó al dominio del taladro extranjero" ([1944] 1961: 79) y expone la manera en que empresas petroleras multinacionales pueden manejar un poder político-económico desorbitado en contra de las condiciones desesperadamente precarias de los dueños locales. Después, hay un momento en donde se enfatiza el daño físico que sufren esas poblaciones como resultado de la llegada de la industria. Un episodio intenta capturar las inevitables consecuencias terroríficas que esa injusticia económica va a traer; es una situación trágica donde una mujer con su bebé intenta escapar de las llamas de un incendio que ha resultado de un derrame:

> Las llamas se precipitan sobre ella, la apresan por las faldas, la ciñen, la desnudan para el sacrificio ante la negra divinidad del petróleo, le achicharran en los brazos el tierno llanto del hijo, le apagan el alarido de todos sus dolores entre un zumbido infernal, la derriban, se encarnizan y se sacian en ellos. ¡Tizones ella y el niño! (78)

Una escena así de la muerte en la tradición literaria hispanoamericana tal vez no nos sorprenda ya que nos podemos acordar de la manera en que un niño literalmente pierde su cabeza en *El matadero* (1838/44) de Echeverría o de la joven esposa que pierde su sangre en *El almohadón de plumas* (1917) de Quiroga o de la del desafortunado Barrera rival a Cova de *La vorágine* (1924) que pierde primero su cara y después el resto del cuerpo debido a unas pirañas amazónicas. Sin embargo, con esta escena de la madre con su hijo quemados vivos, se hace una representación definitivamente negativa de la industria petrolera.

Así que la novela de Gallegos advierte los peligros para la soberanía nacional y para el bienestar de las poblaciones locales, pero también se enfatizan los daños irreparables de los cambios ecológicos ocasionados por el taladro, la extracción y el transporte del petróleo. Se cubre la tierra con el petróleo y como resultado se muere toda la vegetación: "una depresión del terreno entre colinas circundantes de poca altura, en cuyo suelo, todo negro de petróleo, no crecía la hierba y se extendían aguazales iridiscentes" (117). Hay derrames, reventones incontrolables y contaminación: "brotó a chorros la providencial calamidad. Aventó válvulas, alzó negra columna gigantesca, inundó tierras, alimentó durante varios días lluvia pringosa esparcida por el viento y bajo la cual se ennegrecieron los campos y pereció ganado" (72). La trama se realiza en el mismo Cabimas que es el sitio de *Mene* de Díaz Sánchez y en la novela de Gallegos, se revela que el lugar fue nombrado por "un árbol de este país que abundaba mucho en esta región" (111). Pero el uso del imperfecto implica la extinción de dicho árbol y su sustitución por las torres, la cañería, las calles y la demás infraestructura petrolera. De esa manera, la novela incorpora el tema de la deforestación a su crítica.

Ahora, tanto el contexto literario del indigenismo como su fecha de publicación en 1944 limitan la crítica ecológica para la novela de Gallegos; sería anacrónico insistir demasiado en este punto. Es decir, si *Sobre la misma tierra* hubiera sido escrito a partir de los noventa, las repetidas referencias al daño de la tierra y la contaminación que resultaba de los múltiples derrames de petróleo probablemente habrían llevado a la inclusión de una fuerte e explícita crítica medioambientalista. Pero dentro del marco del indigenismo de los cuarenta del siglo pasado, la ideología siempre tenía que ver mucho más con la cuestión de la justicia por la manera en que la industria petrolera perjudicaba la cultura y el sustento de la comunidad guajira en Venezuela. Hay por ejemplo, un momento en donde la novela critica el hecho de que en un pueblo, hay que malgastar mucha energía física solo para conseguir agua limpia:

> —¡Ah mundo! Esta pobre gente teniendo que caminar kilómetros para llevarse al rancho la chirigüita de agua sucia y el viento perdiéndose por toda la Guajira, sin la torre de un molino que lo haga trabajar para que el indio siquiera beba una agüita limpia. ¡Ah mundo! Y no muy lejos de aquí, en la zona petrolera, ese territorio ajeno enriqueciendo al musiú, sobre la misma tierra. (143)

Noten que la crítica no es que el agua esté sucia sino que la riqueza de la tierra beneficia a las entidades ajenas en vez de la comunidad local que beneficiaría de la construcción de un molino para hacer llegar agua potable. Desde una perspectiva contemporánea, podríamos comentar la falta de una industria venezolana doméstica para proveer la energía eólica en el contexto de un Estado que mantiene una tasa de exportes que viene en 96 % del petróleo. Si un solo producto exportable domina tanto la economía, no les da mucho espacio a otras industrias, particularmente si el país no cuenta con buen gobierno. La novela de Gallegos era bastante visionaria en este respecto además de todas las críticas ecológicas que tanto nos llaman la atención a los lectores de ahora. Pero en su tiempo, la crítica era dirigida en contra de una ecología política que apoyaba una industria subsidiada por el estado sin preocuparse ni por las consecuencias locales ni por los daños sufridos por la cultura guajira que en ese entonces desaparecía y que ahora ya ha desaparecido de las tierras tradicionales que ellos mismos llamaban el Mene en el litoral Maracaibo. Esta crítica es todavía válida en cuanto a las políticas ecológicas actuales de la República Bolivariana de Venezuela; la nacionalización de la industria y la soberanía nacional versus el control de las corporaciones multinacionales no tiene y nunca tenía que ver con la ideología indigenista. Pero gracias a lo que nos plantea la ecocrítica en cuanto al intento de la revalorización de textos olvidados, podemos leer un texto como el de Gallegos desde perspectivas medioambientalistas para así proponer, por ejemplo, la inclusión de este texto junto con *Doña Bárbara* y/o *Canaima* entre los títulos de Gallegos que se deben incluir en el canon y hasta también incluir las ideas que de ellas podemos sacar en el debate político acerca de las industrias petroleras latinoamericanas actuales.

Ahora, hay otras novelas de la época que critican la industria petrolera pero desde la perspectiva de otras realidades geográficas. *Paralelo 53 sur* de Juan Marín, por ejemplo, contiene esta representación de los subproductos tóxicos de la contaminación petrolera en Chile:

> De las honduras de la tierra ascienden náuseas aceitosas que rompen la costra amarilla por uno u otro lado y los gases ignescentes envenenan el aliento de los hombres y el viento de los cajones montañosos. ([1936] 1955: 12)

Y después, viene una crítica de los intereses extranjeros similar a lo que vimos en las novelas venezolanas, pero esta vez con referencia a los errores de los ingenieros empleados por la industria. En un momento, aquellos insisten que la exploración puede proseguir con abrir explosivamente una apertura más grande al sitio de un taladro. El resultado es un derrame enorme que brota a chorros sobre la tierra. La imagen de condena se realiza de una manera particularmente original:

> Sólo quedó igual que antes, un inmenso pozo tapado de ruinas, como un ojo ciego, al cual le fue negado la luz. Inmenso ojo turbio, cuya inmóvil mirada acusadora se cierne sobre los hombres, las tierras y los mares del sur. (203)

El pasaje todavía no maneja el lenguaje de contaminación medioambientalista al que nos hemos acostumbrado a partir de las catástrofes del Lago Agrio o del

Deepwater Horizon. No obstante, la figura de un ojo acusante que expone los fracasos ecológicos humanos era tristemente profética en la novela de Marín de 1936 con respecto a lo que ya sabemos que ha pasado entretanto.

Pasaron unos cincuenta o sesenta años entre la publicación de las novelas indigenistas y regionales analizadas anteriormente y una serie de obras ya explícitamente medioambientalistas de los años noventa. Podríamos enumerar varios textos de Luis Sepúlveda y Mempo Giardinelli, la poesía y las novelas de la nicaragüense Gioconda Belli y del mexicano Homero Aridjis y muchos otros. Entre ellos, se debe mencionar *Los caminos de Paxil* (1990) de Arias porque el conflicto ecológico tenía que ver con la industria petrolera en su país. Al nivel más fundamental, la comunidad maya sabía que el petróleo equivalía al sufrimiento y a la pérdida para ellos: "A nosotros el petróleo no nos sirve. Ensucia la tierra, la arruina para plantar maíz. Y encima nos caen todos eso fuereños como buitres, buscando despojarnos" (17). Para la comunidad maya, el cultivo del maíz representaba el valor más alto de su comunidad aún si los fuereños o no entendían o rechazaban esa lógica.

Pero la concepción maya se critica desde la perspectiva de las empresas petroleras porque, según aquellas, a la comunidad indígena, le faltaba entendimiento de ciertos principios esenciales:

> Ustedes están desprotegidos, expuestos, son gente vulnerable, por eso piensan así. Y por eso son pobres. Necesitan nuestro valor fiero e impaciente para protegerlos. Y nuestro espíritu de empresa para desarrollarlos. Con el tiempo, ya les iré enseñando toda la magia de la libre empresa. Pero para entenderla, tienen que reconocer el sagrado principio de la propiedad privada. (66)

La crítica aquí viene de una perspectiva desde dónde se rechaza el manejo comunitario de la tierra al favorecer el sistema de la propiedad privada. El conflicto se basa en el hecho de que las creencias y la ecología política de la comunidad maya se basan en las creencias religiosas en vez de en los modelos de la inversión y la ganancia. Así lo explica uno de los indígenas que desafía el modelo fuereño:

> —La tierra no es de usted ni de nosotros. [...] La tierra es del Corazón del Cielo porque él la hizo y sólo él puede destruirla. Nosotros le agradecemos que nos permita trabajarla y que a cambio de nuestro sudor y nuestro esfuerzo nos conceda una buena cosecha de maíz. Y le pedimos perdón cada vez que por necesidad tenemos que destruir alguna de sus creaciones: cazar un venado, tumbar una ceiba. [...] Y uno no debe nunca cambiar ni el más pequeño granito de arena sin antes saber el bien y el mal que puede desprenderse de su acto. (65)

Esta creencia, tan herética a la luz del principio 'sagrado' de la propiedad privada, representa un obstáculo para las empresas norteamericanas. Tristemente y convencionalmente (según los parámetros del género indigenista), el conflicto se resuelve de manera violenta: la comunidad se defiende y las fuerzas milicias la destrozan. Tampoco nos sorprende el manejo, en una novela escrita en 1990, de los términos explícitamente medioambientalistas como los que se encuentran en *Los caminos de Paxil.* Pero lo que esta obra sí nos plantea es la relectura ecocrítica de los títulos que venían antes en donde había una mezcla de las preocupaciones indigenistas con las de la contaminación ecológica, cultural y social de la industria petrolera. Es decir, la novela de Arias invita la lectura ecocrítica que ya hice de las novelas de Arango, Díaz Sánchez, Gallegos y Marín.

A manera de conclusión, quisiera volver a la época de estas novelas de antes con un análisis de un texto de la ciencia ficción que imagina cómo sería un futuro de dos cientos años después de su momento de publicación. Me refiero a *Barranquilla 2132* de Osorio Lizarazo. En la novela, un tal Juan Francisco Rogers (referencia obvia a la tira cómica *Buck Rogers* que apareció por primera vez a finales de los años 1920) se despierta dos siglos en el futuro después de pasar por un proceso de suspensión inánime química. Rogers descube un futuro con avances tecnológicos energéticos significantes pero también con la imposición de varios tabús en cuanto a su uso. Por ejemplo, hay un momento en donde un compañero de Rogers del futuro donde se ha despierto le responde a su pregunta acerca del petróleo, "Ah! Cree usted, acaso, ¿que necesitamos un combustible tan peligroso?" (1932: 31). La expresión de sospechas acerca del uso del petróleo en una novela colombiana de los años 1930 parece tener sentido dado los peligros de la industria ya experimentados por la región para esa época. Así que en el futuro de 2132, Osorio Lizarazo tiene la energía producida por el combustible fósil reemplazada por el poder atómico capturado por "un procedimiento químico que descompone el aire en sus moléculas elementales" (31). Así que *Barranquilla 2132* imagina toda una industria atómica mucho antes de que existiera, pero lo que más me llama la atención es el hecho de que en la novela de Osorio Lizarazo, las preocupaciones culturales, estéticas y sociales son tan importantes como las necesidades energéticas de sociedades futuras.

Así, como en muchas otras historias tipo *Rip Van Winkle*, el Rogers de *Barranquilla 2132* se vuelve completamente desilusionado con el futuro en que se ha despierto, a pesar de los avances en la producción de la energía:

> Nada de esto era lo que esperaba encontrar en su regreso a la vida: era la depuración de los sentimientos nobles del hombre, el perfeccionamiento de las sociedades, los grandes progresos espirituales, la evolución ascendente del arte, la purificación de los más elevados conceptos metafísicos, la existencia de una comprensión recíproca entre los hombres y de los más exaltados sentimientos de amor y de caridad. (109–10)

La expresión de la desilusión aquí es similar al discurso crítico de las otras novelas mencionadas antes y de muchas otras no mencionadas que rechazan en mayor parte los discursos energéticos convencionales de su época en cuanto a la minería, el guano, el salitre, la agricultura industrializada, las represas, el aceite de ballenas y el gas natural. Es decir, estas industrias, que prometen traer el progreso, la modernización y varios beneficios nada más traen la pobreza, la homogenización cultural y la contaminación ecológica entre muchas otras consecuencias negativas a las comunidades locales de donde los recursos naturales serán sacados. El desaparecer de grupos indígenas de los campos petroleros, la plaga de Chevron en las selvas de Ecuador y el ruin de la economía venezolana en la actualidad prueban que este tipo de conflicto sigue teniendo consecuencias negativas ahora. Pero aún si se puede descubrir una fuente de energía inagotable como en *Barranquilla 2132*, la novela de Osorio Lizarazo nos acuerda que la producción de la energía transportable a larga escala tendrá sus consecuencias inevitables y en este caso y en casi todos los casos imaginados en la literatura hispanoamericana, esas consecuencias van a tener impactos bastante negativos.

Bibliografía

Arango, Rafael Jaramillo (1934): *Barrancabermeja: novela de proxenetas, rufianes, obreros y petroleros.* Bogotá: Editorial E.S.B.

Arias, Arturo (1990): *Los caminos de Paxil.* Guatemala City: Editorial cultura.

Coupe, Laurence (ed.) (2000): *The Green Studies Reader: From Romanticism to Ecocriticism.* New York: Routledge.

Díaz Sánchez, Ramón [1936] (1966): *Mene.* Buenos Aires: Editorial Universitaria de Buenos Aires.

Forbes (2015): "Best Countries for Business: Venezuela". En: http://www.forbes.com/place s/venezuela/ (consultado por última vez: 02.03.2016).

Gallegos, Raul (2013): "Ecuador's Worn-out War on Chevron". En: http://www.buenosaire sherald.com/article/143585/ecuadors-wornout-war-on-chevron (consultado por última vez: 02.03.2016).

Gallegos, Rómulo [1944] (1961): *Sobre la misma tierra.* Buenos Aires: Espasa Calpe.

Gordillo García, Ramiro (2003): *¿El oro del diablo? Ecuador: historia del petróleo.* Quito: Corporación Editora Nacional.

Husband, Andrew (2010): "Environmental Affects". En: *ISLE: Interdisciplinary Studies in Literature and Environment* 17, 4, pp. 783–785.

International Tanker Owners Pollution Federation Limited (2015): "Oil Tanker Spill Statistics". En: http://www.itopf.com/knowledge-resources/data-statistics/statistics/ (consultado por última vez: 02.03.2016).

Kuecker, Glen D. (2004): "'The greatest and the worst': dominant and subaltern memories of the Dos Bocas well fire of 1908". En: Gray, Peter/Oliver, Kendrick (eds.): *The Memory of Catastrophe.* Manchester, UK: Manchester University Press, pp. 65–78.

Marín, Juan [1936] (1955): *Paralelo 53 sur.* Santiago de Chile: Editorial Nascimiento.

Miller, Shawn William (2007): *An Environmental History of Latin America.* New York: Cambridge University Press.

Mires, Fernando (1990): *El discurso de la naturaleza: Ecología y política en América Latina.* San José, Costa Rica: DEI.

Osorio Lizarazo, J. A. (1932): *Barranquilla 2132.* Barranquilla: Tip. Delgado.
Slovic, Scott (2008): *Going Away to Think.* Reno: University of Nevada Press.
Tallmadge, John (2003): "Toward a Natural History of Reading". En: Branch, Michael P./ Slovic, Scott (eds.): *The ISLE Reader: Ecocriticism, 1993–2003.* Athens: University of Georgia Press, pp. 282–295.
United States Coast Guard (2011): "On Scene Coordinator Report Deepwater Horizon Oil Spill". En: http://www.uscg.mil/foia/docs/dwh/fosc_dwh_report.pdf (consultado por última vez: 02.03.2016).
Uribe Piedrahita, César [1935] (1985): *Mancha de aceite.* Bogotá: Oveja Negra.
Wirth, John D. (ed.) (1985): *Latin American Oil Companies and the Politics of Energy.* Lincoln: University of Nebraska Press.
Wood's Hole Oceanographic Institution (2014): "Oil in the Ocean: Ixtoc I Oil Well". En: http://www.whoi.edu/oil/ixtoc-I (consultado por última vez: 02.03.2016).

Imaginarios ecofeministas

Jeanette Kördel

Lecturas ecofeministas de literaturas latinoamericanas. De angustias, aguas y agroquímicos: la novela *Distancia de rescate* de Samanta Schweblin

Resumen

Dentro de los estudios críticos literarios en el contexto latinoamericano es importante incluir la categoría de género y las teorías ecofeministas en los actuales debates ecocríticos, con el fin de ampliarlos y profundizarlos. Primeramente, se presenta un recorrido de los estudios ecofeministas. A continuación, se mencionan algunos puntos temático-analíticos. Finalmente se realiza un análisis ecofeminista de la novela *Distancia de rescate* (2014) de Samanta Schweblin, abarcando temas como maternidades y materialidades, para investigar un escenario campestre distópico, producto del uso de pesticidas en la monoagricultura de la soja.

Abstract

In the studies of Latin American literature and culture it is important to involve the category of gender and ecofeminist theory to expand and to enhance the actual ecocritical discussion. First, a short overview of some ecofeminist investigations will be given to, secondly, point out some thematic and analytical topics. In the third part, an ecofeminist analysis of the novel *Distancia de rescate* (2014) written by Samanta Schweblin, containing themes like motherhood and materiality, will be proposed, investigating the distopic rural scenario, product of the use of pesticides in the monoculture of soy.

La crisis ecológica así como las discusiones sobre la destrucción medioambiental y el cambio climático no pueden ser analizadas sin considerar los factores sociales y de género. Dentro de la crítica literaria, en el contexto de la ecocrítica, en la cual se investiga discursos medioambientales, existen todavía muchos vacíos respecto al análisis de género. Acorde a este último punto preguntas centrales podrían ser ¿Cómo se representan las descripciones, funciones y modos de la naturaleza? ¿Cómo los textos literarios articulan visiones alternativas de conceptos de naturaleza y de género? ¿Cómo estas últimas (re)escriben las representaciones hegemónicas que son incluso parte central de las negociaciones acerca de los mundos alternativos? Y finalmente ¿qué tendencias, rupturas y transformaciones se articulan y de qué manera estas imaginaciones y representaciones literarias forman parte de los debates ecológicos?

Para empezar, quisiéramos definir el ecofeminismo, considerado como rama del heterogéneo campo de investigación de la ecocrítica, como "una práctica y teoría feminista que descubre, analiza y critica las vinculaciones estructurales entre el dominio y la explotación de la naturaleza y de la mujer" [traducción de la autora] (Gersdorf 2000: 296). El análisis que emprende esta vertiente de la ecocrítica, surgida a principios de la década de 1970, se centra no solamente en las construcciones de 'lo femenino' sino que además investiga, siguiendo a Karen Warren y Val Plumwood, las relaciones entre el ser humano y la naturaleza junto con sus modelos de asimetría, de represión y explotación que automáticamente incluyen las categorías de género y etnicidad. Otro punto clave es que el ecofeminismo literario pone en juego las categorías feministas tradicionales —cuerpo, identidad y *empowerment*— para yuxtaponerlas con las inquietudes que empezaron a pronunciar los movimientos ecologistas. Proponemos discutir más bien un re-posicionamiento y una re-evaluación de teorías ecofeministas, para subrayar la importancia de incluir la categoría de género en los actuales debates ecocríticos latinoamericanos, abarcando la función y el potencial que tiene la crítica literaria, y finalmente ampliar, profundizar y criticar las discusiones sobre la descripción y confrontación de la crisis ecológica local y global.

Para ello, primero, hay que mencionar que el término 'ecofeminismo' fue mencionado por primera vez en el año 1974 por la francesa Françoise d'Eaubonne, quien se preguntaba sobre "la existencia de un vínculo entre la devaluación de las mujeres y la de la tierra" (d'Eaubonne en Gates 2010: 168). Ya en la utopía de Francis Bacon, *Nova Atlantis* (1627), con el aparecer de las ciencias modernas, la mujer fue rechazada a un 'lugar de naturaleza' imaginado como irracional e inferior que debía ser controlado, postulando una 'victoria sobre la naturaleza', como lo ha investigado Carolyn Merchant en *The Death of Nature* (1980). En el siglo XX las distopías fueron muy dominantes, hasta que en los años 70 surgieron las utopías (eco)feministas que transformaron los conceptos androcéntricos y fungieron como una revalorización de la naturaleza que incluyó una crítica civilizatoria, técnica y científica (Schrader 2002: 395).

En la academia occidental, sobre todo en la europea, las teorías ecofeministas fueron discutidas a partir del nuevo movimiento feminista durante las décadas de 1970 y 1980. En cambio, a partir de los años 90, con el giro postestructuralista y las teorías de Judith Butler, la discusión ecofeminista fue relegada por veinte años hasta que recientemente se puede observar un regreso de la misma en las discusiones científicas.[1] En el ámbito académico estadounidense las teorías ecofe-

1 Barbara Holland-Cunz subraya que a partir del *linguistic turn* y los trabajos postestructurales de Judith Butler los debates ecofeministas fueron rechazados por ser esencialistas y reaccionarios hasta que en los últimos años, dada la crisis financiera mundial de 2008 y el aumento de desastres climáticos, se puede observar un regreso de teorías ecofeministas que tematizan también temas como materialidades y cuerpos (2014: 9).

ministas fueron trabajadas ampliamente por Annette Kolodny, Karen Warren, Greta Gaard y Patrick Murphy. Vandana Shiva o Bina Argawal son algunas voces ecofeministas del 'sur global' que se hicieron prominentes, al vincular esta mirada con perspectivas postcoloniales. En el contexto hispánico, especialmente en el ámbito de la crítica literaria, se formularon importantes estudios que todavía no han sido suficientemente escuchados y analizados. Entre las problemáticas centrales se encuentra, entre otras, la reducción exclusiva del ecofeminismo latinoamericano a las corrientes esencialistas-espiritualistas que postulan una relación especial e íntima entre mujer y naturaleza. Al mismo tiempo, la prolongada discusión del ecofeminismo fuera del campo investigativo ecocrítico imposibilitó un diálogo entre estos ambos espacios, situación que pudo haber sido muy fructífera.

En este artículo se presenta un breve recorrido de los estudios ecofeministas. Seguidamente, se mencionan algunos puntos temático-analíticos. Finalmente, se realiza un análisis ecofeminista de la novela *Distancia de rescate* (2014) de la autora argentina Samanta Schweblin, abarcando temas como maternidades y materialidades, para investigar un escenario campestre distópico, producto del uso de pesticidas en la monoagricultura de la soja.

1. Recorrido de estudios ecofeministas en el contexto de la literatura latinoamericana[2]

Para entrar en el debate ecofeminista en un contexto latinoamericano podemos mencionar *The lost rib. Female Characters in the Spanish-American Novel* (1985) de Sharon Magnarelli, quien subraya un cambio entre los textos románticos, por ejemplo *María* (1876) de Jorge Isaacs y las llamadas 'novelas de la tierra', entre las cuales podemos mencionar *La Vorágine* (1924) de Eustacio Rivera o *Doña Bárbara* (1929) de Rómulo Gallegos. Según Magnarelli la naturaleza ya no está representada como *locus amoenus* sino que es captada por una visión en la cual "lo femenino" y "lo natural" están concebidos como una amenaza hacia el hombre y el mundo civilizado. Esta transformación de la representación de "lo femenino" y "lo natural" se basa, según Magnarelli, en la influencia que tenían el naturalismo de Charles Darwin y el modernismo formulado a través de conceptos patriarcales psicoanalíticos de Sigmund Freud en el ámbito latinoamericano (1985: 38).

Otro ejemplo literario de esta primera etapa podemos encontrarlo en "Sobre paisajes y personajes" (1977) de Mario Benedetti, donde "la naturaleza posee los

2 Para tener una vista conjunta sobre las distintas corrientes ecofeministas véase a Esther Rey Torrijos (2010).

rasgos de un ser femenino maligno, capaz de atrapar, someter y destruir al hombre" (Benedetti en: Cunha-Giabbai 1996: 53). Una descripción similar es hecha en *Inferno verde* (1908) de Alberto Rangel, donde la selva está representada con claros rasgos femeninos e histéricos como fuerza salvaje destructiva, amenazando un mundo civilizado-racional (masculino). En una segunda etapa, como señala Benedetti, "la naturaleza se presenta como el regazo salvador que protege al hombre de la injusticia social" (53).

Otro punto clave que discute Fernando Aínsa en *Del topos al logos* (2006) se refiere a las formas de las descripciones de 'lo femenino' y 'lo natural' articuladas en *La Vorágine* y cómo estas se reescriben en obras como *Los pasos perdidos* (1953):

> [L]a identificación del ámbito selvático como paraíso primordial, cuya pureza es frágil como lo es la virginidad que garantiza su equilibrio. El hombre, al penetrar en su espacio sagrado, viola la pureza y transforma el paraíso en un infierno. La naturaleza se venga del intruso que se ha atrevido a penetrar en su espacio. (Aínsa 2006: 58–59)

Por un lado, la naturaleza está representada como un paraíso virgen que se transforma por la penetración del hombre en un 'infierno vengativo'. Por otro lado, la naturaleza está descrita con rasgos femeninos como fuerza seductiva, que sexualiza a ambos, a la mujer y a la naturaleza (70). El modo de la sexualización de 'lo femenino' y 'lo natural' lo podemos encontrar también en la "dulce cintura de América" del poema *La United Fruit Co.* de Neruda (1950: 335).

Además Gabriel Weisz describe en *Tinta del exotismo* una "introspección del sujeto exótico" que reduce a "la naturaleza y a la mujer [...] [que] son meramente trasfondos para que sobresalga mejor la heroica estatura del protagonista masculino" (2007: 72). Sin discutirlo explícitamente dentro de un marco ecofeminista, Aínsa y Weisz señalan aspectos ecofeministas en las descripciones de paisajes naturales literarios.

En los años 70 surgieron las primeras teorías explícitamente ecofeministas con fuertes rasgos espirituales que se articularon a través de las teologías de liberación, como fue señalado por Mary Judith Ress (2006). Representantes de esta corriente, como la teóloga Ivonne Gebara, notaron que dentro de las teorías de liberación, que también criticaron la destrucción del medio ambiente, los derechos de las mujeres fueron ignorados, proclamando más bien una fuerte vinculación entre 'lo femenino' y una mítica imaginación de la naturaleza.

En cambio, a partir de los años 80, con las obras de Rigoberta Menchú o de Gloria Anzaldúa, las representaciones de identidades femeninas se articularon fuertemente con el indigenismo, "que no solo denuncia la matanza de indígenas y la enajenación de sus tierras sino que también da a conocer la sensibilidad ecológica de la cultura indígena" (Marrero Henríquez 2010: 195).[3]

Paralelamente a las discusiones sobre las descripciones de paisajes naturales con implicaciones de género y las corrientes espirituales e indigenistas, en los años 90 surge una conciencia explícitamente ecológica. Los noventa fueron declarados por Karen Warren en *Ecological Feminist Philosophies* (1996) como "la década del medio ambiente" (xix) y Octavio Paz subraya en *Itinerario* (1995) que "la gran novedad histórica de este fin de siglo es la aparición de la conciencia ecológica" (155). Al mismo tiempo se publicaron varios artículos ecofeministas por ejemplo "Ecofeminismo latinoamericano" de Gloria da Cunha-Giabbai (1996).

Siguiendo el recorrido de estudios ecofeministas se puede mencionar también *La Naturaleza en disputa* (2002) de Gabriela Nouzeilles, en la cual Ileana Rodríguez discute una feminización de paisajes en el contexto naturalista dentro del proceso de modernización en los países centroamericanos.

En la academia española las teorías ecofeministas fueron discutidas sobre todo en el ámbito filosófico tal como lo demuestran los estudios *Feminismo y filosofía* (2000) de Celia Amorós y la reciente publicación *Ecofeminismo. Para otro mundo posible* (2011) de Alicia Puleo. Esta última plantea una definición amplia del ecofeminismo

> como pensamiento radical que propone la superación de dos sesgos fundamentales en la manera de comprenderse a si misma de la especie humana: el androcentrismo y el antropocentrismo [...]. Superar ambos sesgos implicaría una redefinición filosófico-política de naturaleza y ser humano. (2000: 181)

En *Reading and Writing the Landscape* (2009), Beatriz Rivera-Barnes plantea, en su artículo sobre la obra *La mujer habitada* (1988) de Gioconda Belli, una perspectiva que no quiere demostrar la explotación de la mujer y la naturaleza, sino más bien "analizar las formas de protestas (eco)feministas" (160). En *The Natural World in Latin American Literature's* (2010), Marisa Pereyra, en su artículo sobre la novela *Waslala* de Gioconda Belli, combina teorías utópicas con teorías ecofeministas. Podemos mencionar también la antología *Ecocríticas. Literatura y medio ambiente* (2010), compilación en la cual hay un capítulo entero dedicado al ecofeminismo con una traducción del texto "A Root to Ecofeminism" (1998) de Barbara Gates y un aporte de visiones conjuntas de orígenes y evoluciones del ecofeminismo. Sin embargo, en el análisis literario solo se trabaja con ejemplos de la literatura estadounidense (solo por mencionar Louise H. Westling). En cambio, en la antología de Karina Bidaseca y Vanesa Vázquez Laba, *Feminismos y poscolonialidad* (2011), se combinan teorías eco-

3 Véase por parte de las ciencias culturales por ejemplo Astrid Ulloa (2008).

feministas con aspectos poscoloniales que Ana María Vara analiza en los poemas de Nicolás Guillén, explicando además cómo se formula la vinculación entre la explotación de los recursos naturales (azúcar y café) y la figura de la mulata.

En las teorías ecofeministas más recientes se puede observar un giro hacía la combinación entre debates sobre la justicia ecológica, social y de géneros, ampliando el término de la 'justicia ambiental'. Estela Cibreiro y Francisca López proponen en *Global Issues in Contemporary Hispanic Women's Writing: Shaping Gender, the Environment, and Politics* (2013) un modelo de 'gender justice' que es considerado como una visión conjunta de cinco objetivos centrales, "economic equality, democracy, respect for the environment, bodily integrity, and peace" (2):

> [Hispanic female writers] explicitly explore the social, political and economic realities of our era and integrate global perspectives and gender concerns [...] [by analyzing] the connections between the ideology of patriarchy and those of colonization and capitalistic expansion, and [...] the negative impact of these ideologies on the natural world. (6–8)

Para terminar este breve recorrido destacamos una de las recientes publicaciones en castellano *Ecofeminismo/s. Mujer y naturaleza* (2013), publicado por Lorraine Kerslake y Terry Gifford, donde se encuentran interesantes aportes y traducciones de textos clásicos de Murphy y Gaard junto con otros más recientes como los de Serpil Oppermann. A pesar de estas publicaciones importantes todavía faltan más análisis empíricos ecofeministas de la ficción latinoamericana que deberían formar parte de la crítica literaria contemporánea.

2. Puntos temático-analíticos en el análisis ecofeminista de textos latinoamericanos

Antes de proceder al análisis de la obra *Distancia de rescate* de Samanta Schweblin, nos gustaría proponer una breve genealogía literaria alumbrando algunos puntos temático-analíticos de análisis ecofeministas. En las descripciones de espacios naturales en obras como *Inferno verde* de Alberto Rangel o *Los pasos perdidos* de Alejo Carpentier se puede analizar, siguiendo a Magnareli, Weisz y Aínsa, ciertos estereotipos de 'lo femenino' y 'lo natural', que Greta Gaard titula como "feminization of nature" (1997: 131): es decir, la representación de paisajes naturales como cuerpos femeninos que hay que conquistar, controlar y explorar, que se rearticulan hasta los debates ambientales actuales. En forma similar Devine y Grewe-Volpp describen los "gendered images of nature" (2008: 2), que son fuertemente vinculados con una perspectiva esencialista de mujeres y que sirven para descubrir cómo ambos, mujer y naturaleza, han sido relacionados históricamente dentro de estructuras de dominación y explotación.

Con respecto a la articulación de conceptos alternativos en la relación entre el ser humano y el mundo no-humano nos gustaría nombrar las obras de la brasileña Clarice Lispector. Ahí se enlazan diversas vinculaciones entre el ser humano y la naturaleza, que ya no es considerada como mero objeto, sino como un ser con el cual las protagonistas dialogan, como subraya Josephine Donovan (1998). Según Serenella Iovino (2006), Lispector formula en *La pasión según G. H.* (1964) una "visión ecológica" (94) que articula una ética ambivalente contra el antropocentrismo. Esto puede ser relacionado con el modelo ecofeminista ya mencionado de Alicia Puleo, visto como una respuesta radical a perspectivas androcéntricas y antropocéntricas.[4]

Una reflexión crítica de situaciones ecológicas con enfoque en figuras y regiones marginales puede ser encontrada en el testimonio *Me llamo Rigoberta Menchú* (1984). Temáticas como la liberación femenina y la protección del medio ambiente son presentados de una manera intrínseca con perspectivas indigenistas. Donelle Dreese, en su lectura de la obra chicana *Borderlands/La Frontera: The New Mestiza* (1987) de Gloria Anzaldúa, destaca el potencial ecofeminista en un proceso de una 'de- hacia una re-territorialización', considerando el desierto como un elemento central dentro de una estrategia de empoderamiento de las figuras marginales (Dreese 2002: 53–63).

Otro punto temático-analítico es la representación de luchas lideradas por figuras femeninas contra la injusticia socioecológica, aspecto que fue presentado en la ya clásica obra ecofeminista *La loca de Gandoca* (1991) de Anacristina Rossi. La misma fue clasificada por Sofía Kearns como literatura ecofeminista, primero, por su "ambigüedad y la auto-imagen cuestionando la identificación mujer-naturaleza, por la dominación y la destrucción, y por la naturaleza como una construcción cultural" (1998: 319–320). Además, Kearns señala cinco aspectos claves ecofeministas en la obra de Rossi:

> 1. presenta el valor ecológico de [la reserva] Gandoca, 2. presenta los problemas que atraviesa y denuncia los agentes de su destrucción, 3. relaciona explícitamente la explotación de la mujer y la de la naturaleza; 4. cuestiona las relaciones patriarcales de dominación, 5. incluye en su análisis la explotación de las minorías costarricenses. (321)[5]

Respecto al ámbito de las utopías y distopías ecofeministas que trabajan críticamente las consecuencias ecológicas-sociales se puede mencionar el libro

4 Con respeto a Clarice Lispector se puede mencionar también el artículo de Cristina Sáenz de Tejada (1997).

5 Existen diversos estudios ecofeministas sobre *La loca de Gandoca*, por ejemplo: Regina Root (2013).

Waslala de Gioconda Belli (1996) o la obra distópica *Cielos de la tierra* (1997) de Carmen Boullosa en la cual la destrucción del hábitat natural se da junto con una deshumanización de sociedades. Ambos textos contienen, además, elementos de la ciencia ficción, revisando críticamente las utopías masculinas de Tomas Moro o Francis Bacon, y ponen en juego aspectos técnico-científicos en sus futuros escenarios ecológicos.[6]

Para terminar está brevísima genealogía literaria nos gustaría mencionar *Fruta podrida* (2007) de Lina Meruane, a fin de destacar un último punto temático-analítico que se articula a través de una crítica reflexión del sistema político-económico neoliberal. Analizada por Rike Bolte bajo una 'ecocrítica neobarroca', dicha obra se puede leer también con el concepto de *gender justice* presentado por Cibreiro/López porque describe un escenario global en el cual cuerpos femeninos, órganos humanos y frutas están descritos como simples productos de cadenas mercantilistas que fluyen en un mundo descentralizado, entre el campo chileno y la bolsa en Nueva York. En esta visión distópica formulada por Meruane, los cuerpos de las Hermanas Zoila y María del Campo sirven para hacer pruebas de remedios o para maternidades subrogadas, asimismo los espacios naturales chilenos se han transformado, gracias al intenso uso de pesticidas, en una "geometría implacable de los frutales" (2007: 18).

3. De angustias, aguas y agroquímicos: *Distancia de rescate* (2014) de Samanta Schweblin[7]

La novela *Distancia de rescate* se sitúa en un escenario rural argentino y describe las consecuencias del uso de agroquímicos en la agricultura industrial de soja.[8] Conteniendo rasgos del género literario *ecothriller*,[9] un clima de angustia se

6 Para una comparación entre las obras de Belli y Boullosa analizando el género de ciencia ficción a través de un análisis ecofeminista, véase Jeanette Kördel (2018).

7 Samanta Schweblin (*1978 en Buenos Aires) se hizo conocida por diversas antologías de cuentos. *Distancia de rescate* es su primera novela y fue traducida al alemán por Marianne Gareis bajo el título *Das Gift* (2015). Entre sus antologías de cuentos se encuentra *La furia de las pestes* (2008), *Pájaros en la boca* (2010) y *Siete casas vacías* (2015). En el año 2011 Schweblin ganó el premio Juan Rulfo para su cuento "Un hombre sin suerte".

8 Argentina es el tercer cultivador mundial de soja. El 60 % de la área agraria está poblada con soja que, en la temporada 2014, se tradujo en una producción de 57 millones toneladas con un valor de 25 mil millones de dólares (Burghardt 2014: 12). Existen varios grupos activistas entre otros 'Las Madres de Ituzaingó' en la región de Córdoba que protestan en contra a la pesticida glifosato fabricado por Monsanto (véase http://madresdeituzaingoanexo.blogspot.de/2010/10/blog-post.html; consultado por última vez: 20.01.2016).

9 El género literario relativamente joven llamado *ecothriller* trabaja un tema actual, presentando en general catástrofes ecológicas. Además, las acciones están estructuradas por un modo de dramaturgia de tensión y "se trata de crear un mejor conocimiento de la crisis medioambiental

presenta inmediatamente a partir de las primeras lineas. En la novela, la protagonista Amanda junto con su hija Nina, ambas residentes en la capital, van de vacaciones al campo argentino. En los límites de un pequeño pueblo donde se sitúa la casa veraniega, se encuentran con Carla, una vecina, y su hijo David. Pero las vacaciones de verano se transforman paso a paso en una pesadilla, de la cual Amanda y Nina finalmente no pueden escapar. Escrita de forma dialógica, en la obra de Schweblin se revela de a poco que el campo argentino, el agua y la tierra, se transforma en un distópico escenario ecológico. Como hipótesis, postulamos que en *Distancia de rescate* la ruptura en la relación entre madres e hijos está entrecruzada con la falta de conciencia de las figuras hacia la destrucción del medio ambiente.

Parte central del análisis ecofeminista se estructura a partir de dos ejes importantes que abarcan los temas de la maternidad y de la materialidad: por un lado, queremos investigar a los personajes femeninos Amanda y Carla, sus roles como madres y su comportamiento con sus hijos. Por otro lado, el enfoque analítico gira hacía la relación de las figuras con el medio ambiente. En este sentido, el análisis de la novela de Schweblin abarca también las teorías de la ética del cuidar. Se trata de una "[é]tica fundamentada en cuidar, nutrir, alimentar física y emocionalmente a los demás —tradicionalmente asociada a las mujeres" (Gárces/Flys Junquera 2010: 372). Además, Christa Grewe-Volpp subraya la importancia de una comunidad para los individuos que, en un sentido ecológico, abarca no solamente las relaciones entre los seres humanos, sino que también con el medio ambiente en un sentido de "self-in-relationship" (2004: 74–75).

La novela de Schweblin pone en escena que los seres humanos están conectados fuertemente con el medio ambiente. No solamente el agua y la tierra rural están contaminados sino también los animales, los niños y, al final, la protagonista Amanda misma. El uso de pesticidas puede servir como modelo ejemplar para aplicar las teorías ecofeministas que se enfoquen en los cuerpos y en las materialidades. De tal forma podemos referirnos aquí al concepto "trans-corporeality" elaborado por Stacy Alaimo. Según esta última, los cuerpos humanos ya no pueden ser considerados de forma separada del medio ambiente sino se sitúan en un proceso de intercambio constante y complejo con lo que los rodea. Alaimo subraya: "Imaging human corporeality as trans-corporeality, in which the human is always intermeshed with the more-than-human world, underlines

y climática a través de una forma ficticia" [traducción de la autora] (Dürbeck 2015: 245). En las novelas contemporáneas del Cono Sur se puede observar un giro hacía las zonas rurales en las cuales el medio ambiente y la naturaleza están representados como escenarios distópicos. No solamente *Distancia de rescate* sino también la mencionada obra de Lina Meruane se sitúa en un campo ficticio, en este caso chileno, tematizando la problemática de la agroindustria y de la fruticultura. En este contexto otro ejemplo sería el *thriller* campestre *Matate, amor* (2012) de Ariana Harwicz.

the extent to which the corporeal substance of the human is ultimately inseparable from 'the environment'" (2008: 238). El 'material feminism' es importante para presentar perspectivas nuevas en las vinculaciones entre seres humanos y medio ambiente, entre mujer y naturaleza, mas no entendido a través de una perspectiva esencialista o romántica que reclama una íntima relación entre mujeres y naturaleza o donde la mujer está desterrada a un lugar de la naturaleza salvaje, sino de forma más concreta: la novela *Distancia de rescate* demuestra a través de una reflexión crítica de paisajes y cuerpos intoxicados las consecuencias del uso de pesticidas en la zona rural argentina.[10]

4. Descripción de la pampa argentina: la zona rural como espacio tóxico perfumado

Las descripciones de la pampa argentina en la novela de Schweblin ya no giran hacia los discursos de civilización y barbarie, descrita a mitad del siglo XIX por Domingo Faustino Sarmiento, sino que presentan un espacio ecológico transformado en una gigante plantación monoagrícola de soja.[11] La extensión de las plantaciones de soja se manifiesta en *Distancia de rescate* inconmensurable, "el campo se abre inmenso hacia los lados y que todo queda a kilómetros de distancia" (2014: 88) y "[l]os campos de Sotomayor empiezan con una gran casona al frente y se abren hacia atrás, indefinibles" (60).

Otro punto importante es que el campo no está descrito como algo natural o prístino, sino parece ser artificial. Así Amanda menciona que "[l]os campos de

10 El *material feminism* critica las teorías postestructuralistas en forma de que postularon que los cuerpos son meramente construcciones sociales, promoviendo una desnaturalización total de ellos: "one of the most unfortunate legacies of poststructuralist and postmodern feminism has been the accelerated 'flight from nature' fueled by rigid commitments to social constructionism and the determination to rout out all vestige of essentialism" (Alaimo 2008: 237). Además Alaimo y Hekman subrayan en la introducción de *Material feminism* (2008) que la naturaleza no debe ser entendida como mero recurso o construcción social, sino como una "agentic force, that interacts with humans" (7). No se trata jamás de cuerpos vacíos, como nos presentaba Michel Foucault, sino que proclaman: "human corporeality can account for how the discursive and the material interact in the constitution of body" (7).

11 Abriendo brevemente un discurso extra literario y refiriéndonos a enormes transformaciones de sistemas ecológicos, Jennifer French utiliza el término de 'revolución ecológica', elaborado por Carolyn Merchant, para demostrar los componentes más importantes en un periodo de transformaciones profundas en las relaciones entre ser humano y la naturaleza no-humana (2012: 160). French considera la conquista como una revolución ecológica en la cual el colapso de los habitantes indígenas se desarrolla junto con la instalación de un capitalismo global y un sistema de plantación y explica: "Global shipping created a global market; that development, coupled with that the fertility and extension of America's [...] landscapes were virtually limitless, led to monocrop agriculture" (160–161).

soja se abren a los lados. Todo es muy verde, un verde perfumado" (68). El adjetivo elegido, 'perfumado', ya remite al pesticida que, rociado, cubre todo el ambiente. Sin embargo, la palabra 'perfumado' no implica un sentido negativo, sino más bien positivo. Esto es un punto crucial en las descripciones del medio ambiente en la novela de Schweblin porque aquí se manifiesta un permanente contraste, una tensión, entre un refugio veraniego idílico, esperado por la protagonista Amanda, y la zona rural como espacio tóxico, aunque todavía ella no se da cuenta de esto.

No se describe la fertilidad de la tierra, sino el terreno, cubierto por las plantaciones de soja, lleno de barro y exhausto, refiriendo de esta manera a la erosión como consecuencia de la agricultura de monocultivo. Además no existen calles de asfalto. La descripción de la zona rural se caracteriza por el atraso demostrando la injusticia socio-ambiental. A pesar que hay muchos enfermos por causa del uso de pesticidas, casi no hay atención médica. Como Carla explica a Amanda: "sabemos que esos médicos que llaman desde la salita llegan varias horas después, y no saben ni pueden hacer nada de nada" (23). El campo, la zona rural, antiguamente símbolo de una naturaleza limpia, de aire puro y de agua reluciente, contrastando con la ciudad contaminada, también se ha transformado en un espacio tóxico.

5. Madres protectoras, mujeres sin protección: los personajes Amanda y Carla

Las protagonistas Amanda y Carla son caracterizadas sobre todo por sus roles de madres. Especialmente el personaje de Amanda es descrito como una madre muy protectora. Así el título *Distancia de rescate* se refiere a lo que ella llama el hilo transparente que la une y conecta con su hija Nina, a quien siempre está observando:

> Ahora mismo estoy calculando cuánto tardaría en salir corriendo del coche y llegar hasta Nina si ella corriera de pronto hasta la pileta y se tirara. Lo llamo "distancia de rescate", así llamo a esa distancia variable que me separa de mi hija y me paso la mitad del día calculándola, aunque siempre arriesgo más de lo que debería. (22)

Amanda ve en todas las situaciones diarias posibles peligros para su hija Nina. Aunque al principio todo parece normal y cotidiano, el clima de la angustia, el constante miedo que Amanda siente por su hija está omnipresente.[12] El personaje

12 Respecto al escenario de la angustia permanente articulado en la novela de Schweblin, se puede interpretarlo también como parábola de la dictadura argentina. El pesticida tóxico puede ser considerado como metáfora refiriéndose al clima de angustia durante la dictadura

de Carla se independizó un poco, trabaja en la hacienda de Sotomayor "la primera vez en mi vida" (17) y quiere aprender a manejar. Un día Carla cuenta a Amanda lo que le había pasado a su hijo:

> David se había acuclillado en el riachuelo, tenía las zapatillas empapadas, había metido las manos en el agua y se chupaba los dedos. Entonces vi el pájaro muerto. Estaba muy cerca, a un paso de David [...] al día siguiente el caballo amaneció acostado [...] El padrillo tenía los párpados tan hinchados que no se le veían los ojos. Tenía los labios, los agujeros de la nariz, toda la boca tan hinchada que parecía otro animal, una monstruosidad. (20–21).

David bebió la misma agua que unos de los caballos de su padre Omar, situación que aterra a Carla, quien siente que va a perder a su hijo.[13] Aquí, en el agua contaminada por pesticidas se presenta el concepto de *trans-corporeality* elaborado por Stacy Alaimo, según el cual los cuerpos están vinculados con lo que los rodea, con el medio ambiente rural. "They [the toxic bodies] encourage us to imagine ourselves in constant interchange with the 'environment'" (2008: 262). El agua entra al cuerpo, las substancias agroquímicas causan una intoxicación a David, y a continuación de la novela, también a Nina y a Amanda. El agua tóxica sirve como elemento conjuntivo entre los cuerpos y el medio ambiente: "The traffic in toxins may, in fact, render it nearly impossible for humans to imagine that their own health and welfare is disconnected from that of the rest of the planet" (260). Las madres Amanda y Carla están muy preocupadas por sus hijos Nina y David, sin embargo, no se fijan en el medio ambiente contaminado y ven demasiado tarde ante que peligro se encuentran. Así Carla dice al respeto: "Eso pasa, Amanda, estamos en un campo rodeado de sembrados. Cada dos por tres alguno cae, y si se salva igual queda raro. Los ves por la calle, cuando aprendes a reconocerlos te sorprende la cantidad que hay" (Schweblin 2014: 70). Más adelante, también Amanda descubre que hay muchos niños con deformaciones en el pueblo, que "no tienen pestañas, ni cejas, la piel es [...] muy colorada y escamosa" (108), como el personaje Abigail que se encuentra con Nina en un supermercado. Todos los niños están en una Casa Hogar, donde pasan indolentemente los días y a la cual son llevados en la madrugada para que nadie los vea.

---

argentina (1976–1983), en la cual por ejemplo las prácticas de las desapariciones clandestinas eran muy comunes.

13 Como no hay atención médica en la zona rural, Carla decide consultar a la mujer "en la casa verde" (23). Ella propone una migración del cuerpo de David para mudar "el espíritu de David a otro cuerpo, entonces parte de la intoxicación se iba también con él. Dividida en dos cuerpos había chances de superarla" (26–27). Podemos mencionar brevemente que en la novela de Schweblin, por un lado, la migración representa un caso de superstición que existe en muchas regiones rurales. Por otro lado puede ser un ejemplo de la literatura fantástica argentina donde, muy a menudo, lo real está mezclándose con lo sobrenatural.

Carla se atormenta por el miedo que le provoca su propio hijo David, que actúa distinto después de la intoxicación. No se deja acariciar y vive muy retirado. Un día Carla ve a su hijo enterrar animales muertos en el jardín detrás de su casa (71). Ella se martiriza por sus pensamientos de abandonarlo que chocan fuerte con sus sentimientos como madre. Carla también quiere a alguien para cuidar: "A veces fantaseo con irme —dice Carla—, con empezar otra vida donde pueda tener una Nina para mí, alguien para cuidar y que se deje" (83). El deseo de cuidar a alguien está muy marcado en los personajes femeninos de Amanda y Carla.

Continuando con el diálogo entre Amanda y David, él le hace miles de preguntas y quiere que ella le cuente todo lo que había pasado. Él quiere entender y descubrir, quiere que ella sepa lo que le pasa a la gente, a los animales, a la tierra, por qué se mueren los animales, por qué existen tantos niños con deformaciones. Quiere que Amanda sepa que es el pesticida que se usa en la hacienda de Sotomayor el que provoca terribles consecuencias para la salud de la gente y los animales, contaminando la tierra, el agua y el aire. Antes de que Amanda y Nina vuelvan a la ciudad, ella decide despedirse de Carla y la visita a su trabajo en la hacienda de Sotomayor. David acosa a Amanda, llevándola a concentrarse en los más pequeños detalles:

> Escucho que un camión se detiene. Los dos hombres que tomaron mate se ponen guantes largos, de plástico, y salen [...] Y entonces hay un ruido. Algo se cae, algo plástico y pesado, que sin embargo no se rompe [...] Afuera los hombres bajan bidones, son grandes y apenas pueden con uno en cada mano. Hay muchos, todo el camión está de bidones. *Es esto* [...]
> *No, hay más. Alrededor, cerca. Hay más.*
> Nada más.
> *La distancia de rescate.*
> Estoy sentada a diez centímetros de mi hija, David, no hay distancia de rescate (62–63).

Y Amanda continúa:

> las cosas suceden lentas y amables, los hombres son agradables y sonríen a Nina una y otra vez [...] Estoy empapada dice con algo de indignación [...] - Es el rocío —le digo —, ahora con la caminata se seca. *Es esto. Este es el momento* [...] *Así empieza* [...] Se huele las manos. - Es muy feo —dice [...] Sí, el hilo se tensa, pero estoy distraída [...] *No es rocío* [...] y algo ácido, apenas, debajo de la lengua. *¿Ácido o amargo?* Amargo, amargo, sí. (64–67)

En esta escena supuestamente cotidiana, contada en un tono sereno, se revela un punto crucial de la novela: el momento de la intoxicación de Amanda y Nina, la cual nota un olor extraño, un sabor amargo debajo de la lengua. El dilema descrito es que la madre Amanda, que siempre está muy atenta y enfocada en su hija, está distraída y no escucha a su hija en este momento particular. Nina dice a su madre que le pican mucho las manos, pero ella no presta atención y deja que

Carla se preocupa y le da bizcochitos. Ni Amanda ni Carla advierten el peligro al cual se están enfrentando, sentadas en el pasto al lado de las plantaciones de soja:

> Cerca, la brisa mueve la soja con un sonido suave y efervescente, como si la acaricia, y el sol ya fuerte regresa una y otra vez, entre las nubes [...] sabiendo que es el momento de hablar pero inmóvil bajo el cómodo silencio. - Carla —digo. La soja se inclina ahora hacia nosotras. (83–84)

Nuevamente en un estilo armónico se presenta esta escena supuestamente idílica, el viento mueve la soja acariciándola, el sol se pone en esta tarde de verano. Solamente la yuxtaposición del adverbio 'cerca' remite al peligro urgente. La naturaleza, la soja tóxica, descrita de forma personalizada, se dirige hacia las protagonistas Amanda y Carla. Ahora Amanda se percata de que habían muchas señales de peligro: el agua de la llave que olía mal el día que llegaron, un perro sin pata caminando al lado de la calle, los animales muertos que David enterró en el jardín, Abigail con sus deformaciones, la intoxicación de David y el transporte de bidones que está observando de reojo cuando están sentadas en el césped con Nina. Lo que al principio no quería ver, ahora ya no puede ver porque la intoxicación le paraliza el cuerpo y la deja sin fuerza alguna.

Al final de la novela, la protagonista Amanda comprende que no hay distancia ni rescate. No solamente el agua del riachuelo está contaminada, sino también el pasto, toda la tierra está apestada por el uso de las pesticidas. La 'distancia de rescate' no sirve, resulta inútil en el enfrentamiento con las substancias agroquímicas, porque no hay distancia, no se puede estar lejos, está por todos lados, está alrededor cubriendo todo el medio ambiente; de hecho ya está *en* los cuerpos, como comenta David: "No todos sufrieron intoxicaciones. Algunos ya nacieron envenenados, por algo que sus madres aspiraron en el aire, por algo que comieron o tocaron" (104).

Desde la perspectiva ecofeminista se revela un doble dilema en la novela de Samanta Schweblin: no solamente las mujeres son las más afectadas por el uso de las pesticidas, teniendo como consecuencia abortos y niños con deformaciones, sino también ellas se echan la culpa por lo que sucede, porque no cumplieron con sus roles de madres protectoras y cuidadosas. Así al final del libro, Amanda se pregunta a si misma:

> ¿Fui una mala madre? ¿Es algo que yo provoqué? La distancia de rescate [...] Cuando estábamos sobre el césped con Nina, entre los bidones. Fue la distancia de rescate: no funcionó, no vi el peligro. Y ahora hay algo más en mi cuerpo, algo que de nuevo se activa o quizá que se desactiva, algo agudo y brillante. (116)

Y Carla piensa que todo es culpa suya:

> Carla cree que todo esto está relacionado con los chicos de la sala de espera, con la muerte de los caballos, el perro y los patos, y con el hijo que ya no es su hijo pero sigue

viviendo en su casa. Carla cree que todo es culpa suya [...] Algo pequeño e invisible, que lo ha ido arruinando todo. (109–110)

Algo pequeño e invisible, el pesticida, sí ha arruinado todo, pero no es por culpa de las mujeres, sino por las prácticas irresponsables de los agricultores, de las empresas de pesticidas y del Estado que no se preocupa por la gente de la zona rural. Las ganancias agroindustriales de la soja son más importantes que la salud de la gente, de las mujeres y de los niños. No hay comunidad, las mujeres están solas, luchan por si mismas; aunque son madres protectoras enfrentan el medio ambiente tóxico sin ninguna protección propia, son mujeres sin protección. Esta crítica, articulada implícitamente en la obra de Schweblin, muestra exactamente lo que Christa Grewe-Volpp (2004) también observa respecto al concepto de la ética del cuidar, que se basa en una comunidad, en la ayuda de sí mismo y en la relación con el medio ambiente. Sin embargo, bajo una estructura patriarcal capitalista, la ausencia de estos aspectos impone dicha responsabilidad a las mujeres:

> Si las condiciones y consecuencias sociales del cuidado no son consideradas, puede tener este enfoque [la ética del cuidar], de todas maneras efectos negativos. Y quedaran las estructuras económicas patriarcales y capitalistas sin ningún tipo de modificación. A las mujeres e incluso a la Mother Nature se les impone el cuidado, mientras que el impacto ambiental por parte de la industria resulta ser en su mayoría ignorado. [traducción de la autora] (76)

En la novela *Distancia de rescate* se formula una crítica ecofeminista implícita hacía el uso de pesticidas, contando las consecuencias en una zona rural ficticia que está caracterizada por la ausencia: la ausencia de una comunidad, la ausencia de hombres, la ausencia de informaciones, la ausencia del estado y de un sistema de atención médica.[14] Las protagonistas femeninas y sus hijos se quedan solos para enfrentar los problemas de vivir en un medio ambiente tóxico. No se cuenta de un grupo de madres que lucha contra las prácticas y políticas de la industria agroquímica. El estilo narrativo impresiona más bien por las descripciones tranquilas y consecuentes de lo inmediato, mostrando un escenario meramente íntimo, muy enfocado a un horizonte estrecho de las protagonistas. El enfoque se queda en un ámbito local y cotidiano —y exactamente allí en lo muy cercano se

14 La ausencia tiene una función importante dentro de las estrategias narrativas de Samanta Schweblin, generando una tensión con 'lo que no está' en el texto. La autora explica: "para mí es fundamental la tensión en un texto. En cuanto la tensión se acaba para mí no hay nada más que contar [...]. Ahora me parece que hay cosas en un cuento que si o si tienen que hacer clic en la cabeza del lector y no pueden estar de ninguna manera en el texto [...]. En el texto están pero no están escritas. Clarice Lispector dijo una cosa preciosa [...]. Decía hay que escribir con la no-palabra [...]. Significa que [...] [a]lgunas palabras las pone el escritor, algunas palabras las pone el lector. A partir de eso le da una velocidad del texto increíble" (https://vimeo.com/13467945; consultado por última vez: 25.11.2015).

revela una tensión permanente extraordinaria que afecta al lector y provoca un *thrill*. Porque en la representación de este escenario, supuestamente conocido y vago a la vez, se manifiesta tan bien como el pesticida mismo hace efecto: transparente, inodoro, silencioso, latente, omnipresente y total.

Al final de la obra *Distancia de rescate* ambas madres han perdido a sus hijos. Amanda muere como consecuencia de la intoxicación y Carla abandona su casa. El campo argentino ficticio, como refugio natural limpio, está destruido en ese escenario distópico presentado por Samanta Schweblin. El hilo que conectaba madres e hijos al final de la novela está roto: "el hilo finalmente suelto, como una mecha encendida en algún lugar; la plaga inmóvil a punto de irritarse" (Schweblin 2014: 124).

Bibliografía

Aínsa, Fernando (2006): *Del topos al logos: propuestas de geopoética*. Madrid: Iberoamericana.

Alaimo, Stacy/Hekman, Susan (2008): "Introduction: Emerging Models of Materiality in Feminist Theory". En: Alaimo, Stacy/Hekman, Susan (eds.): *Material feminisms*. Bloomington: Indiana University Press, pp. 1–22.

Alaimo, Stacy (2008): "Trans-Corporeal Feminisms and the Ethical Space of Nature". En: *Material feminisms*, pp. 237–265.

Amorós, Celia (ed.) (2000): *Feminismo y filosofía*. Madrid: Síntesis.

Barbas-Rhoden, Laura (2011): *Ecological Imaginations in Latin American Fiction*. Gainesville: University Press of Florida.

Benedetti, Mario (1977): "Sobre paisajes y personajes". En: Benedetti, Mario: *El escritor latinoamericano y la revolución posible*. México D.F.: Editorial Nueva Imagen, pp. 35–48.

Bidaseca, Karina/Vázquez Laba, Vanesa (eds.) (2011): *Feminismos y poscolonialidad. Descolonizando el feminismo desde y en América Latina*. Buenos Aires: Ediciones Godot.

Bolte, Rike: "Neobarrocke Ökokritik in *Fruta Podrida* von Lina Meruane". En: Bolte, Rike/Klengel, Susanne (eds.): *Sondierungen. Lateinamerikanische Literaturen im 21. Jahrhundert*. Frankfurt am Main: Vervuert, pp. 81–101.

Burghardt, Peter (2014): "Der Tod kommt mit dem Wind". En: *Süddeutsche Zeitung Magazin* 47, pp. 10–18.

Cibreiro, Estela/López, Francisca (2013): "Introduction". En: Cibreiro, Estela/López, Francisca (eds.): *Global Issues in Contemporary Hispanic Women's Writing: Shaping Gender, the Environment, and Politics*. London: Routledge, pp. 1–15.

da Cunha-Giabbai, Gloria (1996): "Ecofeminismo latinoamericana". En: *Letras femeninas* XXII, 1–2, pp. 51–63.

Devine, Maureen/Grewe-Volpp, Christa (2008): "Introduction". En: Devine, Maureen/Grewe-Volpp, Christa (eds.): *Words on Water: Literary and Cultural Representations*. Trier: WVT, pp. 1–10.

Donovan, Josephine (1998): "Ecofeminist Literary Criticism: Reading the Orange". En: Gaard, Greta/Murphy, Patrick (eds.): *Ecofeminist Literary Criticism: Theory, Interpretation, Pedagogy.* Urbana: University of Illinois Press, pp. 74–95.

Dreese, Donelle (2002): *Ecocriticism: Creating Self and Place in Environmental and American Indian Literatures.* New York: Lang.

Dürbeck, Gabriele (2015): "Ökothriller". En: Dürbeck, Gabriele/Stobbe, Urte (eds.): *Ecocriticism. Eine Einführung.* Köln: UTB, pp. 245–257.

Flys Junquera, Carmen/Marrero Henríquez, José Manuel/Barella Vigal, Julia (eds.) (2010): *Ecocríticas: Literatura y medio ambiente.* Madrid: Iberoamericana.

French, Jennifer (2012): "Voices in the Wilderness: Environment, Colonialism, and Coloniality in Latin American Literature". En: *Review Literature and Arts of the Americas. Eco-Literature and Arts in Latin America* 45, 2, pp. 157–166.

Gaard, Greta (1997): "Toward a Queer Ecofeminism". En: *Hypatia* 12, 1, pp. 137–156.

Gates, Barbara (2010): "Una raíz del ecofeminismo: écoféminisme". En: Flys Junquera, Carmen/Marrero Henríquez, José Manuel/Barella Vigal, Julia (eds.): *Ecocríticas: Literatura y medio ambiente.* Madrid: Iberoamericana, pp. 167–176.

Gersdorf, Catrin (2000): "Ökofeminismus". En: Kroll, Renate (ed.): *Metzler Lexikon Gender Studies, Geschlechterforschung: Ansätze, Personen, Grundbegriffe.* Stuttgart: J. B. Metzler, pp. 296–297.

Grewe-Volpp, Christa (2004): "*Natural Spaces mapped by human minds*": *Ökokritische und ökofeministische Analysen zeitgenössischer amerikanischer Romane.* Tübingen: Gunter Narr Verlag.

Heffes, Gisela (2013): *Políticas de la destrucción / Poéticas de la preservación: apuntes para una lectura (eco)crítica del medio ambiente en América Latina.* Rosario: Viterbo.

Holland-Cunz, Barbara (2014): *Die Natur der Neuzeit. Eine feministische Einführung.* Opladen: Barbara Budrich.

Iovino, Serenella (2006): *Ecologia letteraria. Una strategia di sopravvivenza.* Milano: Edizioni Ambiente.

Kearns, Sofía (1998): "Otra cara de Costa Rica a través de un testimonio ecofeminista". En: *Hispanic Journal Ecology in Latin American and Caribbean Literature* 19, 2, pp. 313–339.

Kerslake, Lorraine/Gifford, Terry (eds.) (2013): *Ecofeminismo/s. Mujer y naturaleza.* Universidad de Alicante.

Kördel, Jeanette (2018): "Lateinamerikanische Science Fiction aus ökofeministischer Perspektive". En: Zemanek, Evi (ed.): *Ökologische Genres. Naturästhetik – Umweltethik – Wissenspoetik.* Göttingen: Vandenhoeck & Ruprecht, pp. 247–264.

Magnarelli, Sharon (1985): *The lost rib: Female characters in the Spanish-American novel.* Lewisburg: Bucknell University Press.

Marrero Henríquez, José Manuel (2010): "Ecocrítica e hispanismo". En: Flys Junquera, Carmen/Marrero Henríquez, José Manuel/Barella Vigal, Julia (eds.): *Ecocríticas: Literatura y medio ambiente.* Madrid: Iberoamericana, pp. 193–218.

Merchant, Carolyn (1983): *The Death of Nature.* San Fransisco: Harper & Row.

Meruane, Lina (2007): *Fruta podrida.* Santiago de Chile: Fondo de cultura económica.

Neruda, Pablo (1950): *Canto general.* Cuidad de México: América.

Nouzeilles, Gabriela (ed.) (2002): *La naturaleza en disputa: retóricas del cuerpo y paisaje en América Latina.* Buenos Aires: Paidós.

Paz, Octavio (1993): *Itinerario.* México: Fondo de cultura económica.
Plumwood, Val (2002): *Environmental Culture: The Ecological Crisis of Reason.* London: Routledge.
Puleo, Alicia (2001): "Ecofeminismo: hacia una redefinición filosófico-política de 'naturaleza' y 'ser humano'". En: Amorós, Celia (ed.): *Feminismo y filosofía.* Madrid: Síntesis, pp. 165–189.
Puleo, Alicia (2011): *Ecofeminismo. Para otro mundo posible.* Madrid: Cátedra.
Ress, Mary Judith (2006): *Ecofeminism in Latin America.* New York: Orbis Books.
Rey Torrijos, Esther (2010): "¿Por qué ellas, por qué ahora? La mujer y el medio natural: orígenes y evolución del ecofeminismo". En: Flys Junquera, Carmen/Marrero Henríquez, José Manuel/Barella Vigal, Julia (eds.): *Ecocríticas: Literatura y medio ambiente.* Madrid: Iberoamericana, pp. 135–166.
Rivera-Barnes, Beatriz (2009): "Love in the Time of Somoza: Gioconda Belli's ambivalent Ecofeminism". En: Rivera-Barnes, Beatriz/Hoeg, Jerry (eds.): *Reading and Writing the Latin American Landscape.* New York: Palgrave Macmillan, pp. 159–175.
Rodríguez, Ileana (2002): "Banana Republics: feminización de la naciones en frutas y de las socialidades en valores calóricos". En: Nouzeilles, Gabriela (ed.): *La naturaleza en disputa: retóricas del cuerpo y paisaje en América Latina.* Buenos Aires: Paidós, pp. 85–112.
Root, Regina (2013): "Saving the Costa Rican Rainforest: Ancristina Rossi's *Mad About Gandoca*". En: Gaard, Greta/Estok, Simon/Oppermann, Serpil (eds.): *International Perspectives in Feminist Ecocriticism*, New York: Routledge, pp. 101–119.
Sáenz de Tejada, Christina (1997): "Ecologist and Ecofeminist Awareness in *Água viva:* A Brazilian Woman Rereading Nature". En: *Brasil. Revista de literatura brasileira* 18, 10, pp. 39–57.
Schrader, Sabine: "Utopie (feministische)". En: *Metzler Lexikon Gender Studies. Geschlechterforschung: Ansätze, Personen, Grundbegriffe.* Stuttgart: J. B. Metzler, pp. 394–395.
Schweblin, Samanta (2014): *Distancia de rescate.* Barcelona: Literatura Random House.
Schweblin, Samanta (2015): *Das Gift.* Berlin: Suhrkamp.
Schweblin, Samanta (s.a.): "Pájaros en la boca" [Entrevista]. En: https://vimeo.com/13467945 (consultado por última vez: 25.11.2015).
Ulloa, Astrid (2008): *Mujeres indígenas y cambio climático: perspectivas latinoamericanas.* Bogotá: Fundación Natura.
Valero Gárces, Carmen/Flys Junquera, Carmen (2010): "Glosario básico bilingüe". En: Flys Junquera, Carmen/Marrero Henríquez, José Manuel/Barella Vigal, Julia (eds.): *Ecocríticas: Literatura y medio ambiente.* Madrid: Iberoamericana, pp. 371–377.
Vara, Ana María: "Recursos naturales y recursos humanos: raza, género y rebelión en la poesía de Nicolás Guillén". En: Bidaseca, Karina/Vázquez Laba, Vanesa (eds.) (2011): *Feminismos y poscolonialidad. Descolonizando el feminismo desde y en América Latina.* Buenos Aires: Ediciones Godot, pp. 395–417.
Warren, Karen J. (1996): "Ecological Feminist Philosophies: An Overview of the Issues". En: Warren, Karen J. (ed.): *Ecological Feminist Philosophies.* Bloomington: Indiana University Press, pp. 4–6.
Weisz, Gabriel (2007): *Tinta del exotismo: literatura de la otredad.* México D. F.: Fondo de cultura económica.

Claire Mercier

Una lectura ecofeminista de la trilogía de Rafael Pinedo: el valor de la vulnerabilidad[1]

Resumen

El hilo conductor de la trilogía novelesca del escritor argentino Rafael Pinedo es la representación de la sobrevivencia humana en un ecosistema que se ha vuelto hostil a sus condiciones de vida. Las obras interrogan la precariedad de la naturaleza humana en un mundo distópico postcatástrofe. Sin embargo, la trilogía aporta a la forma distópica una perspectiva ecofeminista, esencialmente a partir del desarrollo de una comunidad que se basa en una afectividad del cuidado mutuo. De este modo, frente al agotamiento de los imaginarios impuestos por el capitalismo, las novelas proponen una vuelta hacia el valor de la condición humana: nuestra vulnerabilidad. Ya sea con respecto a los peligros de desmantelar lo colectivo en *Plop*, hasta el establecimiento de un posthumanismo animal-materno en *Subte*, que anuncia justamente el tema del cuidado femenino en *Frío*; la trilogía de Pinedo abre la posibilidad de nuevas formas de comunidades alejadas de un patrón neoliberal y patriarcal, precisamente gracias a la puesta en escena de un sujeto vulnerable que se desenvuelve en un ecosistema frágil.

Abstract

The leading motive of the narrative trilogy of the Argentine writer Rafael Pinedo is the representation of human survival in an ecosystem which has become hostile to his life conditions. The works question the precariousness of human nature in a post catastrophe dystopian world. However, the trilogy brings an ecofeminist perspective to the dystopian form, essentially by the development of a community which is based on an affectivity of mutual care. In this way, against the exhaustion of the imaginaries imposed by capitalism, the novels propose a return to the value of the human condition: our vulnerability. From the dangers of dismantling the collective in *Plop*, until the establishment of an animal-maternal post humanism in *Subte*, which is announced by the theme of female care in *Frío*; Pinedo's trilogy sets up the possibility of new forms of communities far from a patriarchal and neoliberal pattern, precisely thanks to the staging of a vulnerable subject who evolves in a fragile ecosystem.

1 Este capítulo forma parte del proyecto Fondecyt Regular n°1220007: "Narrativa distópica latinoamericana contemporánea desde la crítica literaria feminista: hacia un poshumanismo crítico", del cual la autora es Investigadora Responsable y cuyos Coinvestigadores son la Dra. Daniuska González de la Universidad de Playa Ancha y el Dr. Gabriel Saldías Rossel de la Universidad de la Frontera. Agradezco con cariño a Atania Orellana por la revisión de este texto.

1. Escenarios precarios

El *leitmotiv* de la trilogía novelesca del argentino Rafael Pinedo es la representación de la sobrevivencia humana en escenarios ecológicamente precarios. *Plop* (2002), que abre la trilogía, narra, en un mundo contaminado y con escasos recursos, el auge y la caída de su personaje principal en su afán por un poder de tipo soberano. Plop, nombre que el protagonista recibe en referencia al ruido que produjo su cuerpo al caer al suelo después de su nacimiento, vive en una sociedad primitiva regida por tabús en mayoría sexuales. No obstante, Plop no se siente satisfecho con su lugar en esta comunidad y emprenderá una progresiva ascensión al poder, la cual concluirá con el sacrificio del personaje principal a manos de su propia tribu.

A diferencia de *Plop*, la protagonista de *Frío* (2004) es una mujer; una monja que decide quedarse sola en un colegio religioso, mientras el resto del personal del establecimiento se va al norte en el momento en el cual se inicia una ola de frío. A partir de este hecho, el relato se enfoca en la supervivencia de la protagonista en base a dos ejes: su lucha contra amenazas externas —el frío, las ratas, un puma y otros seres humanos— y sus dilemas en torno al ejercicio de la religión cristiana en un ámbito natural liminal. A lo anterior se suman los conflictos internos de la mujer con respecto a su despertar sexual: el descubrimiento de su cuerpo y el desarrollo de una relación homoerótica con una niña que rescata del frío.

Finalmente, *Subte* (2006) relata un episodio de la vida de Proc, una mujer que vive en los subterráneos del metro a causa de la contaminación de la superficie terrestre. Como en *Plop*, la sociedad en la cual evoluciona Proc es regida por creencias primitivas, en este caso en torno a la transmigración del alma; tema esencial para la protagonista si se considera su embarazo avanzado. En efecto, en la comunidad de Proc, al momento del parto, la mujer debe abrir su vientre con un cuchillo y morir con el fin de que su alma transmigre hacia el recién nacido. El texto se abre con Proc escapando de lobos, lo que la llevará a bajar en las profundidades del antiguo metro y conocer a la tribu de Ish que vive en una oscuridad total. Durante un ataque de murciélagos, las dos mujeres deben huir, lo que provoca que Ish caiga en un agujero y muera. Proc se desmaya y sin darse cuenta, da luz a su hija. Cuando despierta, descubre con horror que no pudo abrir su vientre con su cuchillo, según el rito de su tribu, para que su alma transmigrara hacia el cuerpo de su hija. Le resulta incomprensible que las dos estén vivas, es decir que su alma ocupe al mismo tiempo su cuerpo y el de su hija. Esta situación le hace pensar que perdió su alma y que se convirtió en una perra. Finalmente, logra volver al lugar donde vive su comunidad, deja a su hija con la tribu y, convencida de haber perdido su alma, se instala con las perras cuya función es amamantar a los recién nacidos.

El propio autor, en una entrevista con Luis Martínez, definió su obra como una distopía:

> La novela crea un mundo en el que, prácticamente, la única regla es la supervivencia. Como toda civilización, tiene sus tabúes y ritos. Pero en este caso son tan arbitrarios que desnudan lo absurdo de su existencia. Desde aquí puede definírsela (como les gusta a los editores) como una 'distopía', o sea, una utopía negativa. (2002)

La distopía es una forma literaria en la cual prima una función crítica en base a una extrapolación de los elementos negativos de nuestra sociedad[2] y a la elaboración de realidades alternativas de carácter anticipatorio que den a conocer el potencial totalitario de una determinada ideología.[3] Se puede mencionar, a modo de ilustración, dos de las problemáticas actuales que trata la distopía: el medio ambiente y el sistema capitalista, temas, como se verá más adelante, presentes en la trilogía. Las dos obras paradigmáticas de la forma distópica son, por una parte, *Un mundo feliz* (1932) de Aldous Huxley, una distopía de carácter científico que pone en escena una tecnociencia aniquiladora, y *1984* (1949) de George Orwell, una distopía política que advierte sobre los peligros de ideologías totalitarias, tipo estalinismo.[4] Es así como Fernando Reati en *Postales del porvenir. La literatura argentina de anticipación en la Argentina neoliberal (1985–1999)* (2006) propone la siguiente definición:

> Después de dos sucesivas guerras mundiales en el siglo XX, la *distopía* […] reemplaza a la utopía como manifestación central de la literatura futurista y se impone casi como el único tipo creíble de anticipación. Distópica será toda aquella literatura que extrapole rasgos presentes al futuro y proponga sistemas sociales imaginarios de carácter negativo donde, al revés que en las utopías, todo aquello que podría empeorar ha empeorado. (18–19)

En suma, la distopía es una forma literaria crítica anclada entre la denuncia de un estado presente y la construcción de un futuro alternativo.

Hoy, la estética distópica se asocia naturalmente, en relación con un sentimiento generalizado de fin de mundo, con la puesta en escena de un postapocalipsis, consecuencia de algún tipo de catástrofe, que sea natural o más bien sistémica. Fredric Jameson, en *Archaeologies of the Future* (2005), define la variante postapocalíptica por su doble naturaleza entre distopía y utopía: "[…]

2 Es decir que nuestra realidad contiene en sí los gérmenes de la distopía. Se trata entonces, no de la invención de un imaginario como en el caso de la ciencia-ficción, sino de la extrapolación de uno existente empíricamente.

3 La palabra 'distopía' se compone de 'dus' y 'topos': el lugar malo.

4 Gregory Claeys en *Dystopia: A Natural History* (2017) distingue tres vertientes literarias distópicas: "[…] the political dystopia; the environmental dystopia; and finally, the technological dystopia, where science and technology ultimately threaten to dominate or destroy humanity" (5).

catastophe [*sic*] and fulfillment, the end of the world and the inauguration of the reign of Christ on earth, Utopia and the extinction of the human race all at once" (199). Un ejemplo contemporáneo es la novela de Cormac McCarthy: *The road* (2006),[5] cuya trama describe las deambulaciones de un padre y su hijo en un mundo postapocalíptico producto de una innominada catástrofe. La distopía postapocalíptica vendría a significar las consecuencias del apocalipsis o, en un registro más profano, de algún tipo de catástrofe como lo explica Elinor Shaffer en "VI. El apocalipsis secular: profetas y apocalipsistas a finales del siglo XVIII" (1998): "En nuestra propia época, el fin apocalíptico es, básicamente, de carácter natural, o bien predicho o explicable por la ciencia, y se le define, sencillamente, como una catástrofe o una destrucción violenta" (163).

La trilogía distópica de Rafael Pinedo establece la crisis medioambiental como nuestra catástrofe. De allí su lazo con una perspectiva ecocrítica. Desde su emergencia en los años 90, el objetivo de la ecocrítica[6] es analizar las relaciones entre la literatura y el medio ambiente. De esta manera lo formula Cheryl Glotfelty en su "Introduction" a la obra *The Ecocriticism Reader* (1996):

> [...] all ecological criticism shares the fundamental premise that human culture is connected to the physical world, affecting it and affected by it. Ecocriticism takes as its subject the interconnections between nature and culture, specifically the cultural artifacts of language and literature. (xix)

Por su parte, Hubert Zapf en *Literature as Cultural Ecology* (2016) define la ecocrítica como un contra-discurso (27) con respecto a la crítica que realiza hacia el actual modelo económico capitalista, mientras que Richard Kerridge en *Writing the Environment* (1998) caracteriza la ecocrítica en relación con su capacidad de aportar respuestas alternativas a la crisis ambiental (5). Un ejemplo paradigmático de lo anterior es el relato de Ernest Callenbach: *Ecotopia* (1975), una de las primeras utopías de carácter ecológico. En esta, la región ficticia de Cascadia —ubicada en Estados Unidos— forma su propio país, Ecotopía, el cual funciona en base al principio soberano del respeto por el medio ambiente. Actualmente, si las ecodistopías[7] se están haciendo más visibles, se debe a que el sentimiento escatológico de fin de mundo se relaciona con una preocupación de tipo ambiental o, según Pat Wheeler en "'Another Generation Cometh': Apocalyptic Endings and New Beginnings in Science Fictional New London(s)"

5 Llevada al cine en 2009 por John Hillcoat.

6 O crítica ambiental. Según Lawrence Buell en *The Future of Environmental Criticism: Environmental Crisis and Literary Imagination* (2005), el 'environmental criticism' da cuenta tanto de elementos naturales como de constructos: ciudades, paisajes contaminados, etc. (viii). Sin embargo, la lengua castellana tiende a preferir el término de 'ecocrítica'.

7 Según la formula y la reflexión elaborada por Anaïs Boulard en "La pensé écologique en littérature. De l'imagerie à l'imaginaire de la crise environnementale" (2014: 45).

(2013), un cuestionamiento acerca de: "[...] the brave new worlds created out of the white heat of technological and scientific advances, and the effects this may have on the planet" (58).

El aporte de la trilogía de Pinedo reside, como se esbozó en la presentación de las novelas, en particulares dimensiones sexo-genéricas insertas en una forma literaria distópica con una perspectiva ecocrítica. En efecto, las tres obras interrogan la precariedad de la naturaleza humana en un mundo postcatástrofe. No obstante, la trilogía aporta a la forma distópica una perspectiva ecofeminista, esencialmente a partir del desarrollo de una comunidad que se basa en una afectividad del cuidado mutuo. De este modo, lo que pretende el presente capítulo es una lectura ecofeminista de la trilogía distópica de Rafael Pinedo, con el fin de repensar los imaginarios asociados al modelo patriarcal-capitalista y poner en práctica una ética de la vulnerabilidad.

2. Ecofeminismo: preservar la comunidad

Como ya se dijo, las tres novelas se caracterizan por una perspectiva ecocrítica en relación con la puesta en escena de un mundo postcatástrofe. En *Plop*, no se explicita la razón del cataclismo. Más bien se representa directamente un escenario contaminado y precario[8]: "El suelo siempre es plano. Debajo de la basura siempre es plano. La Llanura, la llaman. El horizonte está apenas cortado por grandes pilas de escombros y basura" (Pinedo 2002: 21). De hecho, lo anterior da el paso a lo que se podría asimilar con una lógica de descrecimiento, en el momento en el cual Plop se encuentra, en un depósito, con los vestigios de una cultura tecnológica y acumulativa: "Muchas cajas estaban llenas de objetos cuya utilidad no podía imaginar. Algunos tenían palabras escritas como 'on' y 'off', palancas, botones que no producían ningún efecto si se los accionaba" (98). Lo mismo ocurre en *Frío* con una era glaciar cuya causa no queda explícita. Es decir que no importa en la trilogía las razones del cataclismo, sino que sus consecuencias en relación con la supervivencia de los personajes. Así, en la segunda novela de la trilogía, se pone de nuevo en escena una lógica de descrecimiento con respecto a algunos de los símbolos del progreso humano: "Primero dejó de transmitir la radio local. Luego empezó a fallar la luz. El agua se congelaba en los caños" (2004: 28). No obstante, el verdadero problema de la era glaciar es, para la protagonista, el flujo de migrantes, en este caso climáticos:

> Un día fue al pueblo y se encontró con que la plaza era un amontonamiento de gente; parecía un campamento de gitano, una masa de desarrapados, sucios, oscuros, cu-

8 En "El futuro obturado: el cronotopo aislado en la ciencia ficción argentina pos-2001" (2012), Alejo Steimberg define el cronotopo presente en *Plop* como un mundo de restos (132).

biertos de trapos, abrigos hechos con restos, ponchos de mantas con un agujero. La corte de los milagros chapoteando en la nieve, la gélida corte de los milagros. (27)

La monja claramente manifiesta un desprecio hipócrita por la vulnerabilidad humana. Sin embargo, como se analizará más adelante, la catástrofe le enseñará a relacionarse de nuevo con la humanidad mediante una fusión con lo animal. Finalmente, en *Subte*, de nuevo no queda claro por qué los subterráneos del metro es el nuevo hábitat de los humanos. Solamente se alude a una superficie contaminada y hasta peligrosa: "[...] la luz del sol, una luz que no hay que tocar porque quema; ilumina pero también quema la piel, y desierta los bultos en las axilas, en las ingles, en todo el cuerpo" (2006: 15–16).

El enfoque ecocrítico de la trilogía también se puede leer desde el prisma del ecofeminismo;[9] aporte original del presente capítulo con respecto al análisis de la obra de Rafael Pinedo. Rosemarie Tong, en *Feminist Thought* (2014), propone la siguiente definición:

Ecofeminists focus on human beings' domination of the nonhuman world, or nature. Because women are culturally tied to nature, ecofeminists argue there are conceptual, symbolic, and linguistic connections between feminist and ecological issues. (255)

En otros términos, el ecofeminismo es un análisis sistémico y una práctica política que constata, así como critica el nexo existente entre la destrucción del medioambiente y la opresión de la mujer, ambos a manos del patriarcado.[10] Lo anterior dibuja una de las mayores dificultades del ecofeminismo a la hora de biologizar y esencializar la mujer. En efecto, en este contexto, la mujer aparece únicamente ligada a un imaginario natural en el cual priman los afectos, las sensaciones y una lógica irracional, así como primigenia. Un ejemplo de lo anterior es la supremacía dada a la maternidad, al interior del imaginario ecofeminista, en relación con la característica procreadora de la naturaleza. Este reduccionismo, a fin de cuentas, volvería a reafirmar un binarismo de género: hombre / mujer y cultura / naturaleza. No obstante, los alcances del ecofeminismo son mucho más amplios, tal como no se puede reducir el feminismo a una supremacía de la mujer por sobre el hombre, sino a una sociedad en su conjunto más justa, inclusiva e equitativa. Janis Birkeland, en "Ecofeminism: Linking Theory and Practice" (1993), establece el programa del ecofeminismo según nueve ejes (20): 1) transformar los valores de nuestra cultura y reinventar nuestro relacionarse; 2) reconocer empáticamente que todo en la naturaleza tiene un valor intrínseco; 3) reemplazar el antropocentrismo por el biocentrismo, es decir,

9 El término apareció en 1974, en *Le Féminisme ou la Mort* de Françoise Eaubonne, quien establece un nexo entre la liberación de la naturaleza y de la mujer.

10 Se entiende por patriarcado el sistema de relaciones sociales y de valores impuesto por una dominación de tipo masculina, véase Pierre Bourdieu (1998): *La domination masculine.*

la interconexión entre las diferentes formas de vida; 4) establecer que los humanos ya no tienen que controlar la naturaleza, sino que funcionar en base a ella; 5) cambiar las relaciones de poder por relaciones éticas de respeto mutuo; 6) renunciar a los binarismo hombre / mujer y cultura / naturaleza; 7) entender que la noción de proceso es tan importante como la meta, con el fin de reinventar nuestro sistema de valores; 8) comprender que lo personal es político y que la esfera íntima participa de la sociedad; 9) abandonar el patriarcado como sistema social válido. De este modo, el logro del ecofeminismo es plantear la necesidad de una visión de mundo inédita e iniciar su conformación a partir de nuevas relaciones entre la humanidad y el medioambiente para, finalmente, entender la vulnerabilidad y el valor de la vida desde la perspectiva de una comunidad afectiva. Así lo plantea Karen J. Warren en "Feminismo ecologista" (2004):

> Una perspectiva ecofeminista plantea la necesidad de una nueva cosmogonía y de una nueva antropología que reconozcan que la vida en la naturaleza (que incluye a los seres humanos) se mantiene a través de la cooperación, el cuidado mutuo y el amor, pues sólo de esta manera tenemos la capacidad de respetar y conservar la diversidad de todas las formas de vida, incluidas sus expresiones culturales, como fuentes verdaderas de bienestar y felicidad. (77)

En definitiva, y se volverá sobre este punto al final del presente capítulo, el ecofeminismo se define más bien por un ecosistema de cuidado holístico.

Ahora bien, ¿qué aporta la forma distópica de la trilogía de Pinedo al ecofeminismo? Por una parte —y como se vio— se plantea, por medio del escenario postapocalíptico, una perspectiva ecocrítica: la sobrevivencia de los protagonistas en un ecosistema precario. Además, las características de la distopía enunciadas anteriormente permiten, para el ecofeminismo, reforzar una crítica hacia la organización patriarcal de nuestra sociedad y formular, gracias al potencial proyectivo de la distopía, nuevos imaginarios que producen sistemas de valores inéditos. *Plop* representa el grado cero de este proyecto mediante la puesta en escena de una sociedad patriarcal: ascensión al poder de una figura masculina soberana. En esta, las relaciones entre los personajes son esencialmente utilitarias, como lo muestra el empleo del verbo 'usar' para referirse al acto sexual:

> La mujer del Comisario General se había habituado a él. Lo llamaba, lo hacía limpiarla con las manos, sobre todo cuando estaba menstruando. Luego le tocaba hasta conseguir una erección, lo usaba, luego se le acuclillaba encima, a veces en los genitales, a veces en el pecho, a veces en la cara. Y vaciaba su intestino. (2002: 35)

El primitivismo esconde la violación de Plop, acto que él mismo repetirá de una manera vengativa varias veces a lo largo de la novela: comunidad de la violencia. De esta manera, se podría aplicar a lo anterior la diferencia que establece Jean-Luc Nancy en *L'équivalence des catastrophes* (2012) entre la estima, es decir, la atención dada a la singularidad de los elementos que constituyen nuestro mundo presente y la estimación: el cálculo mercantilista a manos de una lógica capitalista (66). La mujer del Comisario General usa sexualmente a Plop según una lógica de estimación: capitalista-patriarcal. Pero están presentes algunas manifestaciones contrastivas de la estimación en la obra. No existe en *Plop* el concepto de familia en términos de linaje. Está más bien presente la construcción de escasas comunidades afectivas, como la de Tini y Urso:

> Se juntaban cada vez más. Plop no entendía qué compartían. Ni siquiera tenían sexo [...] En el Grupo, empezaron las murmuraciones: no era normal que dos personas estuvieran siempre juntas y en exclusividad. Era raro. Algunos los miraban mal. (2002: 83)

Sin embargo, esta lógica de la estima familiar pronto será destruida a causa de la decapitación de Tini y Urso a manos de Plop (146), es decir, la aplicación de una lógica patriarcal por medio de una violencia soberana.

Está también la vieja Goro: una figura materna que protege y educa a Plop, además de poseer el saber en torno al origen del mundo gracias a su capacidad de leer (45–49). Lo último permite conformar una efímera comunidad al seno de la tribu a partir de la recuperación de una génesis colectiva. No obstante, en esta sociedad machista y según los ritos establecidos, la tribu descuartizará después de su muerte a la matriarca Goro, la comerá y finalmente Plop será el encargado de tirar los restos al fuego. La estima termina en el momento en el cual el sujeto ya no es útil para la supuesta colectividad. Y la falta de Plop consistirá justamente en desmantelar esta comunidad en base a su afán por un poder personal. Así lo ejemplifica el hecho de romper el mayor tabú, no abrir la boca en público, cuando tiene sexo oral con la esclava mientras se encuentra en el trono frente a toda la tribu (149). De hecho, la violencia patriarcal que instauró imposibilita los propios intentos de Plop para rearmar la comunidad cuando, por ejemplo, como la vieja Goro, quiere leer el relato de los orígenes del universo y de la tribu: "Nadie lo escuchaba. La gente se puso a marcar el ritmo y a bailar. Él leía. Lo ignoraban, Tiró los papales al suelo, al barro, se dio cuenta de que debía tomar el machete y salir a cortar, a matar. Pero no tenía ganas" (140). Cualquier estima colectiva fracasa a la hora de la victoria de un patriarcado oligárquico, soberano y violento. La irónica y última esperanza la constituye el sacrificio final de Plop a manos de su propia comunidad: genealogía de una violencia patriarcal.

En cambio, *Frío* pone en escena la potencialidad de lo afectivo femenino. En un primer momento, la obra da a conocer una protagonista totalmente reprimida a nivel de su cuerpo y deseo sexual. Lo anterior a causa de una represión patriarcal, precisamente cuando su padre, durante su juventud, la obligó a entrar en un convento por haber tenido un *affaire* con un hombre (2004: 56–57). Ingresará a un convento católico, donde se refuerza por segunda vez la represión en torno a su condición de mujer en base a una religión netamente patriarcal. De allí también su rechazo hacia una sexualidad hetero-masculina que representa el portero del convento, en oposición con la ternura erótica de una sexualidad lésbica que encarna una de las pupilas del convento de nombre María Angélica. Por ejemplo, así reacciona la protagonista frente a una escena sexual entre dos refugiados: "Miró con detenimiento esas facciones distorsionadas por la lujuria [...] Ni siquiera es una mujer, es una arrastrada, una puta, ¡una rata! ¡Sólo los animales hacen eso, gozan, gritan, como esa rata fornicadora!" (73). Es decir que la protagonista asimila la sexualidad humana con una actividad pecaminosa y por ende animal.

No obstante, es justamente a partir de una fusión con lo animal que la mujer se liberará de la represión patriarcal. Primero, gracias a la reinvención de los ritos católicos que ella misma oficia, como la misa, y con la ayuda de las ratas que ocupan el convento. Lo mismo nota Agustina Giuggia en su ponencia titulada: "Cuerpos en desamparo: encuentros con la vida animal en la ficción posapocalíptica de Rafael Pinedo" (2017), aludiendo a la creación de la propia palabra autorizada de la protagonista (9). De esta forma, las ratas, de criaturas diabólicas, devienen en sus "hermanas en Cristo" (2004: 83) y, de hecho, el cadáver de una de estas servirá a la protagonista para reconstituir la figura de Cristo: "Cristo de las ratas" (84). La asimilación con lo animal se completa en el episodio durante el cual la mujer se viste de la piel de un puma con el fin de oficiar la misa en compañía de las ratas: "Su pecho estalló de amor a Dios cuando supo que ellas, sus hermanitas en Cristo, habían entendido. Era la ofrenda, era la comunión, era el cuerpo del Hijo, el Cordero de Dios que quita los pecados del mundo" (119). En otros términos, la protagonista conforma con la naturaleza —los animales en este caso— una nueva comunidad, por cierto vulnerable a la hora apocalíptica, pero también pagana, femenina y casi posthumanista por su fusión con la vida animal. Gabriel Giorgi, en *Formas comunes* (2014), alude a la vida animal como a un nuevo campo de la biopolítica[11] que permite redefinir la jerarquía de los cuerpos impuesta por el biopoder:

> Ese animal que había funcionado como el signo de una alteridad heterogénea, la marca de un afuera inasimilable para el orden social —y sobre el que se habían proyectado jerarquías y exclusiones raciales, de clase, sexuales, de género, culturales—, ese animal se vuelve interior, próximo, contiguo, la instancia de una cercanía para la que no hay 'lugar' preciso y que disloca mecanismos ordenadores de cuerpos y de sentidos. (13)

La vida animal inaugura nuevas formas de vida en base a un desmantelamiento de las jerarquías normalizadoras: humano / animal, cultura / naturaleza y fi-

11 Véase Michel Foucault (1997): *Defender la sociedad. Curso en el Collège de France (1975–1976).*

nalmente hombre / mujer. En *Frío*, gracias a la conformación de una vida animal que impone el régimen de la supervivencia, la protagonista reinventa su feminidad. Primero, en relación con su sexualidad lésbica y la conformación de una comunidad del cuidado: la protagonista rescata a una niña e intenta en vano salvarla del frío mediante fricciones con alcohol que de pronto se convierten en caricias eróticas (2004: 125–126).

Finalmente, gracias a una comunión afectiva con lo animal, la protagonista (re)conoce su cuerpo de mujer: "Muchos pelos: en el labio, el mentón, en los pezones, el pubis. También en las piernas. Largos pelos negros. Como una rata, es una rata. No, no tiene tanto pelo, pero se está acercando, cada vez más rata, cada vez más pura" (144). Y más que lo anterior, esta comunidad animal afectiva permite a la mujer superar la represión normativa que le impuso un modelo societal patriarcal:

> Ella tenía ahora un mundo de mujeres, de ratas, con su imagen de María Angélica [...]. Y sus niñas, sus ratitas, su rebaño, su feligresía. Nadie la iba a dejar darles misa para ellas, nadie iba a quererlas, a alimentarlas, a protegerlas. A nadie iban a tener ellas para respetar, para amar, para cuidar como la cuidaban. Ella era su madre, su sacerdote, su obispa, su reina. Los hombres no iban a aceptar la comunión de amor, de fe, que habían logrado. Los hombres volvían a traer otra vez un mundo donde Cristo tenía cabeza de hombre, no de rata [...]. (145)

El ecofeminismo funciona en *Frío* a partir de la conformación de una comunidad animal donde prevalece un imaginario afectivo femenino que se caracteriza por el cuidado mutuo dentro del espacio de la sobrevivencia.

Subte potencia lo anterior a partir del tema de la maternidad y de una fusión con lo animal. En relación con el ecofeminismo, importante es destacar la prevalencia de un linaje femenino. En efecto, en la tribu de Proc, todas las mujeres de una familia llevan generación tras otra el mismo nombre, signo también de una reencarnación de la misma alma femenina —los hombres tienen un alma diferente— en las mujeres del mismo linaje:

> Y esa nueva Proc estudiará su historia, la de su madre, la de su abuela. Y adoptaría su pasado, tendría una nueva abuela, una nueva madre, sabría cómo su madre corrió y corrió de los lobos para salvar el espíritu que le pasó en ese cuchillo. (2006: 14)

Lo anterior, a diferencia de las dos otras novelas, denota la importancia del resguardo de la comunidad en *Subte*. Una imagen animista, según las creencias de la tribu de Proc, manifiesta lo anterior: la diferencia entre la figura del lobo y del perro. Así la explica el viejo Birm —sabio de la tribu, del mismo modo que la vieja Goro en *Plop*— a Proc:

> El viejo Birm les enseñaba que eran como los perros, pero más feroces. Y que por esto los llamaban lobos. Que si uno criaba un cachorro de lobo se volvía perro. Y que cuando uno echaba a un perro de la tribu, si sobrevivía, se volvía lobo. (18)

Además de anunciar el final de la novela, esta cita pone el acento sobre el peligro que existe en romper los lazos comunitarios y situarse fuera del ámbito de un afecto organizado culturalmente. Otra diferencia con las dos novelas anteriores y que tiene también que ver con la idea de comunidad, es la presencia de un homoerotismo asumido, en el caso de la relación entre Proc e Ish (34–35). Estas últimas no hablan el mismo idioma, pero logran conformar, mediante un lazo corporal y afectivo, una comunidad femenina de cuidado recíproco:

> Ish lloraba y jadeaba. Proc dejó de preguntar y la abrazó. Ish se acurrucó. Las lágrimas le corrían por la cara y mojaban el pecho de Proc [...] el llanto la conmovía, y era el único contacto humano que tenía en ese mundo tenebroso [...] Sintió cómo se relajaba, se calmaba. La respiración cambió de ritmo, sin normalizarse. Durmieron abrazadas. (54)[12]

El abrazo constituye aquí la unidad mínima de la comunidad: única resistencia frente la violencia establecida por el imperativo de la sobrevivencia. Es por esta razón que *Subte* marca una suerte de giro utópico en la trilogía dejando de lado el individualismo que caracteriza a los protagonistas de las otras obras. A fin de cuentas, la supervivencia depende de una comunidad afectiva y es lo que figura la maternidad de Proc. De hecho, la protagonista está tan asustada por el hecho de transgredir los ritos y poner en peligro su comunidad que optará al final de la novela por fusionar con la vida animal: "Es así. Ella no es persona. No sabe cómo pero el alma pasó a su hija. Y ella es una perra, que debe alimentar y cuidarla. Su hija se llama Proc. Ella no tiene nombre. Ella debe cuidar a Proc" (78). Proc decide, con el fin de salvaguardar su linaje femenino, convertirse en una perra: símbolo de una comunidad protectora.

La novela concluye sobre una Proc hembra alfa, cuyo papel es amamantar a los recién nacidos. Proc ve a diario a su hija, está feliz y desea parir otra vez (92). De este modo, la novela *Subte* figuraría un verdadero posthumanismo; una aparente regresión animal que es, sin embargo, el signo de un estado más humano, como lo empieza a explicar Agustina Giuggia en la ponencia titulada "Vidas insignables: un acercamiento a la escritura del bios en *Subte* de Rafael Pinedo" (2016): "*Subte* es una invitación a abandonar los encorsetamientos que conlleva la idea de sujeto y así arrojarse a la inmanencia de la vida, a esa pura virtualidad que abre líneas de fuga diversas" (5). Rosi Braidotti, la teórica feminista italo-australiana, lleva años publicando escritos de calidad sobre estas problemáticas. En "Posthuman Critical Theory" (2017), avanza que el posthumanismo puede constituir una resistencia al patriarcado, a partir de la creación de vidas híbridas y re-

12 Véase también el análisis de las diferentes manifestaciones del lazo social en la conclusión del artículo de Claire Mercier titulado: "Ecología humana en la trilogía de Rafael Pinedo: *Plop*, *Frío* y *Subte*" (2016).

fractarias a las jerarquizaciones normativas (14). Y las vidas abyectas[13] ante el patriarcado se encuentran más aptas para establecer estos intersticios o cruces en términos de especies. *Subte* es una perfecta ilustración de lo anterior: la figura de la mujer se fusiona con la vida animal y, en base a la vulnerabilidad de ambas condiciones frente al patriarcado, consigue reinventar un estar en el mundo o, más que esto, logra constituir una nueva comunidad afectiva, nuevos imaginarios de vidas potenciales que desafían los moldes societales aparentemente inmutables.[14]

3. El valor de la vulnerabilidad

La trilogía de Rafael Pinedo aporta a la forma distópica una perspectiva ecofeminista. Frente al agotamiento de los imaginarios alternativos impuesto por el capitalismo, del cual atestigua de hecho esta obsesión siempre renovada por el apocalipsis, las novelas del corpus proponen una vuelta hacia la médula de la condición humana: nuestra vulnerabilidad. *Plop* representa una etapa embrionaria, en el sentido de poner en escena una precariedad ambiental en relación directa con la soberanía patriarcal que ejerce el protagonista a lo largo del relato y que tiene como máxima consecuencia un desmantelamiento de su propia comunidad. *Frío* inicia el camino hacia una visión ecofeminista a partir de la conformación de un colectivo humano-animal, el cual permite el desarrollo de un imaginario afectivo femenino, donde prevalece la inquietud por un cuidado mutuo frente al imperativo de la sobrevivencia. Finalmente, *Subte* completa este movimiento ascendiente hacia la creación de un imaginario ecofeminista gracias a una fusión posthumanista con lo animal. Aquí la aceptación de la vulnerabilidad de la vida en todas sus dimensiones encuentra, gracias al tema de la maternidad, una posible vía con el fin de reinventar una comunidad cuya base es la afectividad.

Es así como la presencia de una perspectiva ecofeminista en la trilogía distópica de Pinedo permite repensar los imaginarios asociados al modelo capitalista y poner en práctica una ética del *care*. Joan Tronto, en *Moral Boundaries. A Political Argument for an Ethic of Care* (1994), define el *care* como una disposición y una práctica con respect al Otro: "What is definitive about care, on the other hand, seems to be a perspective of taking the other's needs as the starting point for what must be done" (105). La académica estadounidense, en un primer momento, distingue entre: el "Caring about" como el reconocimiento de la ne-

13 Como lo entiende Judith Butler en *Cuerpos que importan* (1993).
14 Véase Rosi Braidotti: "Animals, Anomalies and Inorganic Others" (2009) y "Nomadic Ethics" (2013).

cesidad del *care*; el "Taking care of", en el sentido de asumir la responsabilidad del *care*; el "Care-giving" con respecto al contacto directo con los objetos del *care* y el "Care-receiving" en calidad de respuesta al *care* (107). En un segundo momento, enuncia los elementos de una práctica del *care:* "attentiveness", es decir, reconocer la necesidad del *care*; "responsability" en el momento en el cual uno se hace cargo de una práctica del *care*; "competence", como la capacidad de dar un *care* de calidad; "responsiveness" en el sentido del reconocimiento de la vulnerabilidad e "integrity" que es la conjunción entre los cuatro elementos anteriores (127–137). No obstante, se debe admitir que esta definición del *care* es bastante vaga. Tiene el único mérito de plantear, frente a la mercantilización neoliberal de nuestras sociedades, una suerte de giro afectivo en el cual prevalece no tanto la competencia rival entre los individuos, sino que la empatía y la compasión con respecto a los demás. Y de nuevo, la trilogía de Pinedo tiene el mérito de poner en práctica lo anterior, es decir, una comunidad afectiva femenina que frente a la destrucción de las coordenadas de la realidad capitalista-patriarcal propone una nueva interacción entre la condición humana y su medio ambiente, la cual se basa en el cuidado mutuo. De hecho, lo anterior permite salir del supuesto esencialismo del ecofeminismo a la hora de considerar lo afectivo como un fluir; es decir, no solamente en relación con una afectividad exclusivamente femenina, sino con respecto a la vida bajo todas sus formas.

Esta comunidad del *care*, a diferencia de una comunidad de la violencia, acepta su vulnerabilidad. Como lo explica Sarah Bracke en "Boucing Back" (2016), ya no se puede valorar la resistencia frente al desastre, por contrarrestar la imaginación de futuros alternativos al modelo capitalista-patriarcal en relación con una clausura de posibles imaginarios alternativos (63–64). En otros términos, no se trata de resistir, tampoco de adaptarse, sino que de reinventar. Y la vulnerabilidad es justamente el valor que permite una nueva imaginación social y política, si se sigue lo planteado por Judith Butler en "Rethinking Vulnerability and Resistance" (2016). De esta forma, la trilogía de Rafael Pinedo da el primer paso con el fin de imaginar, desde la vulnerabilidad, un nuevo modo comunitario que se basa en un feminismo ligado con problemáticas medioambientales. Ya sea con respecto a los peligros de desmantelar la comunidad en *Plop*, hasta el establecimiento de un posthumanismo animal y materno en *Subte*, que anuncia justamente el desarrollo de un imaginario del cuidado afectivo en *Frío*, todas las novelas abren la posibilidad de imaginar nuevas formas de comunidades alejadas de un patrón neoliberal y patriarcal, precisamente gracias a la puesta en escena de un sujeto vulnerable que se desenvuelve en un ecosistema precario. En definitiva, la literatura confirma que en ella confluyen exploraciones estéticas y éticas, las cuales permiten potenciar la imaginación de proyectos vitales y políticos alternativos, ante el simulacro del autodenominado ineludible apocalipsis de nuestro presente.

Bibliografía

Birkeland, Janis (1993): "Ecofeminism: Linking Theory and Practice". En: Gaard, Greta (ed.): *Ecofeminism. Women, Animals, Nature.* Philadelphia: Temple UP, pp. 13–59.

Boulard, Anaïs (2014): "La pensé écologique en littérature. De l'imagerie à l'imaginaire de la crise environnementale". En: David, Sylvain/Vadean, Mirella (eds.): *La pensée écologique et l'espace littéraire. Cahier Figura* 36, pp. 35–50.

http://oic.uqam.ca/fr/system/files/garde/60081/documents/cf36_la_pensee_ecologique_et_lespace_litteraire_complet.pdf (consultado por última vez: 16.05.2019).

Bourdieu, Pierre (1998): *La domination masculine.* Paris: Seuil.

Bracke, Sarah (2016): "Boucing Back. Vulnerability and Resistance in Times of Resilience". En: Butler, Judith/Gambetti, Zeynep/Sabsay, Leticia (eds.): *Vulnerability in Resistance.* Durham: Duke UP, pp. 52–75.

Braidotti, Rosi (2009): "Animals, Anomalies and Inorganic Others". En: *PMLA* 124, 2, pp. 526–532. https://www.jstor.org/stable/25614294?seq=1#page_scan_tab_contents (consultado por última vez: 26.05.2019).

Braidotti, Rosi (2013): "Nomadic Ethics". En: *Deleuze and Guatarri Studies* 7 (3), pp. 342–359. https://philpapers.org/rec/BRANE (consultado por última vez: 26.05.2019).

Braidotti, Rosi (2017): "Posthuman Critical Theory". En: *Journal of Posthuman Studies* 1, 1, pp. 9–25. https://www.jstor.org/stable/pdf/10.5325/jpoststud.1.1.0009.pdf (consultado por última vez: 26.05.2019).

Buell, Lawrence (2005): *The Future of Environmental Criticism: Environmental Crisis and Literary Imagination.* Malden: Blackwell.

Butler, Judith (2010): *Cuerpos que importan. Sobre los límites materiales y discursivos del "sexo".* Buenos Aires: Paidós.

Butler, Judith (2016): "Rethinking Vulnerability and Resistance". En: Butler, Judith/Gambetti, Zeynep/Sabsay, Leticia (eds.): *Vulnerability in Resistance.* Durham: Duke UP, pp. 12–27.

Callenbach, Ernest (2004): *The Notebooks and Reports of William Weston. Ecotopia.* Berkeley: Banyan Tree Books.

Claeys, Gregory (2017): *Dystopia: A Natural History.* Oxford: Oxford UP.

D'Eaubonne, Françoise (1974): *Le féminisme ou la mort.* Paris: Pierre Horay.

Foucault, Michel (2000): *Defender la sociedad. Curso en el Collège de France (1975–1976).* México D.F.: FCE.

Giorgi, Gabriel (2014): *Formas comunes. Animalidad, cultura, biopolítica.* Buenos Aires: Eterna Cadencia.

Giuggia, Agustina (2016): "Vidas inasignables: un acercamiento a la escritura del bios en *Subte* de Rafael Pinedo". En: *IV Coloquio Internacional Literatura y Vida.* Universidad Nacional de Rosario. https://www.academia.edu/29968693/Vidas_inasignables_un_acercamiento_a_la_escritura_del_bios_en_Subte_de_Rafael_Pinedo (consultado por última vez: 22.05.2019).

Giuggia, Agustina (2017): "Cuerpos en desamparo: encuentros con la vida animal en la ficción posapocalíptica de Rafael Pinedo". En: *XIII Jornadas Nacionales. VIII Congreso Iberoamericano de estudios de género: horizontes revolucionarios, voces y cuerpos en conflicto.* Universidad de Buenos Aires. http://eventosacademicos.filo.uba.ar/index.php

/cuerpoyviolencia/2017/paper/viewFile/882/170 (consultado por última vez: 22.05. 2019).

Glotfelty, Cheryll (1996): "Introduction. Literary Studies in an Age of Environmental Crisis". En: Glotfelty, Cheryll/Fromm, Harold (eds.): *The Ecocriticism Reader. Landmarks in Literary Ecology*. Athens, Georgia: The Georgia UP, pp. xv–xxxvii.

Huxley, Aldous [1932] (2017): *Un mundo feliz*. Madrid: Cátedra Letras Populares.

Jameson, Fredric (2005): *Archaeologies of the Future. The Desire Called Utopia and Other Science Fictions*. New York: Verso.

Kerridge, Richard/Sammells, Neil (eds.) (1998): *Writing the Environment: Ecocriticism and Literature*. New York: St. Martin's Press.

Martínez, Luis (2002): "Solo soy un simple enhebrador de palabras" (entrevista a Rafael Pinedo). En: *Proyecto Patrimonio*, Santiago de Chile. https://archive.vn/89MtT (consultado por última vez: 16.05.2019).

McCarthy, Cormac (2006): *The Road*. New York: Vintage International.

Mercier, Claire (2016): "Ecología humana en la trilogía de Rafael Pinedo: *Plop*, *Frío* y *Subte*". En: *Estudios de Teoría Literaria* 5, 10, pp. 131–143.

http://fh.mdp.edu.ar/revistas/index.php/etl/article/view/1579/1789 (consultado por última vez: 26.05.2019).

Nancy, Jean-Luc. (2012): *L'équivalence des catastrophes: après Fukushima*. Paris: Galilée.

Orwell, George [1949] (2014): *1984*. Barcelona: Penguin Random House.

Pinedo, Rafeael [2002] (2007): *Plop*. Madrid: Salto de Página.

Pinedo, Rafeael [2004] (2011): *Frío*. Madrid: Salto de Página.

Pinedo, Rafeael [2006] (2012): *Subte*. Madrid: Salto de Página.

Reati, Fernando (2006): *Postales del porvenir. La literatura argentina de anticipación en la Argentina neoliberal (1985–1999)*. Buenos Aires: Biblos.

Shaffer, Elinor (1998): "El apocalipsis secular: profetas y apocalipsistas a finales del siglo XVIII". En: Bull, Malcolm (ed.): *La teoría del apocalipsis y los fines del mundo*. México D.F.: FCE, pp. 233–260.

Steimberg, Alejo (2012): "El futuro obturado: el cronotopo aislado en la ciencia ficción argentina pos-2001". En: *Revista Iberoamericana* LXXVIII, 238–239, pp. 127–146. https://revista-iberoamericana.pitt.edu/ojs/index.php/Iberoamericana/article/view/6891 (consultado por última vez: 16.05.2019).

Tong, Rosermarie (2014): *Feminist Thought. A More Comprehensive Introduction*. Boulder, Colorado: Westview Press.

Tronto, Joan C. (1994): *Moral Boundaries. A Political Argument for an Ethic of Care*. Routledge: New York.

Warren, J. Karen (2004): "Feminismo ecologista". En: Vázquez-García, Verónica/Velázquez-Gutiérrez, Margarita (eds.): *Miradas al futuro: hacia la construcción de sociedades sustentables con equidad de género*. México D.F.: UNAM, Colegio de Posgraduados, Centro Internacional de Investigaciones para el Desarrollo, pp. 63–70.

Wheeler, Pat. (2013): "'Another Generation Cometh': Apocalyptic Endings and New Beginnings in Science Fictional New London(s)". En: *Critical Survey* 25, 2, pp. 57–70. https://www.jstor.org/stable/42751034?seq=1#page_scan_tab_contents (consultado por última vez: 16.05.2019).

Zapf, Hubert (2015): *Literature as Cultural Ecology: Sustainable Texts*. London: Bloomsbury Academic.

Imaginarios urbanos

Natalia López Rico

Ciudadanía y naturaleza en el siglo XIX: una aproximación desde el discurso de la moral y la urbanidad

Resumen

Este artículo explora la relación entre ciudadanía y naturaleza contenida en los textos y manuales de moral y urbanidad que circularon profusamente por todo el territorio latinoamericano en el siglo XIX. Si bien se trata de textos considerados menores, es posible observar en ellos la traducción de conceptos y postulados políticos modernos como el de la ciudadanía republicana y el modo en que esta ciudadanía debía establecer una relación renovada con el entorno inmediato entendido como naturaleza, pero entendido ante todo, bajo la nueva realidad política y social, como suelo patrio y propiedad privada.

Abstract

This paper explores the relationship between citizenship and nature included in the texts and manuals on morality and civility that circulated extensively throughout Latin America in the 19th century. Although it addresses texts that are considered to be minor, it is possible to observe the translation of modern political concepts and principles within them, such as that of republican citizenship and the way in which the citizenry should establish a renewed relationship with the immediate surroundings, considered as nature, but which, above all else and under the new political and social reality, is understood as home soil and private property.

1. Manuales de urbanidad y la formación de subjetividades

Este artículo se concentra en un corpus textual compuesto por libros y manuales de moral y urbanidad que circularon con gran éxito en el territorio latinoamericano durante el siglo XIX, específicamente aquellos que fueron publicados o difundidos en Chile, aunque las condiciones de producción y circulación de estos textos rebasan los intentos de encuadramientos o análisis meramente nacionales. De eso dan cuenta la multiplicidad de autores y tratadistas franceses, españoles, portugueses e ingleses que son traducidos indiscriminadamente y puestos en circulación por todo el territorio así como los propios autores latinoamericanos cuyos textos también circulan por toda la región.[1] El caso más paradigmático en este sentido fue el del venezolano Manuel Antonio Carreño y su célebre *Manual de urbanidad*, en el que nos detendremos más adelante.

Considerados como textos menores fueron, no obstante, fundamentales en el corpus textual de la ciudad letrada decimonónica latinoamericana. La categoría de discurso menor fue impuesta quizá no porque tengan poca significación en su influencia en la cultura y en la configuración de subjetividades, sino por ser textos que no aluden en apariencia a temas *duros* como serían la ética, el derecho, la ideología, la política, la historia, entre otros, aunque estén sin duda en diálogo —de manera a veces oculta— con todos ellos (Restrepo 2005: 30).

Nos interesa ante todo analizar, desde la historia cultural, cuál es la relación de estos textos con la conformación de ciudadanías y de subjetividades. En ese sentido, los textos se abocan al delineamiento detallado de varios aspectos que esperan influir —según se declara en los propios libros— en la disposición moral y física así como en las acciones que debe seguir el ciudadano que intenta erigir la nueva esfera nacional. Partimos de la premisa de que la moral y la urbanidad constituyeron una parte esencial en el discurso de construcción nacional lo que se evidencia tanto en las diversas literaturas nacionales como en los textos y manuales de conducta que plagaron la producción editorial de la época, siendo necesario incluirlos, como acabamos de señalar, en el corpus textual fundacional.[2]

Ahora bien, si declarar que los textos despliegan 'discursos ambientales' sería incurrir en un anacronismo, sí es posible observar los términos sobre los cuales, a partir de la moral y la urbanidad, se establece la relación entre el sujeto-ciudadano y su entorno natural en la recién erigida esfera nacional, lo que viene a ampliar las referencias a la configuración que históricamente se fue estableciendo entre sociedad y naturaleza, especialmente en un período de afianzamiento del paradigma civilizatorio que, aunque contestado, no está aún superado. ¿Se propone, desde la moral y la urbanidad decimonónica, una nueva mirada o un nuevo pacto entre el hombre y su entorno? En este sentido, ¿qué

1 Es posible encontrar ediciones chilenas de inicios del siglo XIX del célebre tratado *Cartas a su hijo* de Lord Chesterfield, código de civilidad inglés escrito en 1774 que tuvo amplia acogida en todo Latinoamérica. También aparecen los manuales del español José de Urcullu, publicado en París en 1838, y de Pío del Castillo, publicado en Barcelona en 1841, entre otros. La efectiva circulación de estos textos se debe sin duda al despliegue de la imprenta en los recién creados países latinoamericanos así como a las nuevas políticas en materia de circulación de libros y educación que despertaron el interés de los principales centros productores de libros por el mercado latinoamericano, entre ellos París, Londres, Barcelona y Nueva York. Véase Roldán Vera, Eugenia (2003) y Subercaseaux, Bernardo (2010).

2 La importancia de la moral y la urbanidad en la formación de las literaturas y de los héroes y heroínas nacionales queda evidenciada en el conocido trabajo de Doris Sommer (2004), así como en la investigación de María Fernanda Lander (2003).

espera de esta relación el nuevo Estado-nación?, ¿qué estrategias discursivas sustentan ese relacionamiento? Son estas las preguntas que orientan este artículo a través de las cuales esperamos vislumbrar nuevos matices en el proceso de definición de la ciudadanía frente a la naturaleza. Si de trazar una genealogía de esta relación se tratara, sin duda la moral y la urbanidad tendrían que ocupar un espacio en ella, en su papel de nutrir y sentar las bases de esta trama en su fase moderna.

2. La moral y la urbanidad como pilares de la nación

La moral y la urbanidad fueron esenciales a la hora de erigir, al menos discursivamente, las cualidades que debía ostentar el nuevo ciudadano nacional. La sola moral fue un ideologema que sostuvo en buena medida la legitimidad de la República, moral preeminentemente católica pero que en algunos casos también se embebió de la vertiente iluminista.[3] Esa misma moralidad que ostentaba la República debía materializarse, hacerse cuerpo, en sus ciudadanos. Y la manera de demostrar la moralidad ciudadana se hacía a través de la urbanidad o la civilidad.[4] Como la mayor parte de los manuales lo declara: "la urbanidad sería la emanación y práctica de la moral (…) la forma de la moral o mas bien su verdadero complemento" (Suárez 1869: 24). O bien, la moral en acción. De esta moral transustanciada en civilidad y urbanidad se desprende la máxima que la guía: el hombre debe estar para servir a los demás, así como también se desprende la relación que debe establecerse con su entorno natural inmediato.

La urbanidad y la civilidad comprendían pues una especie de recetario del ciudadano de bien, una ciudadanía ideal que, como bien señala González Stephan, se caracterizó tanto por su carácter homogeneizador y excluyente como por su ucronía, pero también por ser el horizonte de expectativas sobre el cual se erigió el deber ser de las subjetividades nacionales (González 1999: 72).

No obstante, ha prevalecido sobre este corpus textual una mirada reducida que lo ve apenas como mero contenedor de normas de etiqueta o de comportamiento en la mesa, textos anacrónicos y casi ridículos. Si bien los textos de moral y urbanidad funcionaron como un gran catálogo normativo y código comportamental pretendieron, ante todo, cumplir la labor pedagógica e ideológica de instruir y modelar al ciudadano tanto en su vida privada como en su vida pública, con especial énfasis en el ámbito de la sociabilidad al interior de

---

3 La moral como sustento de la República es abordada de forma detallada en el trabajo de Hans Hensel Riveros (2006).

4 Utilizamos las palabras urbanidad y civilidad como conceptos equiparables. Podrían aventurarse algunas diferenciaciones pero apelamos al mismo uso que hacen los propios autores de los manuales aquí recogidos, quienes las toman indistintamente.

casa. Para ello apuestan por varias estrategias que en su mayoría incluyen el reciclaje o permanencia de algunos 'valores' provenientes de la herencia colonial, sobre todo en lo que se refiere al discurso de obediencia y 'policía' —también en su sentido colonial—, que denota el marcado interés por la permanencia del orden, mezclado con la exaltación patriótica y la legitimación de la civilidad o civilismo republicano. En estas estrategias discursivas podemos también encontrar la relación o el nuevo 'pacto' que debía establecerse entre la naturaleza y el hombre en los nuevos límites del territorio patrio.

Nos detendremos en algunos casos que consideramos ejemplares ya sea por su amplia difusión y recepción, como es el caso del venezolano Manuel Antonio Carreño, por su carácter pedagógico, en la versión del español Carlos Mestre y Marzal, por su carácter eminentemente religioso, observado en el manual del Presbítero chileno Lorenzo Robles, o por la adopción literal de la matriz liberal, cuyo caso ejemplar es el también chileno José Victorino Lastarria.

Todos los textos fueron publicados en Chile entre 1840 y 1870, un período marcado por la consolidación del proyecto republicano y el ordenamiento constitucional, donde a la educación se le otorgó un papel preponderante en la formación de las subjetividades nacionales a través de la inculcación de los preceptos de urbanidad, que apelaban, en suma, a un hombre renovado en sus costumbres y su moralidad.[5]

3. El orden moral de la naturaleza

> Deberes morales del hombre
> Basta dirijir una mirada al firmamento, o a cualquiera de las maravillas de la creación, y contemplar un instante los infinitos bienes y comodidades que nos ofrece la tierra, para concebir desde luego la sabiduría y grandeza de Dios, y todo lo que debemos a su amor, a su bondad y a su misericordia. (Carreño 1863: 5)

Con este párrafo se inicia el célebre *Compendio del Manual de Urbanidad y Buenas Maneras* del venezolano Manuel Antonio Carreño, un libro publicado por entregas en la prensa caraqueña en 1851 y que apareció en formato libro en la misma ciudad en 1853. Un año después salió publicado por la editorial Appleton de Nueva York y décadas más tarde por la editorial Garnier Hermanos, en París. Un libro que Beatriz González Stephan (1999) no duda en denominar como el *best seller* hispanoamericano del siglo XIX, con sus más de 600 reediciones en todos los países de habla hispana, incluida la propia España, y que cuenta con reediciones más o menos modificadas en todo el continente hasta el día de hoy. El Compendio (una versión resumida para usar en los colegios) se publicó por

5 Un análisis de este período se encuentra en el libro de Ana María Stuven (2000).

primera vez en Chile en 1863 en la Imprenta El Mercurio de Valparaíso, siendo una de las primeras reimpresiones latinoamericanas realizadas fuera de Venezuela (López 2017: 656).

Ahora bien, en ese párrafo inaugural Carreño decreta varios principios que nos interesa resaltar para efectos de este artículo: en primer lugar, se inicia con la escenificación de un hombre (el énfasis está puesto en lo masculino) que alza su mirada, que observa el cielo, su entorno natural, la tierra, dispuesta como creación divina y 'maravillosa'. Pero esa creación divina se ofrece en clave utilitaria, es decir, para el bienestar y goce de ese hombre que ve en los bienes dispuestos para su usufructo, la bondad y misericordia de Dios. Y así, como esa bondad y misericordia divina, la disposición de los bienes también sería 'infinita'. El párrafo cierra con un deber en doble acepción: la humanidad y la creación se 'deben' a esa misericordia divina pero, a su vez, la humanidad adquiere para con esa creación, una 'deuda' que precisa cumplir a lo largo de su vida.

Que el Compendio de Carreño se inicie con esta localización y este llamado a atender la posición privilegiada del hombre frente a la creación que lo rodea como un deber moral que es preciso acometer, no es casual. Es sobre esta relación en apariencia renovada del hombre con la naturaleza que deberá erigirse el ciudadano también renovado en su moralidad, aunque para ello se retome la moral de viejo cuño de principios teológicos. No obstante, estos referentes religiosos no operan solo como resabios o permanencias coloniales; más bien están dispuestos en un orden y una constelación distinta que revelan nuevos significados. Si bien el mundo dispuesto como creación divina y jerarquizada, donde el hombre ocupa el lugar de comandante y domesticador del ambiente es ya una matriz de larga data, la vinculación de esta relación hombre-naturaleza de frente a los principios que inaugura la ciudadanía moderna ofrecen otro cariz: se trata, en efecto, de una ciudadanía antropocéntrica que le encarga al hombre administrar, aprovechar y poner en función el aparato económico a partir de los recursos de la naturaleza, pero se trata, ante todo, de una nueva manera de entender la pertenencia a un suelo y el derecho que se tiene a él, es decir, el derecho de propiedad y las maneras en que esa propiedad territorial se cumple legitimada bajo el mandato divino y el mandato civil.

Si bien a lo largo del compendio Carreño no especifica cómo llevar a cabo esta relación del nuevo ciudadano con la creación dispuesta para la contemplación y goce de sí, queda de manifiesto que será el 'método' la vía de concreción de esa relación, 'método' necesario en el día a día, el que pone orden y exactitud, el que conduce al hombre en su vida privada y en su vida pública y que es, ante todo, el marcador del trabajo. Y es el trabajo el medio a través del cual accede al aprovechamiento y posesión del entorno, convertido en suelo patrio. Se entremezclan de este modo en una misma pauta de valores aquellos principios que remiten al catolicismo de antiguo régimen fundado en la propiedad de la tierra con la fe moderna en el trabajo y el ahorro.

El ideologema 'patria' viene aquí a cumplir una función primordial. Nos recuerda Carreño que patria es: "toda aquella estensión de territorio gobernada por las mismas leyes que rijen en el lugar que hemos nacido, donde formamos con nuestros conciudadanos una gran sociedad de intereses y sentimientos nacionales" (19). La patria funciona, por tanto, como límite a esa naturaleza infinita ofrecida para el pleno disfrute del hombre y compromete al mismo en su responsabilidad de hacer un uso racional (no el sentido de la justa medida sino de la técnica) de ella, pues al hombre modelo de todas las virtudes se le exige ser religioso, un padre amoroso, un hijo obediente, un esposo fiel, lo que se resume en "el ciudadano mas útil a su patria" (8). La patria aparece aquí entonces como un antecedente de la nación en tanto se apela a una comunidad de sentimientos, a una vinculación afectiva y a una identificación con el territorio. Así lo establece Mónica Quijada al anotar que desde la independencia el término movilizador de masas no fue el de nación sino el de patria, dada la práctica común de identificación comunitaria y la connotación política ideológica de carácter moderno del término. Es así porque en la tradición hispánica patria aparece como:

> Una lealtad 'filial', localizada y territorializada, y por ello más fácilmente instrumentalizable en un momento de ruptura de un orden secular: La lealtad a la patria, a la tierra donde se ha nacido, no es discutible [...] la patria es inmediata y corporalizable en el entorno de lo conocido. (2003: 291)

La patria como comunidad de intereses y sentimientos se promueve en los textos de moral y urbanidad a partir de la obediencia a las mismas leyes, la práctica de las mismas virtudes y el rechazo a los mismos vicios (Hensel 2006: 9).[6] El amor a la patria forma de este modo un vínculo afectivo, es la base de una comunidad de sentimientos en la que se prescriben deberes que hay que asumir como sagrados. Y uno de esos deberes es el trabajo que honra el suelo patrio, un suelo que posee límites aunque la percepción de la naturaleza patria continúa siendo la de un recurso infinito.

El modelo que subyace en el manual de Carreño es sin duda el de una modernidad católica (Enrigue 2013: 71), una matriz ideológica que estuvo a la orden del día en el pensamiento político latinoamericano en el período de afianzamiento de los Estados nación, convirtiéndose en una salida intermedia que propugnaba por un conservadurismo social que tenía como meta la mantención

6 Más allá de una curiosidad terminológica interesa clarificar este uso del término 'patria', lo que nos acerca a la forma en que, como señalan Annick Lempérière y François Xavier-Guerra, "los hombres de una época dada tenían de concebirse a sí mismos y por lo tanto de actuar", una manera de designar, de nombrar esa comunidad conjunta que le daba un asiento real (Xavier-Guerra/Lempérière 2008:8).

del orden y un liberalismo económico que alentaba la ganancia privada y el enriquecimiento.[7]

En la misma línea de la modernidad católica se inscribe el texto de Carlos Mestre y Marzal, médico español que publicó sus *Consejos morales a la niñez seguidos de las reglas de urbanidad* en 1846 en Madrid y que sería publicado apenas tres años más tarde en Santiago de Chile. Su propósito es poner en manos de la niñez "máximas altamente morales" (IV) buscando servir de "correctivo a la corrupción de las costumbres que desgraciadamente cunde por nuestra sociedad" (IV), que en su caso (de acuerdo a otros títulos publicados por el mismo autor como *La medicina y el ateísmo: o sea refutación de las injustas calificaciones que de la medicina y los médicos hace la sociedad en materias de religión*) se refieren tanto el desacralización como a la amenaza inminente de la revolución social.

Este autor destina su texto a un público infantil encarnado en la figura de un niño al que se dirige: Federico. Por lo demás, una estrategia retórica de vieja usanza en este género. A la par de Carreño, está interesado en legitimar tanto la posición del hombre dentro de la creación como la posesión de esa creación por medio de la exaltación del hombre laborioso, trabajador, útil a sí mismo pero sobre todo útil a los demás. Para ello utiliza un lenguaje insuflado que va sin parar de los signos de interrogación a los de admiración:

> ¿No te admira, amado niño, el espectáculo que presenta la naturaleza? ¿no sientes palpitar tu tierno corazón, al observar este mundo que te rodea? A cualquier lado que vuelvas los ojos tendrás motivos para bendecir al Hacedor Supremo que crió todas las marabillas de nuestro suelo. [...] ¡Cuántos miles de individuos hai comprendidos entre todos esos seres, i cuántos ejemplos tienes que imitar en ellos! (Mestre y Marzal 1849: V)

Y el clásico ejemplo a imitar sería el de "Esas pequeñas hormigas [...] que te dan una leccion muy importante que no debes echar en olvido, la aplicacion al trabajo: sí; ellas, a pesar de su pequeñez i de su forma manifiestan a las claras lo que vale esta aplicación" (V). Y si el trabajo es la mayor virtud y el modo de poseer la naturaleza (además de la contemplación, que en su caso remite a una veta mística franciscana, también de larga data), el peor vicio del que se debe huir es la ociosidad. Para eso parte también de una sentencia bíblica: "comerás el pan con el sudor de tu rostro", de lo cual infiere: "cuán grato será el trabajo a los ojos del Señor" (16). Lo que no señala el autor es que esta sentencia fue proclamada en el paraíso al momento de la expulsión, es decir, cuando el trabajo se impone como castigo. Y concluye: "Aprovecha, pues, el tiempo, querido niño; aplícate al trabajo

7 El modelo de Carreño se caracteriza por el androcentrismo que confiere superioridad al hombre en tanto sujeto masculino, lo que supone una inferioridad de la mujer y establece, como señala Gisela Heffes, una lógica de dominación que sin duda asocia la mujer con la naturaleza (Heffes 2014: 15).

porque este ha de ser la semilla que algún dia produzca el fruto de tu bienestar y evita todo lo posible la ociosidad" (19). Por lo demás, el ejemplo de la hormiga no solo anima la laboriosidad y la condena del ocio sino que también justifica la necesaria pequeñez de algunos en el entramado del sistema capitalista en proceso de consolidación en toda la región.

Lorenzo Robles, cura y pedagogo chileno, publica su *Manual de moral, virtud y humanidad dispuesto para jóvenes de ambos sexos* en Santiago en 1848. En este caso contamos con la segunda edición de 1853 (y hubo una tercera un año más tarde, lo que no deja de ser un indicio de la popularidad y la recepción de estos textos). El caso es interesante pues si bien se inscribe en la misma vertiente religiosa (que todos los moralistas proclaman en el XIX), de que todo se debe a Dios y a Dios todo debe volver, el modo de encarar la naturaleza es por completo distinto. Dividido en lecciones, la número XXIII titulada "De la necesidad del confesor" nos dice lo siguiente:

> La tierra no es nuestra patria, es el cielo el lugar dichoso para donde hemos sido criados; vamos ahora caminando para ese lugar de felicidad, i mañana llegaremos a él. [...] nada nos promete esta vida miserable, todo, todo no es mas que *vanidad i afliccion de espíritu.* Es además este mundo un lugar de sufrimientos i de sacrificios. (48)

A continuación, Robles anota que el hombre "cuando aparece al mundo entra ahora no como dueño i monarca de él, sino como un esclavo fujitivo, cuya voz no es oída como al principio de la creación [...] las malas inclinaciones nos violentan, i nada hai que no intente apartarnos de nuestra verdadera patria" (49), que es el cielo, la salvación prometida.

Robles impone en su manual la idea del mundo en su vertiente 'mundana', una teología de la redención, donde la carne, lo material asociado al pecado, conspira contra el hombre y lo aparta de su verdadera patria dispuesta más allá de la muerte. Se trata sin duda de una vertiente del modelo agustiniano medieval de *La Ciudad de Dios*, donde la vida terrenal es perdición y el mundo, el espacio de lo pagano. La tierra aparece solo como una carrera hacia la muerte, una vida temporal, que puede ser aprovechada para abonar el terreno que lleve al hombre a la verdadera patria situada en el mundo celestial.

Esta interpretación justificaría además la misión sacerdotal de impeler al ser humano a "vencer las pasiones" y enseñar "a despreciar los mentidos halagos de un mundo seductor, i darnos reglas para precavernos con tiempo de la corrupcion del siglo antes que éste se apodere de nuestro corazon i lo pierda" (50). Corrupción entendida, también, como la amenaza latente de la desacralización y la privatización de la religión que entre muchas otras consecuencias, derivó en una pérdida considerable de tierras y propiedades pertenecientes hasta entonces a las órdenes religiosas, la llamada desamortización de bienes de manos muertas. No es pues de extrañar esa muestra de desapego ante la 'propiedad terrenal'.

Nuestro último modelo es el *Libro de oro de las escuelas* de José Victorino Lastarria, publicado en Santiago en 1862. Reconocido publicista liberal, Lastarria puntualiza en su texto los objetivos de lo que denominó "la educación social" cuya finalidad sería la perfección moral del individuo de la cual dependería el porvenir del hombre y de la sociedad. Ahora bien, para cometer esa tarea sería necesario tomar al individuo social desde que nace y para ello habría que iniciar a los padres "i principalmente a la mujer [...] i así la tarea será llenada sin costo ni esfuerzo" (1862: 10), señala. De tal manera, el manual tiene como destinatarios a padres y profesores.

Lastarria crea un manual inspirado en las nociones básicas del liberalismo de matriz lockeana sin abandonar los principios teológicos (lo que tampoco hace, vale decirlo, Locke, quien escribe su *Segundo Tratado sobre el Gobierno Civil* a partir de las ideas de la biblia). De ahí que los deberes del hombre los clasifique en este orden:

1. Deberes para con Dios: adoración, cuya base sería la religión.
2. Deberes para consigo mismo: probidad, con base en la libertad.
3. Deberes para con sus semejantes: caridad y justicia, teniendo como base la igualdad.
4. Deberes para con las cosas creadas: respeto por la posición natural de las cosas creadas teniendo como base la propiedad.

Este último deber constituye sin lugar a dudas una excepción discursiva dentro del corpus de textos analizados. Lastarria legitima su propuesta a partir de la "necesidad de estos preceptos en pueblos novicios como los nuestros, cuya vida social tiende a regenerarse, que se está amoldando a principios hasta entones desconocidos" (15).

Para llevar a cabo su cometido Lastarria parte por justificar los deberes del hombre para con la creación: "Hemos dicho que el fin o destino del hombre consiste, según su propia naturaleza en el completo desarrollo de todas sus facultades i en su aplicación a todas las cosas, conforme el orden general de la creación i de la naturaleza de cada cosa en particular" (57). Por eso el hombre

> [t]iene la misión, el deber de desenvolverse en estas relaciones universales, de penetrar con su intelijencia en todos los órdenes de las cosas, para engrandecer sus miras, elevar sus sentimientos *i someter por la razón todas las fuerzas de la naturaleza, con el objeto de emplearlas en facilitar su desenvolvimiento i aumentar la suma de su bien o de su felicidad.* (58) [énfasis original]

Este derecho de apropiación de la naturaleza para satisfacción y felicidad del ser humano debía, no obstante, regirse por "la protección de las leyes i según las formas establecidas por estas; derecho que se llama de *propiedad* i que sirve de base a nuestras relaciones con la creación" [Énfasis original] (58). De este modo

Lastarria, como ningún otro tratadista, desnuda las bases que estructuran el nuevo relacionamiento entre el ciudadano y la tierra, entendida como creación, entendida como patria, como tierra dispuesta a ser labrada, como lugar de lo mundano, pero entendida sobre todo como propiedad privada inviolable. Lo que se pone en juego, por tanto, es un derecho de apropiación que debía ser "conforme al orden general, tratando a cada cosa según su particular naturaleza y el lugar que le corresponde en ese orden de la creación" (58). Un orden general que se traduce en un Estado de derecho dotado de un cuerpo legal que sustenta y legitima el nuevo orden nacional, donde la naturaleza entra de lleno a regirse por el capital y es administrada por el derecho.

Lo natural, la naturaleza en Lastarria, funciona también como un dispositivo legitimador del orden (de ahí que remita constantemente a "el orden de la creación, la armonía del universo") a partir del cual se recogen y distribuyen derechos y deberes asociados a principios que el autor considera incontestables como la justicia y la verdad. Eugenia Roldán Vera revela cómo los textos escolares en general, y en particular los famosos manuales de Ackermann, contribuyeron en buena medida a diseminar la relación entre las leyes y la armonía de la naturaleza asociadas a las leyes civiles y políticas:

> In a certain way, teaching the laws of nature was one of the means to inculcate the laws of society, in particular the laws of "harmony" and respect for proportion of a republican government. As more than one writer claimed, the laws of society within a republican system were the closet to the laws of nature. (2003: 89)

De este modo, ante el vértigo producido por el vacío del orden dejado por el imperio, uno de los primeros órdenes al que se apeló fue al de la naturaleza misma. Lo natural está definido así en su entera positividad y es el liberalismo el encargado de recoger el sistema originario que surge de la propia armonía de la naturaleza, el cual habría sido ignorado en los siglos de oscuridad colonial. Se presentan pues como naturales, y por tanto, irrevocables, no solo los fundamentos previos al pacto social sino también realidades históricas de carácter económico y social.

En Lastarria queda así al descubierto la noción de naturaleza bajo el concepto de 'propiedad' constituida a la vez como entidad propia del sujeto ciudadano contenida en el ideal del suelo patrio y como entidad externa en tanto propiedad concentrada en pocas manos.

Lo que está en juego es la legitimidad de la apropiación colectiva por un Estado de un territorio, de sus riquezas, su cultura, y su libertad, y el lugar que cabe en ello a los habitantes de dicho territorio, de ahí que se insista en establecer con sumo cuidado los niveles de pertenencia a partir de la rigurosa estratificación de la ciudadanía que delinean los propios manuales de moral y civilidad.

4. A modo de cierre

Hemos propuesto observar cómo los manuales de moral y civilidad decimonónicos se comprometieron con la formación de los ciudadanos que requerían para sí las nuevas naciones sujetándolos a la obediencia e introduciendo una nueva idea de la explotación de los recursos infinitos que habrían sido dispuestos por Dios para el hombre. De este compromiso da cuenta la inserción de los textos de moral y urbanidad en los planes y programas escolares de educación primaria implementados en Chile. En las listas de libros pedidos por instituciones educacionales a lo largo de todo Chile entre 1837 y 1890 podemos encontrar desde mediados de la década del 40 los libros y catecismos de moral en cada solicitud anual, lo que comprueba el énfasis puesto en la formación de un cierto tipo de conciencia individual. En la década del 50 los pedidos incluyen textos específicos de urbanidad, solicitudes hechas a lo largo de todo Chile que promueven un nuevo ideal de ciudadanía.[8] Un tipo de ciudadanía que se funda en el máximo aprovechamiento del territorio que Dios encomendó administrar considerando el lugar, privilegiado o subordinado, que a cada ciudadano le correspondía en el orden 'natural' de la creación, porque no debemos olvidar que si algo se naturaliza y refuerza en el nuevo orden republicano, son justamente las jerarquías sociales (Enrigue 2013: 74).[9]

Compartimos pues las ideas de Álvaro Enrigue de que estos textos que componen una "biblioteca hispanoamericana no reconocida como tal", cumplieron una labor fundamental en la difusión efectiva de una ideología de afirmación de incipientes valores burgueses y conservadores que caracterizó el deber ser de la política, la economía y la cultura y, claro está, el modo en que se entabla la relación utilitaria entre el hombre y la naturaleza (73).

De esta primera aproximación a los discursos de moral y urbanidad y sus implicancias en la relación entre la ciudadanía y la naturaleza, (y siguiendo en este punto las ideas de Gabriela Nouzeilles), se infiere, además, que no hubo un solo sentido de la naturaleza, antes bien, son sentidos en pugna, a veces contradictorios, que convivieron en un mismo 'gesto de lectura'. Si la objetificación del concepto naturaleza llevado al exceso por el liberalismo económico trató de imponerse, los principios teológicos (ya sea la matriz mística de la contemplación o la redención agustiniana) pueden leerse como reacciones a esta racionalización de la naturaleza y a la apropiación de la tierra. Desde un cierto distanciamiento del cogito cartesiano, se favorece una matriz de principios teológicos que tanto

8 Agradezco a Ariadna Biotti el facilitarme la base de datos realizada por ella misma, que contiene los libros pedidos por las escuelas de Chile.

9 Por ello la designación divina que toma forma en la idea de la república cristiana que los nuevos patricios, otrora criollos, se esfuerzan por consolidar, sirve tanto para salvar como para reutilizar algunos de los restos dejados por la desaparición del Imperio.

sirve para poner freno a la idea de la instrumentalización de la naturaleza (pensando el texto de Mestre y Marzal) así como para dar un nuevo sentido moral a esa instrumentalización. Los propósitos que guían la relación subjetividades-naturaleza comprenden así una suma de factores que no se reduce a la inserción plena de una ideología capitalista productiva aunque en el largo plazo tiendan hacia ello. No olvidemos también que los textos presentados aquí forman parte de un momento de transición social, política, económica, y por qué no, cultural, por lo cual la presencia a veces ambigua de esos factores y premisas, se explica.

Queda manifiesto entonces cómo este corpus textual permite hilar parte del intrincado mundo de estrategias y visiones en disputa que supuso la reformulación de la relación de las subjetividades nacionales con la naturaleza bajo el nuevo estatus de la ciudadanía. El análisis también apela a una necesaria revisión y desnaturalización del concepto de 'ciudadanía', una ciudadanía fraguada, en gran medida, bajo y por el propio proceso de consolidación capitalista y que se sostuvo, durante casi todo el siglo XIX, en la tenencia del suelo, es decir, en la propiedad. Se hace entonces necesario historizar un concepto casi cristalizado a partir de una mirada que hurgue en los desdoblamientos que surgen de las diversas responsabilidades que se endilgan al ciudadano republicano, responsabilidades en las que cupo el hacer un uso intensivo y extensivo del suelo patrio. Un territorio patrio que se erigió sobre símbolos que remitían en su mayoría a la riqueza y la abundancia naturales: elementos como el agua, la tierra, los minerales, se ensalzaron y sobredimensionaron en la simbología patria como posibilidades que ofrecía la tierra en tanto promesa de bienestar y riqueza nacional, una naturaleza dispuesta para ser manipulada, controlada, labrada y de la que dependía el progreso y enriquecimiento de la nación y la moralización del ciudadano.

Así, los textos aluden a la nueva configuración de un individuo ciudadano moldeado por un régimen capitalista en proceso de expansión y consolidación en la región, que visibiliza el poder que el capitalismo extiende sobre el dominio y uso de la naturaleza y cómo se debe instrumentalizar este poder por parte de los ciudadanos modernos.

Una ciudadanía que fue restringida y jerárquica a la cual le estaba reservada el goce, provecho y posesión de la naturaleza. Pero en el remanente de esta ciudadanía decimonónica: en los no propietarios, las castas, las etnias, los campesinos y las mujeres, al parecer, se albergó la promesa que décadas después ha venido a desestabilizar jerarquías antropocéntricas y que busca establecer un justo equilibrio entre el goce y el aprovechamiento en la relación determinante entre el ser humano y la naturaleza.

Bibliografía

Carreño, Manuel Antonio (1863): *Compendio del manual de urbanidad y buenas maneras.* Valparaíso: Imprenta y Librería del Mercurio Santos Tornero.

Castro Herrera, Guillermo (1996): *Naturaleza y sociedad en la historia de América latina.* Panamá: CELA.

Enrigue, Álvaro (2013): *Valiente clase media. Dinero, letras y cursilería.* Barcelona: Anagrama.

French, Jennifer (2014): "Naturaleza y subjetividades en la América Latina colonial". En: *Revista de crítica literaria latinoamericana* 79, pp. 35–56.

González Stephan, Beatriz (1999): "Cuerpos de la nación: cartografías disciplinarias". En: *Anales Nueva Época* 2, pp. 71–106. En: https://gupea.ub.gu.se/bitstream/2077/3213/2/anales_2_gonzalez.pdf (consultado por última vez: 22.09.2014).

Heffes, Gisela (2014): "Introducción. Para una ecocrítica latinoamericana: entre la postulación de un ecocentrismo crítico y la crítica a un antropocentrismo hegemónico". En: *Revista de crítica literaria latinoamericana* 79, pp. 11–34.

Hensel Riveros, Hans (2006): *La constitución del orden moral: Virtudes, vicios y educación moral en la construcción de la República, 1821–1852.* Bogotá: Universidad de Los Andes.

Lander, María Fernanda (2003): *Modelando corazones. Sentimentalisto y urbanidad en la novela hispanoamericana del siglo XIX.* Rosario: Beatriz Viterbo.

López, Natalia (2017): "Los orígenes de un *best seller:* publicación, circulación y recepción de la urbanidad de Carreño en América Latina". En: *Historia* 50, II, pp. 643–664.

Lastarria, José Victorino (1862): *El libro de oro de las escuelas.* Santiago [s/n]: (Santiago: Nacional).

Mestre y Marzal, Carlos (1849): *Consejos morales a la niñez, seguidos por reglas de urbanidad puestas en verso.* Santiago de Chile: Imprenta chilena.

Nouzeilles, Gabriela (ed.) (2002): *La naturaleza en disputa. Retóricas del cuerpo y el paisaje en América latina.* Buenos Aires: Paidós.

Quijada, Mónica (2003): "¿Qué nación? Dinámicas y dicotomías de la nación en el imaginario hispanoamericano". En: Annino, Antonio/Guerra, Francois-Xavier. *Inventando la nación. Iberoamérica siglo XIX.* México: Fondo de Cultura Económica, pp. 287–315.

Restrepo, Gabriel (2005): *Arqueología de la urbanidad de Carreño. Los oficios de un rastreador y baqueano de la cultura.* Bogotá: Instituto Superior de Pedagogía.

Robles, Lorenzo [1848] (1853): *Manual de moral, virtud y humanidad dispuesto para jóvenes de ambos sexos.* Santiago de Chile: Impresa de la Independencia.

Roldán, Vera Eugenia (2003): *The British Book trade and Spanish American Independence. Education and knowledge transmission in transcontinental perspective.* Hampshire: Ashgate.

Sommer, Doris (2004): *Ficciones fundacionales: las novelas nacionales de América Latina.* Bogotá: Fondo de Cultura Económica.

Stuven, Ana María (2000): *La seducción de un orden. Las elites y la construcción de Chile en las polémicas culturales y políticas del siglo XIX.* Santiago de Chile: Ediciones Universidad Católica.

Suárez, José Bernardo (1869): *Guía del preceptor primario i del visitador de escuelas.* Santiago de Chile: Imprenta de la Unión Americana.

Subercaseaux, Bernardo (2010): *Historia del libro en Chile. Desde la Colonia hasta el Bicentenario*. Santiago de Chile: LOM.

Xavier-Guerra, François/Lempérière, Annick (2008): *Los espacios públicos en Iberoamérica. Ambigüedades y problemas. Siglos XVIII y XIX*. México D.F.: Fondo de Cultura Económica.

Gisela Heffes

Naturaleza apropiada: imaginario ecológico y utopía en las urbanizaciones privadas del siglo XXI[1]

Resumen

Entre finales del siglo XX y comienzos del XXI surge un corpus significativo de propuestas narrativas utópicas y urbanas donde la preservación de la naturaleza forma parte de una agenda "verde" específica. Estos imaginarios utópicos consisten en apuestas utópicas para sociedades privadas, en correspondencia con las políticas económicas neoliberales que se han implementado en América Latina desde finales de los años 80. De esta forma, el presente artículo aborda la reconfiguración de estos imaginarios espaciales, y el contraste drástico que estos nuevos modelos urbanos y utópicos representan tanto en la literatura como en el cine, indagando, específicamente, el rol que ocupan la naturaleza y las preocupaciones medioambientales. Tomando como referentes literarios y cinematográficos el cuento "No Retiro da Figueira" (1984) del brasileño Moacyr Scliar, la novela *La viuda de los jueves* (2005) de la argentina Claudia Piñeiro, y la película *La zona* (2007) del mexicano Rodrigo Plá, se analizará cómo una retórica urbana y medioambiental puede ser apropiada por una discursividad mercantilista, contrastando, a su vez, con la representación de las ciudades abiertas e irrestrictas que conviven con aquellas, y en las que distopía y ecocidio conforman dos de sus rasgos más distintivos.

Abstract

By the end of the XXth century and the beginning of the XXIst it has emerged a significant corpus of urban utopian narrative proposals where the preservation of nature is part of a specific "green" agenda. These utopian imaginaries offer a utopian scheme for private societies, in correspondence with the neoliberal economic politics that have been implemented in Latin America since the end of 1980s. Thus, the present article addresses the reconfiguration of this spatial imaginaries and the drastic contrast that these new urban and utopian models represent both in literature and cinema. It inquires, specifically, the role that both nature and environmental concerns play in these representations. Drawing from literary and cinematographic narratives such as the short story "No Retiro da Figueira" (1984) by Brazilian Moacyr Scliar, the novel *La viuda de los jueves* (2005) by Argentine Claudia Piñeiro, and the film *La zona* (2007) by Mexican Rodrigo Plá, this article

1 Este texto fue presentado en el Congreso de la Asociación Alemana de Hispanistas en Heidelberg (Alemania, 2015), y publicado posteriormente en la revista *Telar* 17 (2016). Se reproduce aquí con permiso de la revista.

will analyze how an urban and environmental rhetoric can be appropriated by an economically profitable discourse that will contrast, consequently, with the representations of both open and non-exclusive urban spaces, which exist side-by-side with these mileux, underlining its dystopian and ecocidal quality.

La tradición utópica en tanto apuesta literaria —aunque también comunitaria y social— se extingue hacia el último tercio del siglo XX. En una investigación sobre las representaciones utópicas urbanas en la literatura latinoamericana (Heffes 2008) señalé que, mientras existe un número considerable de utopías urbanas que surgen a partir del proceso de modernización latinoamericano, las representaciones espaciales e imaginarias que aparecen en el período posterior a este proceso se caracterizan por una ausencia sintomática de aquellas formulaciones alternativas. Este declive coincide con la caída de las grandes narrativas y el advenimiento de un modelo socioeconómico neoliberal. Una conclusión de este estudio es que los imaginarios utópicos urbanos y literarios constituyen una categoría de análisis en el que las ciudades utópicas conforman un capítulo o episodio que acompaña el proceso de modernización, y que, al llegar éste a su fin, desaparecen asimismo estos ensayos ficcionales.

En consecuencia, cabe formular el siguiente interrogante: ¿reemerge (o no) este paradigma urbano utópico tan característico de la modernidad latinoamericana en algún momento posterior al cierre de este proceso, o este modelo alternativo desaparece, es decir, se extingue de este imaginario cultural para siempre? Más aún, ¿reaparecen formulaciones utópicas en las que, además de proponer un arquetipo diferente, apuestan a una configuración espacial y social alineada también con premisas ecológicas? Si bien la respuesta puede formularse con una afirmación, ésta sólo se puede plantear por medio de una conjunción adversativa: la emergencia de propuestas utópicas urbanas donde la preservación de la naturaleza forma parte de una agenda además 'verde' surge en los inicios del siglo XXI, aunque a través de una modalidad completamente diferente a la de, por ejemplo, las utopías de comienzos de siglo XX:[2] en la era de la urbanización

2 En el capítulo "La utopía verde con sede urbana", de mi libro *Políticas de la destrucción / Poéticas de la preservación: apuntes para una lectura (eco)crítica del medio ambiente en América Latina*, comparo dos utopías del comienzo del siglo XX con el fin de demostrar que la intersección entre planeamiento urbano y preocupación ambiental ha formado parte del imaginario latinoamericano moderno, proponiendo incluso alternativas plausibles a los detractores de la ciudad, quienes equiparaban esta última con el núcleo mismo de los vicios derivados de la creciente industrialización (predominante sobre todo en Europa), y combinando así una síntesis entre dos formas de concebir el mejoramiento social, metropolitano y, sobre todo, ecológico (Heffes 2013: 255–264). Los textos analizados son *A través del porvenir. La estrella del sur* (1904), de Enrique Vera y González y *La ciudad anarquista americana* (1914), de Pierre Quiroule (seudónimo de Joaquín Alejo Falçonnet).

neoliberal, las propuestas discursivas que sitúan sus imaginarios ecológicos en una apuesta urbana alternativa consisten en los proyectos y emprendimientos inmobiliarios propios de los enclaves fortificados —según la definición de Teresa Caldeira (2000) para referir a la emergencia de los barrios privados—, e incluso en las narrativas de promoción y comercialización de estos mismos espacios, bajo sus múltiples formas y nombres, desde chacras urbanas hasta barrios privados, condominios urbanos, urbanizaciones residenciales, ciudad-pueblos privados o megaemprendimientos y clubes de campo (Rojas 2007: 15).[3]

Este artículo se va a centrar en dos vertientes contrapuestas dentro de las representaciones actuales que utilizan el tropo de la preservación del mundo natural como punto de referencia: por una parte, el discurso utópico, urbano y medioambiental de comienzos del siglo XX se transforma, a comienzos del siglo XXI, en un discurso utópico neoliberal que vende naturaleza (y ciudades 'verdes') a través de la propuesta de barrios cerrados, countries privados y ciudad-pueblos; por la otra, y ya fuera de este espacio de (auto)segregación social, aparece otro tipo de representación, donde el 'verde' ha desaparecido y la perspectiva que prevalece es la de una ecotopía distópica o un ecocidio futurista.

El historiador norteamericano Mathew H. Edney sugiere que los mapas constituyen textos complejos a través de los cuales los seres humanos organizan y comunican su conocimiento y relación con el mundo (2011: xv): si examinamos detenidamente las cartografías satelitales y los planos diseñados por los arquitectos encargados de los emprendimientos inmobiliarios de las ciudades privadas y barrios cerrados, puede comprobarse que se ha producido una traslación en el imaginario espacial que equipara estas últimas con aquellos modelos urbanos diseñados y propuestos a comienzos del siglo XX. Del mismo modo, estos enclaves privados se promocionan retóricamente como paraísos verdes, donde el espacio natural y social se fusiona, dando lugar a un universo nuevo, previamente inexistente, el cual resguarda además a sus habitantes de la presunta y creciente violencia, marginalidad, inseguridad, criminalidad y polución que contamina e

3 El modelo del suburbio norteamericano se viene desarrollando en Estados Unidos desde la posguerra gracias a subsidios federales y supone una expansión urbana descontrolada. Este paradigma comenzó a reproducirse, ya tardíamente, en América Latina, a través de la creación de enclaves urbanos privados, denominados también "urbanizaciones cerradas de lujo". Se trata de un fenómeno global que remite a las "gated communities" de Norteamérica, los "ensambles [sic] résidentiels sécurisés" de Francia, las "alcabalas residenciales urbanas" de Venezuela, los "fraccionamientos cerrados" de los alrededores del Distrito Federal en México, los "condominios [sic] fechados" de Brasil y las "urbanizaciones cerradas o privadas" de las afueras de Santiago de Chile (Rojas 2007: 15–16). Para una perspectiva general y continental, véase Luis Felipe Cabrales Baraja (ed.): *Latinoamérica: países abiertos, ciudades cerradas* (2002).

inunda el espacio exterior, o el 'afuera'.[4] La imagen de la preservación del mundo natural es evocada en estas estéticas textuales y visuales por medio de una reconfiguración del imaginario espacial —propia de las implementaciones económicas del modelo neoliberal— que no sólo fragmenta el tejido social urbano, sino enfrenta lo 'inclusivo' con lo 'exclusivo', e intersecta esta oposición a través de una retórica 'verde' donde distintas versiones de lo humano y lo no humano quedan asimismo enfrentadas.

1. La utopía privada

Para referirme a este desplazamiento en la configuración de los imaginarios espaciales y analizar cómo una retórica urbana y medioambiental puede ser apropiada por una discursividad mercantilista, voy a referirme al cuento *No Retiro da Figueira* (1984) del brasileño Moacyr Scliar, la novela *La viuda de los jueves* (2005) de la argentina Claudia Piñeiro, y la película *La zona* (2007) del mexicano Rodrigo Plá. Todas estas narrativas textuales y visuales se posicionan en el 'adentro' de las formulaciones utópicas privadas y ponen de manifiesto los rasgos más significativos de lo que ha devenido uno de los paraísos más exclusivos de América Latina: las "privatopías", como las ha definido acertadamente David Harvey en *Spaces of Hope (Espacios de esperanza)*, de 2000.[5]

El cuento de Scliar se abre con una descripción del lugar al que el protagonista y su familia se van a trasladar, según la presentación de un folleto publicitario:

4 Digo 'presunta' porque si bien la violencia se ha incrementado en América Latina durante las últimas décadas, muchos atribuyen esta percepción creciente de la inseguridad al dispositivo mediático, cuyos fines, sean económicos o políticos, son acentuarla. De hecho, la relación entre la "percepción del miedo a la inseguridad" y la "necesidad de distinción social se puede encontrar en las llamadas comunidades cerradas o gated communities, en su versión estadounidense", cuyos mecanismos especiales de "creación discursiva" conjugan el "problema de la inseguridad citadina, el mercado inmobiliario como hacedor de ciudad, la incapacidad de los gobiernos locales para organizar y proporcionar servicios e infraestructura, el proceso de privatización e individualización del espacio público, el fortalecimiento de la llamada sociedad de consumo, el debilitamiento del sentido de comunidad, el aumento de las desigualdades sociales y económicas, el deseo simbólico de reconocimiento y exclusividad social por parte de las clases medias y altas, entre otros factores" (Enríquez Acosta 2010: 2).

5 "Las disparidades geográficas en cuanto a riqueza y poder aumentan hasta conformar un mundo metropolitano de desarrollo geográfico crónicamente desigual. Durante un tiempo, las zonas residenciales interiores obtenían riqueza del núcleo urbano central, pero ahora también ellas tienen 'problemas', aunque es allí, en cualquier caso, donde se crean la mayoría de los nuevos empleos. La riqueza se traslada, por lo tanto, más hacia las afueras, a urbes exteriores que explícitamente excluyen a los pobres, los desfavorecidos y los marginados, o se encierra entre elevados muros, en 'privatopías' residenciales y 'comunidades valladas' urbanas [...] *Los ricos forman guetos de riqueza (sus 'utopías burguesas') y debilitan los conceptos de ciudadanía, pertenencia social y apoyo mutuo*" (Harvey 2007: 178; énfasis del autor).

> O lugar era… era maravilhoso. Bem como dizia o prospecto: maravilhoso. Arborizado, tranqüilo, um dos últimos locais —dizia o anúncio— onde você pode ouvir um bem-te-vi cantar. Verdade: na primeira vez que fomos lá, ouvimos o bem-te-vi. E também constatamos que as casas eram sólidas e bonitas, exatamente como o prospecto as descrevia: estilo moderno, sólidas e bonitas. Vimos os gramados, os parques, os pôneis, o pequeno lago. Vimos o campo de aviação. Vimos a majestosa figueira que dava nome ao condomínio: Retiro da Figueira. (2001: 48)

Se trata de un barrio cerrado, cuyo estilo de vida promete dos elementos característicos de todos estos emprendimientos urbanos: naturaleza y aislamiento.[6] Esto último es fundamental, ya que impide que el afuera se infiltre en el adentro garantizando la seguridad de los habitantes.[7] El relato de Scliar apela a la fascinación de la esposa del protagonista con todos aquellos elementos propios de una seguridad sofisticada cuya protección torna —hipotéticamente— tanto a sus habitantes como a sus pertenencias en inaccesibles: desde la cerca electrificada hasta las torres de vigilancia, los reflectores de luz, el sistema de alarmas y, sobre todo, los guardias privados de seguridad —éstos últimos, siempre muy amables y sonrientes. La historia destaca el sentido de exclusividad social y económica de los personajes que deciden mudarse a estos barrios cerrados: el folleto publicitario, por ejemplo, había sido enviado a una cantidad limitada de personas y en la empresa en que el protagonista trabaja solo éste lo había recibido. Es, en efecto, esta condición de distinción y exclusividad, y que su esposa atribuye a una "selección cuidadosa de los futuros habitantes", lo que agrega un "motivo más de satisfacción" a la propuesta contenida en este nuevo estilo de vida (49). El cuento de Scliar entraña, sin embargo, una paradoja fundamental: el

6 En Brasil, de hecho, "existe *Alphaville*, una megaciudad privada, la más antigua de Sudamérica: se fundó hace treinta años y mide 9.977.449,2 metros cuadrados […] y ya viven allí 30 mil personas distribuidas en 14 barrios residenciales, dos empresariales con varios centros comerciales, once escuelas y universidades" (Rojas 2007: 16; énfasis en el original). La "filosofía" de esta megaciudad se explica de este modo: "Alphaville cria espaços para se viver bem. Espaços onde projetos e sonhos se tornem realidade. Onde vizinhos formem verdadeiras comunidades. Onde *zelar pelo meio ambiente seja tarefa e direito de cada um.* Para isso, converte expertise em equilíbrio entre tecnologia e natureza, e excelência em perenidade. Cresce trazendo desenvolvimento às pessoas, às organizações e à própria sociedade. Conecta-se com seus públicos e permanece atenta aos desafios do seu tempo e do futuro. Assim, *Alphaville soma esforços, aproxima pessoas e ideias para tornar possível o bem-viver*" (énfasis del autor). En http://www.alphaville.com.br/portal/institucional/filosofia. (consultado por última vez: 30.4.2013)

7 La promesa de seguridad es clave en estos territorios cerrados. De hecho, éstos "basan la construcción de una imagen de seguridad en los muros que los rodean, la caseta de acceso enmarcada en una arcada monumental y la presencia de guardias privados", atribuyendo su éxito a la "posibilidad de proteger a sus habitantes de la inseguridad y la delincuencia prevaleciente en las ciudades" y en las "medidas de seguridad" que son variadas "pero básicamente descansan en la visibilidad de los elementos de vigilancia con fines de amedrentar o desalentar a los delincuentes" (Enríquez Acosta 2010: 178).

encierro fortificado en el que viven se termina convirtiendo en una trampa, ya que serán los mismos guardias de seguridad quienes, siempre amables y sonriendo, utilicen a los habitantes de este barrio cerrado como rehenes para cobrar un rescate que les permitirá, como dice el personaje al final, perpetuar este sistema de emprendimiento inmobiliario, secuestro y rescate:

> Nunca mais vimos o chefe e seus homens. Mas estou certo de que estão gozando o dinheiro pago por nosso resgate. Uma quantia suficiente para construir dez condomínios iguais ao nosso —que eu diga-se de passagem, sempre achei que era bom demais. (50)

Si bien en un primer plano la contradicción central del relato reside en que el peligro que domina el discurso mediático se encuentra en el afuera, es aquí el mismo adentro, del cual además los personajes no pueden salir, el que se ciñe sobre éstos a través de un efecto boomerang. No obstante, y de igual modo que en otros textos y manifestaciones visuales recientes, la vida en estos espacios verdes y protegidos aparece retratada como una utopía asequible, un sueño hecho realidad:

> Mudamo-nos. A vida lá era realmente um encanto. Os bem-te-vis eram pontuais: às sete da manhã, começavam seu concerto. Os pôneis eram mansos, as aléias ensaibradas estavam sempre limpas. A brisa agitava as árvores do parque —cento e doze, bem como dizia o prospecto. Por outro lado, o sistema de alarmes era impecável. Os guardas compareciam periodicamente à nossa casa para ver se estava tudo bem —*sempre gentis, sempre sorridentes.* O chefe deles era uma pessoa particularmente interessada: organizava festas e torneios, preocupava-se com nosso bem-estar. Fez uma lista dos parentes e amigos dos moradores —para qualquer emergência, explicou, com um sorriso tranqüilizador. O primeiro mês decorreu —tal como prometido no prospecto— num clima de sonho. De sonho, mesmo. (49; énfasis del autor)

La paradoja que entraña este relato, estableciendo una relación problemática entre utopía, espacio verde y natural, y seguridad versus criminalidad, aparece asimismo en el film de Plá. La primera imagen que abre *La zona* es, de hecho, un alambrado con cables electrificados en la parte superior, muros con cámaras que registran minuciosamente las calles, las casas, el adentro y el afuera, y guardias de seguridad privada apostados a la entrada en las garitas de control y observando, con detenimiento, las imágenes que se multiplican en los paneles llenos de pantallas. El adentro de la ciudad privada, con sus barrios, escuelas y espacios comunes para todos sus habitantes, aparece representado como un universo ideal, un paraíso exclusivo con casas majestuosas, donde la flora y la fauna convive en armonía con el diseño y planeamiento urbanos. Espacialmente, es un territorio exclusivo e inclusivo a la vez, en tanto que, por un lado, excluye el exterior, pero, por el otro y en su interior, todos gozan de los mismos derechos.

Es, sin embargo, el comportamiento de sus habitantes lo que presupone un nivel de 'civilidad', algo que será cuestionado al final del film.

La supuesta comunión que unifica socialmente a los habitantes de este paraíso verde se quiebra cuando el afuera permea el adentro: cuando parte del muro que rodea la fortificación se quiebra con la caída de una torre publicitaria, cuatro jóvenes pertenecientes al afuera aprovechan la oportunidad de penetrar el enclave La zona. Tres de los jóvenes son inmediatamente asesinados por los mismos habitantes en nombre del derecho a autodefenderse mientras que, el joven restante, permanece oculto, originándose así una cacería humana. El conflicto surge cuando la policía de afuera quiere investigar los tiroteos y la seguridad privada —con el apoyo de los habitantes de La zona— se lo impiden. Se trata de un problema de jurisdicción y demarcaciones de poder, pero también de una tendencia propia de los habitantes de estos barrios cerrados y ciudades privadas que buscan evitar a cualquier costo la publicidad, como así también resolver los problemas de criminalidad y delincuencia "puertas adentro" (Rojas 2007: 79).[8]

La comunión inicial que aunaba a todos los habitantes y vecinos de La zona se resquebraja aún más cuando la Comisión Directiva sospecha que uno de los moradores ha violado este pacto implícito y contactado a la policía. Se instaura así, dentro del mismo espacio cerrado, un sistema policíaco y autoritario, en el que cada vecino se vuelve vigilante de sus propios pares. Este resquebrajamiento, que se iniciara con la intrusión del afuera en el adentro, sedimenta no sólo aquellos vínculos establecidos entre los vecinos sino que fractura poco a poco el tejido mismo de las diversas estructuras familiares. Daniel, uno de los protagonistas del film y miembro de la Comisión Directiva de La zona, es confrontado por su esposa, quien cuestiona las políticas que la comisión implementa dentro del barrio. Del mismo modo, la relación con su hijo Alejandro comienza a deteriorarse cuando éste último descubre que su padre, junto a los demás directivos, cierran la investigación policial por medio del soborno a un delegado político. Cuando el joven de dieciséis años es finalmente encontrado —había tratado de huir desde entonces pero los muros y la vigilancia infranqueables de La zona se lo impidieron una y otra vez— es asesinado a golpes por una multitud enfurecida.

El ficticio nivel de civilidad que entraña este modo de vida (y que procura traducirse no sólo materialmente a través de las mansiones que habitan y los autos que conducen sino en el nivel educativo de sus habitantes, cuyos hijos asisten a las escuelas privadas más prestigiosas) queda deslegitimado con la brutalidad del accionar de los 'ciudadanos'. Al final del film, asesinado violentamente el joven, su cuerpo será tirado a la basura, del mismo modo que lo

8 Existen dentro de estos espacios cerrados "ciertos dispositivos de seguridad interna y social que permiten que lo desagradable sea ocultado: no visto" (Rojas 2007: 79).

hicieran anteriormente con sus tres compañeros: se trata de cuerpos desechados y desechables que nadie reclama; cuerpos anónimos y descartables. El gesto despreocupado que caracteriza una retórica de la impunidad inserta al film *La zona* en el contexto de una coyuntura mayor, una relacionada con el entorno ambiental y las nuevas configuraciones urbanas las que, desde una biopolítica de los desechos, cuestiona las fronteras entre lo humano y lo no humano.

Como en el relato de Scliar, la presunta impermeabilidad de los muros, torres de vigilancia y seguridad privada no garantiza la ausencia de criminalidad y violencia. Por el contrario, ésta se desata frecuentemente en el interior mismo del enclave, sea a través del traspaso de una zona a otra, sea a causa de la 'seguridad' misma, o debido a la acción de los propios miembros y vecinos de las urbanizaciones cerradas. En este sentido, queda claro que la violencia interviene en ambos lados del muro y no hay vallado, pared o alambrado que pueda detenerla, ya que se encuentra enquistada en la estructura misma de una sociedad cuya fábrica social no sólo se ha fracturado, sino que despliega su ideología a través de la instauración de un modelo de segregación y autosegregación urbanas que no hace sino profundizar aún más las diferencias y disparidad sociales, económicas y medioambientales. De esta forma, el film pone de manifiesto cómo la arraigada corrupción que caracteriza culturalmente este universo social se filtra en cada una de las membranas sociales, descomponiendo las relaciones e interacciones íntimas entre los individuos, los familiares y los conciudadanos.

Las viudas de los jueves comparte con el film *La zona* el alambrado en la portada, del mismo modo que el film utiliza esta imagen inaugural para sintetizar la vida detrás del muro, como sugiere uno de los personajes. La novela trata de las personas que habitan el barrio cerrado Altos de la Cascada, un barrio exclusivo marcado por los valores de una clase social entre media y alta, aunque ésta se encuentre, asimismo, a punto de desmoronarse:

> Altos de la Cascada es el barrio donde vivimos. Todos nosotros. [...] El nuestro es un barrio cerrado, cercado con un alambrado perimetral disimulado detrás de arbustos de distinta especie. Altos de la Cascada Country Club, o club de campo. Aunque la mayoría de nosotros acorte el nombre y le diga La Cascada, y otros elijan decirle Los Altos. Con cancha de golf, tenis, pileta, dos club house. Y seguridad privada. Quince vigiladores en los turnos diurnos, y veintidós en el de la noche. Algo más de doscientas hectáreas protegidas a las que sólo pueden entrar personas autorizadas por alguno de nosotros. (Piñeiro 2005: 25)

La historia gira en torno a las vidas de Virginia, habitante y encargada de una inmobiliaria en el country privado Los Altos, su marido Ronie, desempleado hace seis años, su hijo Juani, el Tano y su mujer, los Urovich, y otros habitantes más de este emprendimiento urbano. Todos estos personajes no sólo se identifican plenamente con el estilo de vida que presupone habitar un enclave exclusivo, sino que lo ostentan plenamente ya que, como advierte la socióloga Maristella Svampa, este estilo "a tiempo completo se convierte en una invalorable fuente de capital social" (2008: 143).

El crimen aquí es doméstico, y ocurre al final de la novela cuando tres de los maridos que se juntan todos los jueves a beber, jugar a las cartas y discutir de política y economía, cometen un suicidio-asesinato que simulan bajo la apariencia de accidente, con el fin de que sus familias cobren un considerable seguro de vida. La novela, que transcurre en un momento paradigmático como lo fuera el año 2001 en Argentina, permite ver el entramado social que caracteriza las vidas de estas personas, donde el engaño y las apariencias por mantener un aparente estándar de vida comienzan a derrumbarse. Sin embargo, es también en esta novela donde se conjuga de manera más evidente la idea de barrios privados en tanto utopías excluyentes, y donde la idea de 'naturaleza' viene a constituir uno de sus rasgos más distintivos y, a su vez, comercializables. El 'adentro' de la 'privatopía' consiste en un paraíso exclusivo, una utopía amurallada: "[t]rescientas casas, con trescientos jardines, con trescientos jazmines de leche, encerrados dentro de un predio de doscientas hectáreas, con alambrado perimetral y seguridad privada" (Piñeiro 2005: 28–29). Lo 'natural' que separa y divide dos mundos opuestos y enfrentados, el adentro y el afuera, es una naturaleza artificial pero lo suficientemente convincente para atraer inversionistas, futuros propietarios y toda suerte de clientes. Virginia, la protagonista, aclara: "Natural porque es pasto, y árboles, y lagunas. Pero no natural porque el paisaje haya estado allí antes que nosotros. Antes era un pantano" (83).

De igual modo que en otras 'utopías de reconstrucción', según la definición de Lewis Mumford en *The Story of Utopia* (1922), la metamorfosis espacial, gracias a la tecnología y el diseño urbano, transforma al territorio en uno paradisíaco e irreconocible. La estetización del espacio natural, disfrazada de preocupación ecológica, transforma los arroyos en uno "de un verde más turquesa, gracias a un tratamiento del agua y a ciertas algas que mantienen más aireado el ecosistema" (Piñeiro 2005: 83–84). Sin embargo, para lograrlo, debieron morir los peces que los habitaban antes de la purificación: "Peces sin nombre, una especie de mojarritas marrones. Nosotros sembramos percas naranjas que se reprodujeron" y ahora "son las dueñas" (83–84).

Así, se permite que las 'percas naranjas' se adueñen completamente de su hábitat. Práctica que, cabe aclarar, se instrumenta en nombre de un ecosistema 'más aireado'. Más adelante ocurre lo mismo cuando "indeseables jaurías de perros cimarrones" (223) que se "introducen dentro del ejido del barrio" (227) han generado la alarma general en todo el barrio: "se trataba de perros sin dueño, criados a la deriva, que entraban al barrio a buscar comida. Perros salvajes. No nuestros perros, los golden retriever, labradores de pelo corto", esto es, "las razas más vistas paseando por la vecindad con collar y chapa identificatoria con nombre y teléfono para casos de extravío" (223–224).[9] Perros "cimarrones" y salvajes como "mojarritas marrones" (223–224). En la novela se enfatiza el contraste entre este universo utópico, armónico y artificialmente preservado, y el afuera, homologado con caos, barbarie y fealdad.

La impermeabilidad de los grandes muros no es suficiente para detener el flujo que los problemas sociales y económicos yuxtaponen de forma continua. Del mismo modo que en el cuento de Scliar o en *La zona*, el afuera y el adentro se entremezclan. El alambrado que separa aquello que es lujo y contemplación de un lado pero que, del otro, constituye la fuente de alimento para una familia entera, no puede eliminar las fronteras que intentan invisibilizar lo que es visible y tangible. La disposición espacial de estas ciudades exclusivas se traduce en una autosegregación que impide todo contacto con el mundo exterior y, por lo tanto, niega la existencia de aquellos sujetos. Pero éstos últimos no sólo residen en los alrededores de estos barrios fortificados, sino que ingresan a él bajo la condición de servir como personal doméstico. Según la protagonista, los sujetos que trabajan en La Cascada habitan la "Barriada satélite": barrio de "casas sencillas de distinta calidad de construcción, casi todas viviendas levantadas por sus propios dueños, o sus parientes o amigos" (107–108).

Dado que los habitantes de estos barrios humildes dependen del trabajo que les proveen en Los Altos, éstos son examinados a diario al entrar y salir, cuando atraviesan sus fronteras extremadamente vigiladas, demandando, "confidencialmente, el prontuario de todo jardinero, albañil, pintor y demás trabajadores que entraran con regularidad al country" (96). En efecto, a medida que pasaba el tiempo, los residentes de Los Altos se protegían "con más vehemencia rejas adentro", procurando cambiar el alambrado perimetral por un sólido paredón de tres metros de altura: "una pared, para que nadie pudiera no sólo pasar sino tampoco vernos, ni ver nuestras casas, ni nuestros autos, eso era lo que todos queríamos. Y que nosotros tampoco viéramos hacia afuera" (97). Romina, la adolescente amiga del hijo de la protagonista, plantea: "¿Nos encerramos nosotros, o encerramos a los de afuera para que no puedan entrar?" (184).[10]

9 En última instancia, lo que estos "perros sin dueño" vienen a demostrar es su condición de excepcionalidad en un sistema socioeconómico que se basa exclusivamente en un modelo de propiedad privada.

10 Cabe mencionar que *Las viudas* logra retratar los valores propios de los habitantes del barrio cerrado de manera, incluso, risible: Ramona, cuando es adoptada, pasa a ser Romina. Este cambio obedece a la necesidad, por parte de su madre, de borrar tanto su origen como su color de piel oscuro. De hecho, la madre de Ramona encarna el prototipo de la mujer de clase media/alta frívola, rodeada de prejuicios raciales y que, frente a la situación de adopción, no puede resolver con integridad —y honestidad— sus propios conflictos y aprensiones: "El pelo de la nena era negro, brilloso, y rígido como alambre […] La nena podía ser correntina, pero también misionera, o chaqueña, o tucumana. Se inclinó por Tucumán. Mariana podía imaginársela dentro de unos años, robusta y maciza como una mujer tucumana que trabajaba

Y también aquí la novela concluye con una confrontación altamente militarizada que, en este caso, aparece bajo las figuras de guardias "armados con fusiles" (317): es el temor de que el afuera se infiltre, una vez más, para ingresar y borrar esas fronteras que los condena a vivir como ciudadanos de segunda, tercera o cero clase. La fragmentación urbana en correspondencia con la fragmentación social vuelve a los sujetos que habitan —pero no comparten— un mismo territorio y soberanía nacional enemigos acérrimos. Como si se tratara de una guerra no declarada, las barreras que dividen, segregan, exaltan y minimizan las categorías y atributos de los habitantes a uno y otro lado los enfrenta impidiendo toda suerte de interacción, movilidad, cruces, flujos y mezclas. Por esta razón, estos emprendimientos reconfiguran las nociones de utopías urbanas y naturaleza, y esta transformación involucra, a su vez, la producción discursiva a cargo de los encargados de diseñar, planificar, imaginar, crear y vender estas nuevas utopías urbanas y verdes.

2. Nordelta: una utopía *de verdad*

En la colección de crónicas *Mundo Privado. Historias de vida en countries, barrios y ciudades cerradas* (2007) Patricia Rojas examina la vida dentro de estos enclaves fortificados. Uno caso paradigmático es el emprendimiento inmobiliario de Nordelta en el Tigre, provincia de Buenos Aires. Este proyecto constituye un arquetipo urbano de cómo estos universos cerrados, paradisíacos y privados se promocionan como espacios 'naturales' y mundos nuevos e ideales, creados e imaginados asimismo como utopías verdes y urbanas, pero que, a diferencia de otras propuestas utópicas (como por ejemplo las ya citadas de comienzos del siglo XX), ya no son inclusivas sino exclusivas. Es, de hecho, en su carácter exclusivo donde se desarrollan —y estimulan— estrategias de identidad social, cultural y económica, como así también se promueven formas específicas de sociabilidad.

En estos proyectos el rol de la 'naturaleza' es fundamental. La narrativa que promociona la ciudad privada Nordelta destaca sus "vistas preciosas", como así también la "vegetación autóctona del Delta", la cual se encuentra "dispuesta para que cada rincón sea la tapa de una revista de jardinería y decoración" (Rojas 2007: 22). La naturaleza invade el espacio urbano, pero es una invasión amena, pautada, racionalizada: "el silencio absoluto solo es interrumpido por jilgueros,

en la casa de su amiga Sara como doméstica" (46–48). Para la madre, el hecho de que su hija no pudiera ser genéticamente modificable, era frustrante y, "por más que se la pusiera a dieta o la matara a ejercicios, tenía los tobillos como macetas, y eso, Mariana lo sabía, no había forma de solucionarlo" (48).

gallaretas y los chapuzones de las nutrias en los lagos que rodean las casas" (22). Según la Federación Argentina de Clubes de Campo (FFCC), la "razón esencial" para la fundación de estos espacios cerrados, y que deben adoptar sus miembros, ha de ser "la defensa y consolidación de una forma de vida", la que se encuentra "más relacionada con *el respeto a la ecología*, la tranquilidad y solaz de sus beneficiarios, que con la simple especulación de la tierra" (23; énfasis del autor). Curiosamente, y más allá de las innumerables alusiones y referencias que se hacen a términos como 'ecología', 'naturaleza', 'natural' y 'verde', estas evocaciones funcionan como significantes que no se corresponden de manera directa con aquellos elementos propios de un discurso medioambiental. Por el contrario, se trata más de una retórica mercantilista cuyo objetivo más inmediato es de servir como dispositivo para atraer nuevos clientes y potenciales propietarios.

Llegar a Nordelta es llegar a otro mundo. Se trata de "un mundo distinto" donde no hay semáforos, no hay pobres, no hay veredas, y no hay rejas: los "jardines tienen flores exóticas" y no hay perros sueltos, ni ropa tendida ni basura en los cordones (23). Es como si "alguien hubiera barajado y repartido otras cartas para inventar un nuevo mundo sin las incertidumbres del anterior. Y entonces hubiera dado una orden y un sentido a la vida y al compartimiento de las personas distinto del que había" (23). Como resultado, además de ser "todo nuevo" hay, a su vez, "desarrolladores, avisos en los diarios e imaginarios muy esquematizados acerca de cómo debe ser vivir esta vida tan segura, tan verde y tan feliz" y, en algunos casos, hasta la idea misma de naturaleza está normalizada (26). Un anuncio que refiere a "una población de patos, gansos, garzas y teros", la que es "alimentada y protegida para que no deje de reproducirse", funciona por lo tanto como estrategia discursiva para atraer nuevos residentes (clientes) a la ciudad privada (26). No deja de sorprender que sean aquí precisamente los emprendedores e inversionistas quienes determinen el estilo de vida de sus habitantes: así como la naturaleza se encuentra reglamentada —y por lo tanto objetivada—, del mismo modo los sujetos se vuelven objeto de manipulación y reglamentación por parte de los inversionistas, cuyo fin es sin duda lucrativo.[11] Por otra parte, la idea de alimentar y proteger la fauna no consiste en una apuesta ecológica o una preocupación ética por la preservación del medio ambiente y del mundo natural (como podrían serlo aquellas promovidas por fundaciones y organizaciones no gubernamentales (ONGs)) que tienen por objeto principal la protección y conservación de la comunidad biótica y del ecosistema), sino es más bien el resultado de una práctica que procura promover aquellos elementos

11 Esto contrasta, una vez más, con las utopías de comienzos del siglo XX, donde toda decisión respecto a la forma de vida tanto a nivel social, como económico y político, es el resultado ya sea del consenso general, o de una minoría cuyo objetivo principal es el bien común de los habitantes.

distintivos que atraen de manera continua nuevos consumidores y que, en su gesto mercantilista, transforma a la naturaleza en un elemento ornamental, una plusvalía o un valor agregado y diferenciador.

Uno de los aspectos más significativos de la crónica de Rojas consiste en la perspectiva que ofrece uno de los encargados del emprendimiento privado Pacheco Golf, quien sostiene que los "medios de comunicación creen que en los countries hay sólo gente de elite. Y no es toda así" (144); propone, en cambio, comprender el fenómeno desde un punto de vista diferente:

> ¿Por qué no lo miramos al revés? Por qué no pensamos que en una tierra libre donde se podría haber instalado una villa, un descargadero de algún producto químico o un basural, se ha convertido en un lugar donde la gente puede residir tranquila y en donde se generan fuentes de trabajo [...] Decime vos: ¿cuántas fábricas generan trabajo para 700 personas sin contaminar sino generando pulmones verdes para la zona, deportes y vida? (144–145)

Desde la perspectiva de los inversionistas y emprendedores inmobiliarios "una villa" es equiparable a un "descargadero de algún producto químico o un basural". Los sujetos que habitan en una villa aparecen —de manera tangencial— deshumanizados y objetivados y adquieren de esta forma el mismo rasgo contaminante que los productos químicos o la basura. Los emprendedores inmobiliarios, en cambio, se presentan a sí mismos como altruistas y desinteresados que no sólo rescatan el espacio verde —la naturaleza— de la contaminación humana o medioambiental, sino también promueven el desarrollo económico (y 'ecológico') a través de la creación de puestos de trabajos que, además de no contaminar, generan "pulmones verdes para la zona". Esta mercantilización de lo natural disfrazada de acciones beneficiarias para la economía y el medio ambiente, además de ser ilusorias, son peligrosas, ya que legitiman una discursividad ambiental falsa, que además cataloga a los sujetos habitantes de los asentamientos humanos informales como elementos contaminantes, tornando justificable su erradicación y/o eliminación.[12]

12 María Carman (2011), desde una perspectiva 'ecológica' analiza dos casos en que sujetos pertenecientes a las clases más bajas y que habitan asentamientos informales son catalogados como una amenaza al medio ambiente y homologados con materiales tóxicos y/o contaminantes. El primer caso es el de la 'Villa Rodrigo Bueno' junto a la Reserva Ecológica Costanera Sur en la ciudad de Buenos Aires, donde los habitantes de la villa son acusados de "afectar el ecosistema y el desarrollo de la vida de los animales que viven en la reserva", siendo que con frecuencia se "deshumaniza a estos pobladores para justificar el ejercicio de la violencia pública" (40). Sin embargo, lo que está en juego en este caso, sugiere Carman, son "millonarias inversiones inmobiliarias próximas a la villa" (40). El otro caso es el de la 'Aldea Gay', asentada sobre terrenos ganados al río en la Ciudad Universitaria de Buenos Aires, y cuyo nombre obedece a la "comunidad que fundó allí un grupo de cartoneros gay que vivía en la calle" (106). Dado que este asentamiento se encontraba en un espacio asignado para construir el Parque de la Memoria y el Parque Natural, su erradicación —más allá del destino incierto

La continua apelación a la naturaleza y lo natural constituye una de las marcas más distintivas de estos discursos que estimulan y promueven el consumo de paraísos exclusivos. Otro aspecto particular es la insularidad. La isla, desde la propuesta utópica de More en adelante, constituye un arquetipo de la ficción geográfica. Si bien la representación territorial consiste en la de una región aislada, los paradigmas espaciales más utilizados dentro de esta vasta tradición son la isla lejana, las mesetas y cumbres de montañas de difícil acceso, el desierto y la selva, y todo tipo de ámbito insularizado que, por medio de su establecimiento distante, garantice la condición ideal de territorio utópico. Dentro de la utopía urbana y exclusiva que es Nordelta, el barrio La Isla encarna el modelo más representativo, por su "avenida rodeada de palmeras", sus grandes "espacios verdes" y todo "lo que el diseño y el confort pudieron crear para vivir mejor" (87). Efectivamente, la insularidad preserva a una comunidad específica de todo contacto y contaminación proveniente del exterior. El mundo de la utopía es, por lo general, un mundo cerrado, un universo pequeño regido por leyes propias que, muchas veces, escapan de lo real. Y junto a este rasgo peculiar, otro que cabe mencionar es la acronía, es decir, la ausencia de factores temporales, los que se conjugan con la falta de dimensión histórica. Esta característica es evidente en *Las viudas* cuando Virginia se remonta a ese momento inicial, su llegada, suerte de mito de origen:

> Los que venimos a vivir a Altos de la Cascada decimos que lo hacemos buscando "el verde", la vida sana, el deporte, la seguridad. Excusados en eso, inclusive ante nosotros mismos, no terminamos de confesar por qué venimos. Y con el tiempo ya ni nos acordamos. El ingreso a La Cascada produce cierto mágico olvido del pasado. El pasado que queda es la semana pasada, el mes pasado, el año pasado [...] Como si fuera posible, a cierta edad, arrancar las hojas de un diario y empezar a escribir uno nuevo. (Piñeiro 2005: 30)

La utopía ocurre en 'otro lugar' y muchas veces se ignora cómo se ha llegado a ella, la organización social previa, y cómo se produjeron los cambios. A su vez, el presente de la utopía es un presente definitivo, que no cambia. Es un tiempo ahistórico que, en general, remite a una condición edénica permanente, fuera de las leyes de evolución históricas.

Por otra parte, si la amenaza se ubica en el afuera de estos territorios aislados, la mayor parte de las conceptualizaciones utópicas propugnan la autosuficiencia y son contrarias al comercio y la interdependencia económica, ya que en estas

---

de las familias— consistió en un logro doble, "ambiental y cultural" (106). La presencia de los habitantes de la Aldea de este modo fue percibida tanto como una "contaminación ambiental" como una "profanación de algo percibido como sagrado", legitimándose en consecuencia su desplazamiento y la noción de que pobres y naturaleza no sólo son opuestos sino excluyentes, en tanto "los primeros invaden o depredan a esta última" (143).

relaciones se encuentra el origen de los males de la sociedad. Según Rojas, en Nordelta se construyó un centro comercial de 7.000 metros cuadrados cubiertos y un estacionamiento para 500 autos, para evitar justamente el trato comercial con el exterior.

3. Distopía y ecocidio

Dadas las características de estos enclaves fortificados, podemos sugerir que conforman un nuevo paradigma social en el que se conjugan dos elementos espaciales fundamentales: lo urbano y lo natural. Esta imaginación, conceptualización, proyección y configuración espacial, al transformarse en un fenómeno discursivo específico, comparte los rasgos más significativos y definitorios de las formulaciones utópicas, como ya hemos indicado; sin embargo, dos características importantes diferencian la retórica discursiva que atraviesan estos emprendimientos utópicos de comienzos del siglo XXI y aquellos de inicios del XX: el primero es que aquellos consisten en planteos, desde su formulación misma e inicial, de espacios restringidos, donde habita una minoría selecta y la que constituye menos del 10 % de la población nacional: para ser 'miembro' hay que ser 'admitido' por una comisión evaluadora.[13] En contraste con las propuestas utópicas socialistas e inclusivas de comienzos del siglo XX, que invitaban abiertamente a todos los sujetos a vivir en ella bajo un modelo de equidad e inclusión social, el modelo utópico presente, que equipara espacio urbano con naturaleza, consiste en un modelo de exclusión y segregación social —cuyas diferencias entre los de adentro y los de afuera son constantemente reforzadas de

13 Las "condiciones de admisión, a través de un código de restricciones, generalmente no escrito, pero suficientemente (re)conocido por todos" configura "mucho más que las reglas explícitas", sobre todo, el "contorno del grupo de pertenencia" (Svampa 2008: 126; énfasis en el original). A las condiciones de admisión no escritas suele añadirse "el pago de una cuota social de ingreso, suerte de matrícula que va de los cinco mil dólares hasta los treinta mil dólares, para los más exclusivos" (126). Según Patricia Rojas, en algunos de estos barrios o clubes cerrados han aparecido casos de antisemitismo, en los que se rechazaban a personas de origen judío que solicitaban entrar en el country, barrio privado o ciudad cerrada. En aquellos casos en que personas de este origen hubieran sido aceptadas, se les negaba o impedía que adquirieran cargos elevados, como por ejemplo ser presidente o director del enclave. Ya en *Las viudas de los jueves* se hacía referencia a este problema. Virginia advierte que, "con el tiempo, y aunque no se dijera en voz alta, la religión se convirtió en un aspecto más a tener en cuenta a la hora de aceptar un nuevo socio de La Cascada. Esa debe ser una de las pocas cosas que nunca me atreví a escribir en mi libreta roja: que los judíos no son bienvenidos por algunos de mis vecinos. No lo escribí, pero lo sabía y eso me hace cómplice. No es que hablen de ellos mal abiertamente, pero si alguien hace un chiste, por duro que sea, se ríen y festejan la gracia. Tal vez yo tampoco lo tomé en serio durante mucho tiempo. No soy judía. Ni coreana. Recién cuando Juani empezó a tener problemas empecé a darme cuenta de qué se siente al ser distinto para la mirada de los demás" (Piñeiro 2005: 143).

manera tanto física como simbólica, y cuyos reforzamientos, además, proveen a sus residentes urbanos de una identidad particular, de casta especial, privilegiada, y separada del resto.[14] Vale la pena preguntarse hasta qué punto una ciudad puede privatizarse y, en consecuencia, encerrarse y replegarse sobre sí misma. De ser así, no sólo el espacio urbano se fragmenta sino la noción misma de ciudadanía se resquebraja. Maristella Svampa refiere a una "ciudadanía patrimonialista", la que va desplazando a un modelo de ciudadanía política, apoyado en criterios universales y, por lo tanto, con alcances más generales (204). En función de esta transformación ciudadana, cabe asimismo cuestionar si es acaso posible construir, sobre la base de una ciudadanía patrimonialista, un verdadero "pacto social" (205).

La segunda característica que diferencia estas propuestas espaciales urbanas, verdes e ideales respecto a otras formulaciones utópicas es que la perspectiva ecológica articulada y promocionada a la hora de definir y darle forma al imaginario urbano de estos paraísos cerrados, es artificial, convirtiendo lo verde —como así toda asociación vinculada con la naturaleza— en un objeto retórico mercantilista al cual se apela con un fin lucrativo. Dadas sus características, y como ya hemos referido, esta retórica de lo ambientalista se vale de términos como 'lo verde', 'lo natural' y 'la naturaleza' de manera constante e intercambiable, en tanto un significante vacío cuyo referente (o ausencia de referente) carece de un anclaje a una preocupación ecológica legítima. Pero, ¿cómo aparecen estos mismos elementos cuando son leídos desde el otro lado, el afuera, es decir, su reverso? ¿Qué elementos naturales son visibles en las narrativas latinoamericanas del futuro, cuyo epicentro, la ciudad abierta —en contraposición con la cerrada y fortificada— es una que se encuentra disponible para todos y, del mismo modo, es producida por todos? Voy a referirme, por último, a la novela de la argentina Ana María Shua, *La muerte como efecto secundario* (1997) con el objeto de compararla con el texto precedente.

El relato de Shua transcurre en una Buenos Aires transformada, posible, y por lo tanto utópica, pero que, a diferencia del relato de Scliar, *Las viudas* o *La zona*, evoca un futuro disímil respecto a toda idea de felicidad, remanso, tranquilidad y seguridad. La historia gira en torno a Ernesto Kollody y su tiránico padre quien, viejo y enfermo, debe ser internado en una 'Casa de Recuperación'. Este espacio no sólo es obligatorio para todos los ancianos habitantes de la ciudad sino que, además, en este recinto se prolonga la enfermedad y agonía de sus habitantes con fines exclusivamente económicos. En esta Buenos Aires posible, no se puede

14 Maristella Svampa (2008), refiriéndose al conocido trabajo de Bourdieu (1979) sostiene que los "countries son, por excelencia, espacios de producción de 'estrategias de distinción'", en el sentido de "pautas y prácticas sociales y culturales que configuran diferentes grupos de status" (126).

caminar por la ciudad abierta sino "sólo en los centros de compras o en los barrios cerrados", "hay muchos caminódromos", y "lugares protegidos que fingen ser un barrio cualquiera y en los que por una entrada módica es posible caminar hasta hartarse, recorriendo paisajes infinitos —o limitados— casi reales" (Shua 1997: 18).

El espacio abierto, esto es, el afuera del adentro seguro, natural, protegido y vigilado, consiste en una espacialidad deteriorada, peligrosa y en ruinas, por la que sólo se puede transitar con taxis y autos blindados. La ciudad cercada y sellada contrasta con lo que queda afuera: desechos y escombros. La violencia se ha generalizado, y el vandalismo y los crímenes se han propagado por todos los confines del territorio urbano. Además de la posibilidad de transitar y recorrer abiertamente la ciudad, otras cosas se perdieron en este universo (dis)tópico, como, por ejemplo, la producción cultural. La Casa de Recuperación consiste en una manera eufemística para denominar los antaño asilos, geriátricos y residencias de ancianos; pero no todas son iguales: del mismo modo que los barrios cerrados ostentan una vegetación y naturaleza prohibitiva para los que quedaron afuera, también las Casas se ciñen a esta lógica de lo privado / público.

En el relato de Shua, Ernesto rescata a su padre de la Casa a través de la contratación de un grupo comando que vive justamente en otro espacio fuertemente demarcado, aunque éste —a diferencia de los barrios cerrados— no figura en ningún mapa: se trata de los "barrios tomados" (164). Esta geografía simbólica y extraoficial, no sólo ha sido sustraída de las cartografías urbanas más actualizadas, sino que aparece sustituida en éstas "como si fueran parques o plazas a los que hay que rodear" (164). El espacio natural que queda relegado a las clases pudientes, se transforma aquí en otra referencia vacía en cuanto su demarcación cartográfica no se corresponde con la condición real del espacio (el cual consiste, por otra parte, en una borradura). Los barrios tomados, por lo tanto, distan de ser esos "parques o plazas", representaciones falsas de pulmones verdes que la ciudad carece o reserva para aquellos que tienen los medios económicos para vivir puertas adentro. Éstos se caracterizan por el "deterioro físico", casas y edificios que "van sufriendo un proceso de degradación que la sola miseria no puede explicar" (165). Se trata, de esta forma, de una cartografía caótica que evoca una retórica de los desechos —esto es, los sujetos aparecen representados entre los pliegues e intersticios de los bordes y las fronteras que demarcan las diferentes zonas (de contacto y de cruce)— y cuyo opuesto más reconocible es el mapa de alta resolución de los barrios privados: las "privatopías" donde la configuración espacial aparece delimitada de manera clara y definida, siendo siempre el verde además el color que rodea, como en los mapas de las utopías, todas las construcciones urbanas.[15]

15 Como en *La zona*, también en los films *Una semana solos* (2007), de Celina Murga, y en *Cara*

Ernesto rescata finalmente a su padre de la Casa, y en la huida transitan los espacios fragmentados de la ciudad: "barrios cerrados, barrios tomados, villas y nada más" (218). Ambos se dirigen a otro espacio exclusivo, otra utopía verde, aunque se trata asimismo de un espacio mítico: el de los Viejos Cimarrones, ancianos escapados de las Casas de Recuperación y que habían fundado su propia comunidad utópica. Este "antiguo mito" (211) invita a creer en una gerontopía, en un momento en que la emergencia de las Casas ocultan una gerontofobia social: la necesidad de encerrar a los viejos bajo múltiples pretextos permite desentenderse fácilmente del problema que acarrea la vejez en la sociedad contemporánea.

Ernesto y su padre lo encuentran: Los Viejos Cimarrones habían tomado el prestigioso y exclusivo country Highland, transformándolo ahora en un barrio tomado, una utopía sólo para ellos. Con excepción de esta utopía mítica, el espacio de la ciudad abierta y disponible para todos conforma en la novela de Shua un espacio distópico, signado por guerras entre ejércitos privados que suplen el rol de un Estado ausente, y carente de naturaleza. Las meras referencias al verde que aparecen en los mapas apuntan a sustituir el despliegue real de los barrios tomados y maquillar (u ocultar) la degradación continua a la que se encuentra sujeta esta Buenos Aires posible, dividiendo el espacio urbano en territorios verdes y privativos, y espacios grises y degradados, abiertos y disponibles 'democráticamente' para todos. Leída, por lo tanto, desde las demandas de justicia medioambiental, el texto de Shua exhibe cómo la inequidad social, cultural y económica se corresponde con una disparidad ecológica.

4. Conclusión

La primera parte de este trabajo se centró en tres estéticas singulares, las que abordan tres propuestas utópicas específicas en el marco cultural y económico propio de la implementación de las políticas neoliberales en Latinoamérica. Específicamente, pude detenerme en el rol que ocupa el espacio verde en esta narrativa, e indagar hasta qué punto las preocupaciones medioambientales se corresponden con los planteamientos de las utopías sociales. Pude asimismo comparar esta configuración espacial con un proyecto concreto como el de Nordelta, y demostrar su afinidad representativa con los relatos de Scliar, Piñeiro y Plá. Por último, confronté estas utopías urbanas privadas y exclusivas con la

de queso (2006), de Ariel Winograd, aparece la naturaleza que caracteriza y define una de las especificidades más importantes del country. Los *travelling* aéreos que aparecen de manera repetida en la película exponen una suerte de mapa preciso donde cada casa aparece rodeada de un jardín frondoso.

representación espacial que aparece en la novela de Shua, donde el territorio de la ciudad abierta e 'inclusiva' reemerge como uno distópico, carente de naturaleza y verde y al borde de un colapso estructural. Esta consideración última del espacio 'externo' a la utopía me obliga a problematizar la viabilidad de estas propuestas utópicas en un contexto de marcada (auto)segregación y disparidad socioeconómicas.

Si Lefebvre (1968) había declarado que el derecho a la ciudad es un derecho individual a los recursos urbanos, uno que, como subraya David Harvey (2008), trata de transformar este espacio por medio del ejercicio del poder colectivo, los excluidos de estos paraísos urbanos no sólo perdieron el derecho y acceso a la ciudad, sino también perdieron el derecho y acceso a estas propuestas utópicas y urbanas. Lo que se descarta, excluye, rechaza, deviene no sólo una prueba irrefutable de las contradicciones de un modelo económico basado en una dinámica de la inclusión / exclusión social; constituye, más aún, un fenómeno discursivo diferente, el que se opone, dramáticamente, a otras configuraciones espaciales y apuestas sociales —como las de comienzos del siglo XX—, las que consisten en un aporte fundamental para la mejora de los ciudadanos y su calidad de vida (incluyéndose en su agenda ecológica la resolución de problemas como la tala de los árboles, el hambre en el mundo, y la preservación de energía). Hacia finales del siglo XX y comienzos del XXI, este fenómeno reemerge bajo una forma inédita y completamente diferente: se trata, en conclusión, de planteos urbanos verdes y exclusivos, conceptualizados —y mercantilizados— como espacios utópicos, y donde el sueño de apertura e inclusión social quedará trunco. A pesar de ser urbanas, se caracterizan por estar relegadas a una minoría exclusiva, y por homologar naturaleza y preocupación medioambiental con aspectos estéticos y meramente rentables.

Bibliografía

Baraja, Luis Felipe (ed.) (2002): *Latinoamérica: países abiertos, ciudades cerradas.* Guadalajara: Universidad de Guadalajara/Unesco.

Caldeira, Teresa Pires do Rio (2000): *City of Walls: Crime, Segregation, and Citizenship in São Paulo.* Berkeley: University of California Press.

Carman, María (2011): *Las trampas de la naturaleza: medio ambiente y segregación en Buenos Aires.* Buenos Aires: FCE; CLACSO.

Edney, Matthew H. (2011): "Cartography Without 'Progress': Reinterpreting the Nature and Historical Development of Map Making". En: *Cartographica. The International Journal for Geographic Information and Geovisualization* 30, 2, pp. 305–29.

Harvey, David (2007): *Espacios de esperanza.* Madrid: Ediciones Akal.

Harvey, David (2008): "The Right to the City". En: *New Left Review* 53, pp. 23–40.

Heffes, Gisela (2008): *Las ciudades imaginarias en la literatura latinoamericana*. Rosario: Beatriz Viterbo Editora.

Heffes, Gisela (2013): *Políticas de la destrucción / Poéticas de la conservación. Apuntes para una lectura (eco)crítica del medio ambiente en América Latina*. Rosario: Beatriz Viterbo.

Lefebvre, Henri (1968): *Le droit à la ville*. Paris: Anthropos.

Mumford, Lewis (1922): *The Story of Utopias*. New York: Boni and Liveright.

Murga, Celina (2007): *Una semana solos*. Argentina: Tresmilmundos Cine.

Piñeiro, Claudia (2005): *Las viudas de los jueves*. Buenos Aires: Clarín-Alfaguara.

Plá, Rodrigo (2007): *La zona*. Argentina; España; México: Morena Films.

Quiroule, Pierre (seudónimo de Joaquín Alejo Falçonnet) (1914): *La ciudad anarquista americana*. Buenos Aires: La Protesta.

Rojas, Patricia (2007): *Mundo privado: historias de vida en countries, barrios y ciudades cerradas*. Buenos Aires: Planeta.

Scliar, Moacyr [1984] (2001): "No Retiro da Figueira". En: Godoy Ladeira, Julieta de (ed.): *Contos brasileiros contemporâneos*. São Paulo, Brasil: Editora Moderna, pp. 47–50.

Shua, Ana María (1997): *La muerte como efecto secundario*. Buenos Aires: Editorial Sudamericana.

Svampa, Maristella (2008): *Los que ganaron: la vida en los countries y barrios privados*. Buenos Aires: Editorial Biblos.

Vera y González, Enrique [1904] (2000): *A través del porvenir. La estrella del sur*. Buenos Aires: Instituto Histórico de la Ciudad de Buenos Aires.

Winograd, Ariel (2006): *Cara de queso*. Argentina; España: Haddock Films; Tresplanos Cine.

Imaginarios más allá de lo antropocéntrico

Hans Fernández

Saberes medioambientales mapuches en la obra del capuchino bávaro Ernesto Wilhelm de Moesbach

Resumen

Los misioneros capuchinos alemanes arribaron al territorio chileno entre fines del siglo XIX y comienzos del XX, como resultado de un acuerdo entre el Estado de Chile y el Vaticano, con el propósito de contribuir mediante la evangelización en la Araucanía a la conformación de un país cristiano y culturalmente homogéneo.

El presente artículo da a conocer de qué forma los padres capuchinos abordaron las concepciones medioambientales mapuches, para lo cual considera los aportes de Ernesto Wilhelm de Moesbach en el campo de las ciencias naturales (mundo mineral, flora y fauna), específicamente en el conocido texto autobiográfico *Pascual Coña* (1930) y en su *Botánica indígena* (1955). Se busca caracterizar cómo en estos textos Moesbach representa y comprende de acuerdo con los parámetros ideológicos de su tiempo la relación del mapuche con la naturaleza y la importancia que este aspecto de su obra cumple en el contexto de la producción intelectual de los capuchinos bávaros en el Chile de aquella época.

Abstract

The German Capuchin Missionaries arrived to Chilean territory between the end of the 19th century and the beginning of the 20th century as the result of an agreement between the Chilean state and the Vatican. Their goal was to contribute by means of evangelization in the Araucanía to the conformation of a Christian country, culturally homogenous in nature.

The present article will show the form in which the Capuchin fathers approached Mapuche conceptions of the environment and will consider the contributions of Ernesto Wilhelm de Moesbach in the field of natural science (mineral world, flora and fauna), specifically in his well known autobiographical text *Pascual Coña* (1930) and in his *Botánica indígena* (1955). It will be shown how in these texts Moesbach understands and represents according to the ideological parameters of his time the relationship of the Mapuche people to nature and the importance that this aspect has in the context of the intellectual production of the Capuchin Bavarians in Chile at that time.

1. Llegada de los capuchinos a Chile y obra científica

Los capuchinos bávaros arribaron a Chile a fines del siglo XIX contratados por el gobierno de este país con la finalidad de misionar en su territorio sureño y así cristianizar a los habitantes autóctonos de la zona, los mapuches. Los reverendos, no obstante, además de llevar a cabo con ahínco sus labores religiosas, se dedicaron a la educación de los niños mapuches y a la enseñanza de oficios tales como carpintería, agricultura, etc. Además de estas tareas, los padres se interesaron por el estudio científico del idioma mapuche: el mapudungun, cuyos resultados fueron monumentales investigaciones filológicas que se concretizaron en la gramática y diccionario de Félix de Augusta (nombre seglar: Ottmar Kathan), pionero en los modernos estudios mapuches y cuya obra funge de modelo para la de sus hermanos de orden dedicados a la filología indígena sudamericana. Asimismo este religioso publica en 1910 las *Lecturas Araucanas*, texto que por su parte igualmente opera para los capuchinos como prototipo de trabajo con la literatura indígena. De este modo, los religiosos no sólo se concentraron en su labor misionera, sino también realizaron un importante trabajo científico en torno a la cultura mapuche, principalmente de corte filológico y antropológico, mediante el cual dejaron registro y expresaron su conciencia del carácter multilingüe, policultural y polilógico del país al que llegaron.

La obra filológica, etnológica y naturalista de los capuchinos alemanes en Chile representa un capítulo relativamente desconocido de la historia cultural del país, y encarna las ambivalencias propias de aquellos tiempos, pues los sacerdotes debían, por una parte, cristianizar a los indígenas paganos —conforme a su contrato con el Estado chileno y el Vaticano— y, por otra parte, vieron en ellos a sus prójimos con una cultura e idioma interesantes, tensión y desgarro existencial que plasmaron en una obra llena de contradicciones, la que pretende servir para facilitar el proceso de evangelización (y, por ende, de colonización) y al mismo tiempo aboga por el reconocimiento de la diferencia cultural. Los religiosos, además de sentirse con el deber de convertir a los infieles a la verdadera religión, sintieron fascinación ante el universo y las lógicas culturales que se desplegaban frente a ellos, y su obra refleja precisamente este dilema. La obra capuchina no tan sólo deja constancia del encandilamiento que les causó el mundo indígena (tanto en su nivel simbólico como físico) y de su relación ambivalente con él, sino también de la crisis que para los padres representó destruir y al mismo tiempo dignificar universos culturales que les eran tan diferentes.

Los capuchinos alemanes suceden a los capuchinos italianos y españoles, y su llegada tiene lugar en un contexto decimonónico en el que se encuentran activas las ideas de la construcción de una nación homogénea orientada por modelos europeos. Por lo demás, el ejército había penetrado al territorio mapuche con nefastas consecuencias, y luego el gobierno consideró como mejor opción la intervención religiosa en esta región con la finalidad de cristianizar, civilizar y chilenizar a una cultura que era percibida como un estorbo para la homogeneización cultural del territorio chileno.

En este contexto se ubica la obra variopinta del padre Ernesto Wilhelm de Moesbach (nombre seglar: Alois Wilhelm, 1882–1963), quien arribó a Chile en 1920 a la edad de 38 años y llegó a ser miembro de la Academia Chilena de la Lengua (Holzbauer 2006: 484).[1] Entre sus publicaciones se encuentran, además de un texto destinado a la evangelización en mapudungun (1933), de un tratado sobre etimología mapuche (1944) y de un estudio gramatical (1963), el texto autobiográfico *Pascual Coña* (1930) y su *Botánica indígena*[2] (1955) (Looser 1963: 407–409). Dentro de esta constelación de escritos su trabajo principal es *Pascual Coña*, el que contó con la venia y aprobación del entonces ilustre lingüista y erudito en temas de cultura mapuche Rodolfo Lenz, quien escribe para esta publicación un prólogo —que en realidad funciona como *Gutachten* de la tradición académica alemana— en el cual analiza y loa los méritos que percibe en la obra.

2. *Pascual Coña* (1930)

El texto bilingüe mapudungun-español *Lonco Pascual Coña ñi tuculpazugun. Testimonio de un cacique mapuche* ([1930] 2006)[3] es producto de las conversaciones sostenidas entre Ernesto Wilhelm de Moesbach y el mapuche Pascual Coña, quien fue cristianizado y chilenizado por los misioneros capuchinos italianos, vivió en Santiago y posteriormente regresó a su tierra de origen. El vínculo entre ambos es asimétrico en diferentes aspectos, pues, además de la notoria diferencia de edad, se establece entre ellos una relación de "profesor-alumno", como el propio Moesbach comenta en una carta dirigida en 1960 a la Academia Chilena de la Lengua: "Tuve la suerte de encontrarme con un venerable anciano de la raza que hablaba su idioma natal con extraordinaria perfección. Bajo su guía conocí 'la lengua'" (cit. en Mora Penroz 1992: 15). El reverendo transcribió estas

1 Al igual que su hermano de orden Sebastián Englert, Ernesto Wilhelm de Moesbach se desempeñó como capellán durante la guerra. Quizás ambos buscaron refugio en Sudamérica en vista de las atrocidades que presenciaron en esos años. Las misiones y la obra intelectual capuchina contienen aspectos dinámicos que requieren investigación, pues hay en ellas una relación muy intensa entre movimiento y ciencia. Sobre Sebastián Englert, el movimiento, la convivencia y la filología, véase Fernández (2015).

2 Para Moesbach —al igual que para su hermano de orden, también botánico, Atanasio de Eglsee— el mundo natural mapuche representa una preocupación cultural y religiosa.

3 Su primer fragmento se publicó en 1929 en la *Revista chilena de historia y geografía.* Véase Moesbach (1929).

charlas y las ordenó de acuerdo con su visión de la vida y de la cultura de su interlocutor. El libro, que funge cual enciclopedia de la cultura mapuche, se compone de a lo menos tres niveles de elaboración. El primero, que se podría denominar 'autobiográfico', ya que el protagonista relata su vida dentro de su comunidad, su estadía en la misión capuchina, su vida en Santiago y su retorno al sur de Chile, es, sin duda, el más estudiado (Bremer 2008; Fernández 2014; Foote 2012). El segundo, de carácter etnológico, que explica las particularidades de la cultura mapuche y que incluye dos relatos orales representativos de su literatura (*epew*), es supeditado al primer nivel (Fernández 2014; Foote 2012). El tercero, que revela el punto de vista mapuche sobre el mundo natural, específicamente acerca de la flora, fauna, astronomía[4], y en menor medida mineralogía, no ha sido investigado hasta el momento.

Kuifi ta ché mëte kimniefui kom elelchi weshakelu: kimëñmaniefui ñi üi wenumapu wilëfükechi waŋël en; kom feichi üñëm üpënkiawi piuchill meu; tëfachi naqmapu miauchi kulliñ ka feichi kakeume ishike; keyü pul·eufü, l·afken·rume, weyelkiaukechi challwa. Ká kimniefui kom mawida ka kachu; keyü tëfachi kura üiŋeumefui.

Los mapuches antiguos tenían buenos conocimientos de todas las cosas existentes: sabían nombrar las estrellas que brillan en la bóveda celeste; los pájaros y aves que vuelan en el aire; los animales que andan sobre la tierra y las diversas clases de insectos; hasta los peces que nadan en los ríos y en el mar. Además conocían los árboles y las plantas; hasta las piedras tenían su nombre. (Moesbach [1930] 2006: 94–95)

Con estas palabras Pascual Coña sintetiza los saberes medioambientales mapuches que son tratados en diferentes capítulos del libro[5], y algunos de ellos profundizados en la *Botánica indígena*. Sin embargo, donde Moesbach penetra con mayor profundidad en tales concepciones es en el capítulo que lleva el significativo título de "Mi tierra natal y su naturaleza", el cual, a su vez, se estructura en tres apartados. En el primero de ellos ("Su área, sus habitantes, su cielo; mineralogía") son de especial importancia los pasajes relativos a la astronomía y al mundo mineral, en los cuales el narrador indica primeramente ciertos puntos de vista mapuches sobre el firmamento:

4 Félix de Augusta también demostró interés por la astronomía mapuche, como queda claro en su carta dirigida en 1916 a Robert Lehmann-Nitsche. Véase Augusta (27 de abril de 1916).

5 Véanse los capítulos "Alimentación de los indígenas en mi infancia", "El maíz" y "Las manzanas".

Ká kimniefiñ feichi traukëlechi ŋau, ŋaupoñü ka wëchulpoñü ka chawnachawall piŋei kai; ka tëfachi witran: küla füchake waŋël·en wipëllkëlei, ká küla weluwipëllkëlei, epe krusfelei feichi epu wipëll. Ká kimfiñ feichi pënon-choike ka tranalëkai, ka melipal, lastawaŋël·en ka kalolasta piŋei kai, ka malalofisha, ka kushü weke, ka feichi aifiñ wenu leufü, rëpü apeu piŋei kai.
Ká peŋekei pun·meu feichi wenunaqpachi tokikura ka kiñeke mu feichi füchá cheurfe. Fei mashom kütral reke amukei wenumapupële, fei ñampukei al·ü tuulu ñi lefn. Wesha perimol tëfá: "Mëlepeai mai aukan, filla, kake wesha dëŋu kai", piam.

Además conozco el grupo de estrellas, llamado *ngau* o "montón de papas", o "gallina con pollo". Además el "tirador", de la siguiente forma: tres estrellas grandes están en línea, otras tres forman una fila que se cruza casi con la primera. También conozco el "rastro del avestruz", el "boleador tendido", la cruz del sur o "estrella-carreta", el "corral de ganado", el "pellejo obscuro" y la hermosa vía láctea o río Jordán.
En las noches se observan también las "hachas de piedras" que caen del cielo y a veces la gran bola de fuego que corre como un tizón en cierta altura sobre la tierra y se pierde en el espacio, habiendo recorrido gran distancia. Este fenómeno es tenido por mal agüero; dicen que anuncia guerra, hambre u otras desgracias. (95–96)

Moesbach, por su parte, comenta a pie de página algunas de las traducciones que realiza —tales como la de "vía láctea" (en mapudungun *wenu leufü*, es decir, 'río del cielo')— o bien explica a qué constelaciones o fenómenos Coña se refiere, aunque, como se desprende de ciertos comentarios suyos (incluidos algunos de la sección sobre zoología), no conoce todos los referentes aludidos por el narrador. De esta forma, el padre oriundo del sur de Alemania expresa sus límites culturales y también, de algún modo, la fascinación que los capuchinos experimentaron ante el universo cosmovisivo indígena.

Con respecto al mundo mineral, resulta interesante cómo Coña sitúa éste dentro de su propia clasificación de las entidades existentes en el planeta. Primeramente distingue lo que se encuentra fuera de la tierra y luego clasifica lo que se halla en o al interior de ésta:

Kiñe ñom kulliñ piŋei, ká kiñe ñom mawida ka kachu. Ka mëlei ŋamchemchi weshakelu, fei moŋekalai ka tremkelai.

Una parte se llama animales, la otra vegetales grandes y chicos. Además hay muchísimas cosas que ni viven ni crecen. (100–101)

En esta última categoría se encuentran para él piedras, rocas y metales (101–103). Por lo tanto, es esencial en el conocimiento mapuche recuperado por Moesbach la distinción entre entidades vivas y aquellas inanimadas.

Enseguida, en "Botánica. La flora conocida por los indígenas de la costa", Moesbach enumera y clasifica desde el punto de vista de una taxonomía botánica un total de 334 especies nativas. Este segundo apartado contiene en la columna en mapudungun el fitónimo mapuche, en la columna en español el nombre vulgar y a pie de página el nombre científico. En una nota introductoria el capuchino precisa que "[l]os nombres araucanos son, en cuanto a su valor botánico más estrechos y definidos que los vulgares chilenos, aunque comprenden a veces varias especies afines" (103). Resulta interesante el hecho de que Moesbach ubique en este subcapítulo (y en el tercero relativo a la zoología) el saber tradicional proporcionado por Coña y por otros mapuches al lado del saber filológico y naturalista, complementando así el conocimiento indígena con el conocimiento científico europeo, y otorgándoles, por ende, la misma validez epistemológica. Este breve tratado de botánica autóctona constituye la base sobre la cual el capuchino elaborará más tarde su *Botánica indígena*.

En *Pascual Coña* Moesbach no sólo divulgó sus investigaciones sobre botánica nativa, sino que también incluyó, como fue dicho, un apartado dedicado a la zoología endémica de Chile, quizás como la base científico-religiosa de los cuentos de animales (*epew*) incluidos en el penúltimo capítulo. "Zoología. La fauna conocida por los indígenas" se titula el tercer apartado en el cual el sacerdote alemán nombra y clasifica desde la perspectiva mapuche 220 especies. Siguiendo el modelo del texto botánico, en la columna en mapudungun Moesbach menciona el vocablo mapuche, en español utiliza el zoónimo vulgar y a pie de página agrega el nombre científico. En este texto se explica asimismo el rol que cumplen ciertos animales, ya sea en la cultura mapuche o bien en su mitología.

3. *Botánica indígena* (1955)

Moesbach era un botánico connotado dentro de sus hermanos de orden; de hecho, una de las pocas imágenes que de él se conocen lo muestra consultando su herbario, el cual representa su afán de confeccionar un archivo botánico del país donde murió.[6]

Botánica indígena de Chile ([1955] 1992), uno de cuyos manuscritos mecanografiados se conserva en la biblioteca del Instituto Iberoamericano de Berlín, es un estudio revelador de la fascinación de los capuchinos por el mundo autóctono de Chile y de su afán por descubrirlo y darlo a conocer al público de un país cuyas autoridades otrora se esmeraron en destruir. Como señala en su prólogo el botánico Augustín Garaventa, el religioso pretendió con esta publicación ocuparse de los conocimientos de que disponían los mapuches en materia botánica (1992: 41). Esta investigación constituye, según Mora Penroz, la "[c]oronación de un largo y paciente trabajo etnobotánico, constante recolección, clasificación y estudio de más de seiscientos vegetales autóctonos de Chile",

6 Cabe señalar que el insigne capuchino, además de explorar él mismo lugares en busca de especies, contaba con algunos colaboradores en distintas zonas del país que le ayudaban en la consecución de éstas.

lo que la convierte en el "herbario indígena más completo de Chile" (1992: 21). Asimismo este autor sitúa a Moesbach dentro de un selecto grupo de naturalistas (Diego de Rosales, Alonso de Ovalle, Charles Darwin, Claudio Gay, entre otros) (21), quienes, a nuestro juicio, desde diferentes épocas y contextos aportaron a la construcción de un pensamiento ecológico sobre el país.

Aldunate y Villagrán, por su parte, ponen el acento en el alto grado de especialización que cumple la lengua mapuche para designar la flora autóctona en la investigación del capuchino:

> De un total cercano a las setecientas cincuenta especies que el Padre Mösbach registra en su obra *Botánica Indígena de Chile* [...] más de seiscientos <sic> veinte tienen asignados nombres propios en la lengua vernácula. De éstas, alrededor de setenta son colectadas para su consumo como alimentos; un número considerable (146) se conocen por sus efectos medicinales y otras son utilizadas para usos hortícolas, industriales o rituales. (1992: 35)

Teniendo en cuenta que para la cultura *mapuche* ('gente de la tierra') la tierra —o, mejor dicho, el ecosistema— representa una expresión de la divinidad o de *Ngenechen* (el 'dueño de los humanos'), como consecuencia lógica la relación del indígena hacia el entorno natural será respetuosa y buscará la armonía en el consumo de los bienes que éste le proporciona.

En la introducción al texto, Moesbach indica con respecto a los objetivos que su estudio persigue lo siguiente:

> [...] quiere reunir todas las denominaciones indígenas de los vegetales chilenos, sean o no voces vulgares, y enfocarlas desde el punto de vista del indígena mismo; intenta poner de manifiesto el modo de pensar mapuche con respecto a los vegetales y dar respuesta al porqué él diera nombre a una planta de un grupo y dejara sin mención la otra. (Mösbach [1955] 1992b: 44)

Queda claro que el reverendo de Baviera busca comprender a partir de la fitonimia mapuche la lógica con la cual esta cultura indígena organiza el reino vegetal y le da, por ende, un enfoque, sobre el cual precisa que

> [e]l interés del indígena por las plantas es preferentemente utilitario, bromatológico las más de las veces. Aquellos vegetales que no le favorecen (o no lo molestan), no le merecen nombres propios, y los tiene catalogados a todos bajo rúbricas genéricas de *re-cachu* o *re-mamëll*, pastos, yerbas o arbustos inútiles. También suele dar un mismo nombre a plantas muy diferentes, pero que tienen idéntica aplicación. (44)

Botánica indígena contiene una taxonomía de las especies autóctonas del país agrupadas conforme a la ciencia botánica (esporófitas y espermófitas, con sus respectivas subclasificaciones). No obstante, cada entrada corresponde al fitónimo indígena, seguido de la correspondiente nomenclatura científica y del nombre vulgar que se le asigna en Chile. A esto, Moesbach agrega los usos de dicha planta o bien las propiedades o el valor que los mapuches le atribuyen, tal como se aprecia a continuación:

> *Pehuén*: (*Araucaria araucana* Mol. K. Koch) el soberbio pino chileno, llamado "araucaria", *pehuén* o "piñón", el tan conocido símbolo de los araucanos, magnífico adorno de los montes y volcanes de la Araucanía. Las flores del *pehuén* son diclino-dioicas, produciéndose cada sexo sobre pie distinto; las femeninas, en gran número dispuestas en espiral sobre un grueso eje floral, forman voluminosos conos globosos (*ngëllihue*) y maduran, por espacio de dos años, hasta doscientas semillas (*ngëlliu:* los piñones). El *pehuén* era equivalente al pan para los mapuches, el árbol frutal por excelencia [...]. (Mösbach [1955] 1992a: 59–60)

> *Ngëfü*: palabra mapuche transformada en género botánico *Gevuina*, por el primer botánico chileno, el Abate Molina. Tiene una sola especie (*Gevuina avellana* Mol.), el "avellano". Junto con el *pehuén*, el árbol frutal por antonomasia para los antiguos araucanos [...]. (73)

> *Foique, Foye*: (*Drimys winteri* J. R. et G. Forst. *var. winteri*), el *voigue*, a causa de un parecido imaginario, se le llamó "canelo" por los conquistadores [...]. Es el *voigue* el principal árbol sagrado de la raza araucana, símbolo de benevolencia, paz y justicia [...]. La corteza del *voigue*, de indiscutibles propiedades tónicas, estimulantes y excitantes, constituye la más afamada y aplicada panacea de la curandera araucana, la *machi* [...]. (78–79)

Resulta evidente en estas descripciones que el sacerdote compatibiliza o pretende compatibilizar la lógica de la botánica europea con el imaginario botánico de la cultura mapuche. Ernesto Wilhelm de Moesbach disponía de un amplio conocimiento no sólo botánico, sino también de la tradición en la cual se inserta como naturalista así como del estado de la ciencia.[7] Con su *Botánica indígena* el capuchino aspira —del mismo modo que con la zoología contenida en *Pascual Coña*— a una descripción científica de Chile.[8]

4. ¿Sólo medioambiente?

En base a las consideraciones expuestas, surgen las siguientes inquietudes: ¿qué buscaba Moesbach al incorporar en su obra la visión mapuche del mundo natural, integrándola así en el legado capuchino de Chile? ¿Por qué el reverendo padre permitió que en sus escritos se dé a conocer la percepción pagana del

7 No se puede dejar de mencionar que Moesbach cita a otro egregio sacerdote científico de su época: Martin Gusinde (Mösbach [1955] 1992a: 103). De este autor conocemos la publicación sobre botánica mapuche "Plantas medicinales que los indios araucanos recomiendan" aparecida en 1936 en dos partes. Véase Gusinde (1936a) y (1936b).

8 Cabe añadir, por lo demás, que Moesbach en distintas ocasiones menciona los aportes del mundo mapuche a la botánica universal (Mösbach [1955] 1992a: 73, 74).

medio ambiente, o, más bien, por qué dio cabida en ellos al panteísmo? ¿Sospechaba acaso que su dios cristiano tenía algo en común con el *Ngenechen* mapuche? Al respecto resultan reveladoras las propias reflexiones del capuchino con las que concluye su *Botánica indígena:*

> el razonable y acertado perfeccionamiento, tan patente en la naturaleza, nos fuerza a suponer y pretender la activa intervención de un designio benévolo, ideado y guiado por una inteligencia trascendental. [...] Reconocemos en el admirable adelanto del reino vegetal, el plano y la mano del Supremo Hacedor [...]. (Mösbach [1955] 1992c: 120)

Detrás de las investigaciones científicas de Moesbach se encuentra una concepción religiosa basada en el misterio esencial, por lo cual presenta de esta manera una visión integradora de ciencia y religión. El autor expresa además, con claras reminiscencias schopenhauereanas de *Die Welt als Wille und Vorstellung* (1819), que "[c]ree vislumbrar [...] en las plantas una energía vital, un instinto vegetal, si se quiere, revestido de impulsos entelequiales y actuando bajo el influjo de una idea o un plano, en líneas generales prefijado" (119).

Considerando igualmente, como reflexiona el investigador ecocrítico Terry Gifford, que las "nociones de naturaleza y maneras de entender el medio ambiente" están condicionadas por los "estilos de vida" (2010: 67), ergo cultura, cabe preguntarse si más allá del trabajo botánico de Moesbach (por el hecho de valorar el conocimiento mapuche del mundo natural al mismo nivel que el conocimiento científico occidental-europeo acerca de éste y por complementar ambos saberes) no está operando en su pensamiento científico-humanista una concepción transcultural y dinámica de la botánica y, por consiguiente, de la comprensión de la naturaleza. En este sentido merece destacarse que el (re)conocimiento de otras percepciones del medioambiente, y, por tanto, de otras lógicas actuando y cruzándose en el mismo territorio, constituyó uno de los principales aportes que los capuchinos bávaros legaron a la historia cultural chilena.

Bibliografía

Aldunate, Carlos/Villagrán, Carolina (1992): "Recolectores de los bosques templados del Cono Sur americano". En: Mösbach, Ernesto Wilhelm de: *Botánica indígena de Chile.* Prólogo y edición de Carlos Aldunate y Carolina Villagrán. Santiago de Chile: Museo chileno de arte precolombino/Fundación Andes/Editorial Andrés Bello, pp. 23–38.

Augusta, Félix de (27 de abril de 1916): Carta a Robert Lehmann-Nitsche (escrita a mano en alfabeto Sütterlin, 2 páginas). Valdivia. (Ibero-Amerikanisches Institut Berlin: N-0070 b 17).

Bremer, Thomas (2008): "Das Testimonio eines Mapuche: Über Pascual Coñas Erinnerungen an die indigene Kultur Chiles vor 1930". En: Krüger, Reinhard (ed.): *Grenzgänge,*

Hybride & Fusionen. Romanistische Beiträge zu polykulturellen Kommunikationsprozessen. Berlin: Weidler Buchverlag, pp. 85–101.

Fernández, Hans (2014): "Drei Momente einer Hermeneutik des Anderen in Lateinamerika: Sahagún, Moesbach und Valderrama/Escalante". En: Nickel, Claudia/Ortiz Wallner, Alexandra (ed.): *Zeugenschaft. Perspektiven auf ein kulturelles Phänomen.* Heidelberg: Universitätsverlag Winter, pp. 47–58.

Fernández, Hans (2015): "Von Bayern gen Polynesien: Bewegungen und Zusammenleben in der Philologie des Kapuziners Sebastián Englert". En: *Quo Vadis Romania? Zeitschrift für eine aktuelle Romanistik. Entstehung von Sprachen* 45, pp. 101–115. http://www.univie.ac.at/QVR-Romanistik/wp-content/uploads/2015/07/QVR-45-Fernandez-Varium.pdf (consultado por última vez: 13.09.2015).

Foote, Susan A. (2012): *Pascual Coña. Historias de sobrevivientes. La voz en la letra y la letra en la voz.* Concepción: Editorial Universidad de Concepción.

Garaventa, Augustín (1992): "Prólogo". En: Mösbach, Ernesto Wilhelm de: *Botánica indígena de Chile.* Prólogo y edición de Carlos Aldunate y Carolina Villagrán. Santiago de Chile: Museo chileno de arte precolombino/Fundación Andes/Editorial Andrés Bello, pp. 41–42.

Gifford, Terry (2010): "Un repaso al presente de la ecocrítica". En: Flys Junquera, Carmen/Marrero Henríquez, José Manuel/Barella Vigal, Julia (eds.): *Ecocríticas. Literatura y medio ambiente.* Madrid/Frankfurt am Main: Iberoamericana/Vervuert, pp. 67–83.

Gusinde, Martin (1936a): "Plantas medicinales que los indios araucanos recomiendan". En: *Anthropos. Internationale Zeitschrift für Völker- und Sprachkunde* XXXI, 3/4, pp. 555–571.

Gusinde, Martin (1936b): "Plantas medicinales que los indios araucanos recomiendan". En: *Anthropos. Internationale Zeitschrift für Völker- und Sprachkunde* XXXI, 5/6, pp. 850–873.

Holzbauer, Hermann (2006): "Datos biográficos de los misioneros capuchinos de Baviera. I. Padres. II. Hermanos". En: Arellano Hoffmann, Carmen/Holzbauer, Hermann/Kramer, Roswitha (eds.): *En la Araucanía. El Padre Sigifredo de Frauenhäusl y el parlamento mapuche de Coz Coz de 1907.* Madrid/Frankfurt am Main: Iberoamericana/Vervuert, pp. 473–498.

Looser, Gualterio (1963): "El R. P. Ernesto Wilhelm de Moesbach" (notas históricas y geográficas). En: *Revista chilena de historia y geografía* 131, pp. 406–410.

Moesbach, Ernesto Wilhelm de (1929): "Vida y costumbres de los indígenas araucanos en la segunda mitad del siglo XIX. Presentadas en la autobiografía del indígena Pascual Coña (Kuifike mapuche yem chumnechi ñi admonefel enn)". En: *Revista chilena de historia y geografía* LXII, pp. 347–367.

Moesbach, Ernesto Wilhelm de (1955): *Botánica indígena de Chile* (manuscrito mecanografiado). Limache. (Ibero-Amerikanisches Institut Berlin: Chil fm 78 [4]°).

Moesbach, Ernesto Wilhelm de [1930] (2006): *Lonco Pascual Coña ñi tuculpazugun. Testimonio de un cacique mapuche.* Texto dictado al padre Ernesto Wilhelm de Moesbach. Santiago de Chile: Pehuén Editores.

Mösbach, Ernesto Wilhelm de [1955] (1992a): *Botánica indígena de Chile.* Prólogo y edición de Carlos Aldunate y Carolina Villagrán. Santiago de Chile: Museo chileno de arte precolombino/Fundación Andes/Editorial Andrés Bello.

Mösbach, Ernesto Wilhelm de [1955] (1992b): "Introducción". En: Mösbach, Ernesto Wilhelm de: *Botánica indígena de Chile*. Prólogo y edición de Carlos Aldunate y Carolina Villagrán. Santiago de Chile: Museo chileno de arte precolombino/Fundación Andes/Editorial Andrés Bello, pp. 43–45.

Mösbach, Ernesto Wilhelm de [1955] (1992c): "Epílogo". En: Mösbach, Ernesto Wilhelm de: *Botánica indígena de Chile*. Prólogo y edición de Carlos Aldunate y Carolina Villagrán. Santiago de Chile: Museo chileno de arte precolombino/Fundación Andes/Editorial Andrés Bello, pp. 119–120.

Mora Penroz, Ziley (1992): "El padre Wilhelm de Mösbach: un apóstol y guerrero de nuestra selva perdida". En: Mösbach, Ernesto Wilhelm de: *Botánica indígena de Chile*. Prólogo y edición de Carlos Aldunate y Carolina Villagrán. Santiago de Chile: Museo chileno de arte precolombino/Fundación Andes/Editorial Andrés Bello, pp. 15–21.

Schopenhauer, Arthur (1819): *Die Welt als Wille und Vorstellung*. Leipzig: F. A. Brockhaus.

Lioba Rossbach de Olmos

Huracán: dimensiones culturales de un fenómeno meteorológico

Resumen

El huracán es uno de los fenómenos 'naturales' que tienden a borrar la separación entre la naturaleza y la cultura, que fue introducida en el contexto de la Ilustración europea. Además de su inmenso poder destructivo, las tormentas tropicales siempre fueron acompañadas de narrativas religiosas, sociales y políticas, las que persisten desde tiempos pre-coloniales hasta nuestros días. Al respecto, pueden encontrarse indicios en las referencias a Cristóbal Colón, a los temores de esclavos insurgentes, a los jesuitas en Cuba, a la Revolución Cubana o a las religiones afrocubanas.

Con descripciones de acontecimientos del Caribe y reflexiones pertinentes las siguientes deliberaciones presentarán las dimensiones religiosas, sociales y políticas de los huracanes. El artículo pretende explorar detrás de los acontecimientos naturales, las implicaciones culturales que constituyen siempre la compleja realidad en la que está involucrado el ser humano.

Abstract

Hurricanes are one of those 'natural' phenomena that tend to blur the separation between nature and culture that was introduced in the context of the European Enlightenment. Besides its immense destructive power, tropical storms have always been accompanied by religious, social and political narratives, which persist from pre-colonial times to the present day. In this regard, evidence can be found in the references to Christopher Columbus, to the fears of insurgent slaves, the Jesuits in Cuba, the Cuban Revolution or the Afro-Cuban religions.

Based on descriptions about events in the Caribbean and appropriate reflections religious, social and political dimensions of the hurricanes will be presented. The article aims at exploring the cultural implications behind the natural events, which always constitute the complex reality in which human beings are involved.

En el mundo occidental, el análisis de la historia intelectual se desarrolla generalmente mediante un modelo de progreso, el cual sigue la lógica de una gradual sustitución de la supuesta ignorancia hacia nuevos y garantizados conocimientos científicos. El mismo esquema se encuentra también en actuales tratados sobre los huracanes y sus efectos en el Caribe. De esta manera, la reciente monografía *Sea of Storms: A History in the Greater Caribbean from Columbus to Katrina* (2015), del historiador y especialista del Caribe Stuart B. Schwartz, determina tres etapas progresivas sobre el fenómeno de los huracanes. Schwartz afirma que en tiempos de la conquista española predominó una comprensión religiosa de las tormentas. Los conquistadores las consideraban como actos divinos, en parte de castigo, y los indios las identificaban con sus deidades tradicionales. Posteriormente empezó a imponerse la identificación del huracán como riesgo natural, mientras que en la actualidad se asocia la frecuencia e intensidad de los ciclones con el cambio climático antropogénico. La agencia pasó de Dios a la naturaleza y de la naturaleza al ser humano, que ahora parece dominar el ambiente.[1]

A diferencia del modelo progresista mencionado, las siguientes reflexiones no se orientan en la concepción dominante de los huracanes en el contexto específico de la historia caribeña. Más bien, pretendemos seguir aquellas pistas que demuestren la coexistencia de varias explicaciones simultáneas, aún cuando entre ellas se produzcan relaciones de contraposición, descrédito o exclusión. En este sentido, la supresión de algunas pautas explicativas por parte de determinados discursos dominantes ha cambiado poco frente a la existencia de varios modos de comprensión en la población local, sobre todo cuando se trata de las antiguas colonias como aquellas del Nuevo Mundo. Al respecto, no sólo rivalizan diferentes puntos de vista sino también se enfrentan diversas cosmovisiones. La simultaneidad de distintos modelos explicativos del pasado debe ser un útil motivo de consideración, pues también en el presente apreciamos una gama de concepciones en lugar del planteamiento de una sola y única verdad.

Es apropiado mencionar brevemente que los huracanes son tormentas tropicales que se conocen en otras regiones del mundo con el nombre de tifón o ciclón. Ellos se originan a cierta distancia del ecuador, que sobre una cálida superficie del mar y debido a la rotación de la Tierra empiezan a girar alrededor de un centro u 'ojo' en calma sin viento (Schönwiese 2008: 176–178). Cuando llegan a tierra pueden desarrollar un inmenso poder destructivo, con masas de aguas absorbidas que caen del cielo y causan a menudo mayores estragos que la misma fuerza del viento.

1 Estas consideraciones se elaboraron en el contexto del proyecto de investigación "Más allá del naturalismo: De la percepción a la recepción del cambio climático en la comprensión de la población local de Cuba". Bajo la dirección del Prof. Ernst Halbmayer este proyecto se realizó de julio de 2015 hasta diciembre del 2017 en el Departamento de Antropología Cultural y Social de la Universidad Philipps de Marburg y estaba financiado por la Fundación Alemana de Investigación Científica (Deutsche Forschungsgemeinschaft).

1. Huellas indígenas

El origen de la palabra 'huracán' no es del todo claro. Ni siquiera se descarta algún trasfondo lingüístico del castellano (Schwartz 2015: 7). No obstante, las tormentas en la dimensión y extensión de la categoría de huracán eran desconocidas entre los descubridores y conquistadores españoles que arribaron al Caribe por ser fenómenos exclusivos de las zonas tropicales. Alrededor de la mitad del siglo XIX las ciencias modernas reconocieron el movimiento giratorio del huracán, a pesar que ya desde 1575 la rotación era mencionada por los navegantes españoles (16).

Por otro lado, en muchas partes del Caribe y regiones limítrofes los indígenas de tiempos precoloniales conocían bajo diferentes nombres las tormentas giratorias y las identificaban con determinadas deidades. En el *Popol Vuh* los Maya Quiché aludían a una deidad explícitamente con el calificativo de 'huracán' o 'el Corazón del Cielo' (Recinos 1993: 24). También los Taíno, habitantes indígenas de las Antillas Mayores, a los que la Real Academia Española atribuye el término 'huracán', conocieron dos dioses o 'cemí' de otros nombres que representaban el viento y la lluvia girando alrededor de un centro, según las evidencias de las piezas cerámicas precoloniales halladas en el este de Cuba (Ortiz 2005: 17–33; Domínguez 2010; Fernández Ortega et al. 2010). Los indígenas Caribe llamaban 'mayoba' a los espíritus malos en los que veían los causantes de las tormentas fuertes adaptando también la palabra 'huracán' de los Taíno (Neely 2009: 14). Tal vez el término 'huracán' para las tormentas tropicales se extendió de su lugar de origen a otras partes del Caribe representando un fenómeno temprano de 'transnacionalización'. Sea como sea, es de suponer que tanto los Taíno como los Caribe tuvieron conocimientos de la rotación de las tormentas, en tanto durante mucho tiempo los cronistas españoles hablaron de tempestades "de todos los vientos de la aguja" (Schwartz 2015: 1) o de "tormentas de agua y todos los vientos" (60).

2. Episodios coloniales

Desde siempre, los huracanes han sido acontecimientos abrumadores que tienden a borrar la marcada separación entre la esfera religiosa y la naturalista. Este hecho es palpable en muchos relatos coloniales, y uno de los primeros se refiere al navegante Cristóbal Colón. El descubrimiento del Nuevo Mundo en octubre 1492 se debió, entre otras razones, al hecho casuístico que a diferencia de otros años, en la temporada de huracanes de julio a octubre ningún huracán cruzó la ruta de las carabelas españolas en el Caribe. Quizás, bajo otra hipotética situación de tormenta, la expedición de Colón se hubiera perdido en la travesía sin dejar huella alguna a la posteridad.

No obstante, Colón debió haber tenido pronto ciertos conocimientos acerca de los huracanes e indicadores sobre sus aproximaciones. Algunos cronistas indican que en 1502 el almirante alertó a la flota española de una tormenta e intentó disuadirla de abandonar el puerto de Santo Domingo. Probablemente Colón adquirió tales informaciones a través del contacto con los indígenas o incluso tal vez aprendió a interpretar los indicadores meteorológicos: fenómenos como un oleaje sureste del mar, los altos cirros y la brumosa atmósfera eran signos típicos de la aproximación de una tormenta. El gobernador Nicolás de Ovando ignoró las advertencias de Colón. La flota zarpó del puerto seguro cayendo en la tormenta y así se perdió la mayor parte de los barcos y de la tripulación. Entre las víctimas se encontraba Francisco de Bobadilla o sea el adversario de Colón (Oviedo 1881: 77–81; Las Casas 1992: 146–147; Schwartz 2015: 10–11). El hecho alimentó los rumores de que el Almirante, quien se había refugiado en una bahía protegida, se deshizo de su enemigo mediante el apoyo del diablo y de la magia.

Este episodio ya brinda argumentos a favor de la tesis de la pluralidad de conceptos relacionados con los huracanes porque incluye perspectivas naturales y sobrenaturales. La información sugiere que Colón recurrió a determinados indicadores meteorológicos de procedencia indígena, que corresponden a una cosmovisión naturalista, mientras que sus contemporáneos españoles asumieron la interpretación de la magia que conectaba con las categorías de explicaciones sobrenaturales o sea religiosas.

Sin embargo, ni siquiera fueron unívocas las concepciones religiosas de aquel tiempo. Por un lado, Bartolomé de las Casas asumió un aumento de la frecuencia de los huracanes en calidad de castigo divino ante la violencia de los españoles contra los indígenas; por otra parte el cronista Gonzalo Fernández de Oviedo, quien interpretaba los huracanes como obra del diablo, contempló su disminución en el Nuevo Mundo ante el poder de la Eucaristía traída por los cristianos españoles (14, 21). El hecho de que las inundaciones del huracán de agosto 1552 en Veracruz se detuvieran milagrosamente debajo del tabernáculo de la iglesia, pareció la confirmación de la influencia benévola de Dios. Los supuestos castigos divinos, señales de advertencias y artilugios diabólicos, como posibles causantes de los huracanes, confirman la tesis de que las interpretaciones religiosas imperaban en la época. Ante estas situaciones se recurrieron a contramedidas establecidas y reconocidas en el Viejo Mundo como los campaneos, disparos de cañones, procesiones, oraciones a Santa Bárbara, palmas bendecidas, etc. (21–22).

No obstante, se encuentran claras evidencias de una visión paralela empírica de los sucesos. Así, por ejemplo, algunos previsores funcionarios coloniales registraron y constataron tempranamente la mayor resiliencia del estilo de vida indígena, presente en la construcción de las casas aguante ante las tormentas y también en la relativa resistencia de los tubérculos comibles después de las tormentas. Los colonos españoles supieron rápidamente aprovecharse de los saberes indígenas. De algunas islas vecinas ellos iban a buscar los pronósticos ante posibles tempestades severas de los indígenas Caribe en Dominica y San Vicente. En la navegación marítima se desarrollaron procesos similares. Alrededor de 1600 ya se había formado un conocimiento criollo que determinaba el pronóstico de las tormentas y empleaba indicadores biológicos como el comportamiento de animales incluso del ganado importado de Europa. Esta situación revela claras tendencias naturalistas empíricas (24).

Al mismo tiempo estudiosos europeos analizaron las condiciones atmosféricas del Caribe a través del estudio meteorológico clásico de Aristóteles (Martin 2006). Después de su amplio olvido en tiempo de la Edad Media, las ideas de Aristóteles habían experimentado una reactivación en la época del Renacimiento. Se trataba de un procedimiento ejemplar del así llamado círculo hermenéutico que relaciona lo desconocido, concretamente las condiciones meteorológicas del Caribe, con lo conocido, ampliando mediante la combinación de los dos horizontes el espectro de los saberes. No obstante, ni los colonos campesinos ni los eruditos seculares imperaron con estas interpretaciones, ya que fueron la iglesia y la religión católica las instancias que impusieron una interpretación hegemónica sobre los fenómenos naturales. Especialmente en tiempos de la Contrarreforma, estas entidades determinaron la providencia y el poder divino como paradigma hegemónico y rechazaron el naturalismo, incluyendo la predicción del tiempo meteorológico. Después de tiempos tolerantes frente a la astrología todas las prácticas adivinatorias fueron prohibidas. Los pronósticos del tiempo fueron considerados como tales y vistos como obras del diablo que se prohibieron en 1589 (Schwartz 2015: 20; Stuckrad 2003: 249–252).

La coexistencia simultánea de patrones naturalistas y religiosos como modos de explicación pervivió durante mucho tiempo, aún cuando el equilibrio tendía cada vez más hacia el naturalismo. La estacionalidad de los huracanes de junio a octubre comenzó a quitarle plausibilidad a la versión de las tempestades como actos de castigo divino a actuaciones pecaminosas concretas. En cambio empezaron a considerarse las tormentas como eventos, que actualmente son caracterizados a través del término de riesgo (Schwartz 2015: 55), o sea acontecimientos de cierto peligro con posibles consecuencias negativas.

3. Lo social frente a lo natural

Las invenciones del barómetro y el termómetro en la segunda mitad del siglo XVII —debe recordarse que a los huracanes siempre antecede una presión atmosférica baja— junto con la 'medición del mundo' causaron en su conjunto un empuje a la corriente naturalista, que marcó el inicio de la observación meteorológica sistemática en el mundo dominado por Occidente. Debe acotarse, que aunque las tormentas y las condiciones meteorológicas fueron entendidas crecientemente como eventos que siguen leyes propias, nunca se abandonaron completamente las concepciones religiosas de las mismas. En las islas británicas del Caribe se establecieron días de oración al principio y al final de la temporada de huracanes, atendidas incluso por personalidades ilustradas y librepensadoras. Los huracanes todavía se consideraron actos divinos, no tanto entendidos como castigo específico, sino como expresión de una providencia general (Schwartz 2015: 56–57, 124–129). Los conocimientos naturalistas objetivos ganaron en influencia, a pesar que durante el período colonial siempre estuvieron acompañados por interpretaciones religiosas.

Aún cuando, como se ha mencionado anteriormente, la población indígena conocía indicadores 'naturalistas' de observación meteorológica, no impedía que también tuvieran explicaciones religiosas. Lo mismo es de suponer del creciente número de esclavos africanos y es esto lo que es de especial interés para los estudios culturales.

Los desastres ambientales afectaron a los grupos sociales en distinta medida, reafirmando así la estructura dominante de las clases sociales y el racismo existente. Sin embargo, algunos observadores del siglo XVIII consideraron los desastres naturales como causa de un proceso de conformación de una identidad de comunidad de riesgo abarcando las islas caribeñas en su totalidad. Sin embargo, es poco probable que esta idea haya incluido también a los esclavos y negros libres. Esta población sufrió a menudo un alto y significativo número de pérdidas humanas por la situación de la pobre calidad de sus viviendas (49, 95). Además, ellos recibieron frecuentemente la porción más pequeña de los suministros de socorro enviados por la administración colonial, la metrópoli o las islas vecinas. Muchas veces, como efectos de las destrucciones huracanadas, se presentaron epidemias y hambrunas que provocaron saqueos. Cuando se detectaba que los esclavos estaban implicados, entonces se les sometía a drásticas y particulares sanciones, aún cuando se trataba de mera supervivencia. Además, la situación de caos y hambre aumentó el ya existente miedo de las revueltas de los esclavos. Es notable que los sectores esclavistas respondieran al menor indicio de protesta con ejemplarizantes castigos que impidieran otras perturbaciones sociales posteriores al paso de un huracán.

Un episodio que deja ver cómo se entretejieron los eventos naturales y sociales en el imaginario popular, lo proporciona el huracán más devastador del siglo XVIII. Se trata de la tormenta de 1780, también conocida en Jamaica como 'tormenta de Platón', debido a un así llamado brujo u Obeahman del mismo nombre. Él era líder de un grupo de cimarrones o esclavos escapados en Westmoreland y tenía fama de ser capaz de escaparse de su detención apoyándose en la magia. Finalmente la traición y el alcohol fueron la perdición del líder. En 1780 fue vencido, capturado y condenado a muerte en Montego Bay. Platón, según dice la historia oral, aceptó su juicio estoicamente, pero antes de la ejecución maldijo al guardia de la prisión, el cual falleció poco tiempo después. Por otra parte, Platón anunció una fuerte tormenta en venganza, la cual ocurrió en octubre del mismo año y devastó vastos lugares y campos de Jamaica (Lewis 1834: 94; Schwartz 2015: 107). La historia, entre otras fuentes, se trasmitió 50 años después por el escritor Matthew G. Lewis, quien, proveniente de una familia esclavista, fue un abolicionista preocupado por las posibles rebeliones de esclavos. La 'tormenta de Platón' también demuestra algunos aspectos de la cosmovisión afro-caribeña, donde la naturaleza, la religión y la magia se compenetran mutuamente.

4. Entre la naturaleza y la cultura

El creciente naturalismo en la cosmovisión occidental tenía otra implicación importante. Con el transcurso del tiempo se produjo una división entre la naturaleza y la cultura en el pensamiento ilustrado occidental que fue cada vez más marcada. Esta separación ha ocasionado una ignorancia y ha fortalecido una invisibilidad de la posible repercusión de los fenómenos naturales como los huracanes en el desarrollo de la historia política. Esta problemática se demuestra en el siglo XIX, con el ejemplo cubano de la conspiración de 'La Escalera', en 1844. El nombre de escalera se debe a que fue el objeto donde amarraron, azotaron y torturaron a los negros sospechosos de participación en la conspiración. Es todavía controvertido si la conspiración fue un movimiento a gran escala o un mero fantasma de la clase dominante. Hasta el día de hoy los historiadores especulan "que Inglaterra [...] había desempeñado un papel promotor; y [...] que todo era una falacia fomentada por las autoridades coloniales para eliminar la disidencia y establecer un control aún más férreo" (Barcia Zequeira/Paz 2001: 201). Desde otra lectura, apenas se ha considerado que la década de 1840 representó un periodo de intensa temporada de huracanes. La destrucción de los campos y siembras tras el paso de las tempestades favoreció la expansión de la producción de caña de azúcar a expensas del cultivo del café (2001). Al respecto, las malas condiciones de trabajo en las plantaciones de caña de azúcar condujeron a una alta mortalidad. Entre los años 1841–1846, junto con las víctimas de las huracanes, hubo una disminución del 25 por ciento en la población esclava (Schwartz 2015: 151). Por lo tanto, parece importante la consideración del papel de los huracanes y sus impactos en el análisis de acontecimientos como la conspiración de La Escalera.

Un tipo de vínculo interesante entre naturaleza y cultura la encontramos al comienzo de la meteorología moderna. Fue la orden de los jesuitas, y por lo tanto una institución religiosa, que en La Habana (Cuba) estableció en 1857 el primer observatorio meteorológico en el Colegio de Belén, que había sido creado tres años antes. Precisamente, esta era la época de la fundación de la meteorología científica moderna, donde los jesuitas invirtieron mucho interés y dedicación a las ciencias naturales. La orden fundó un considerable número de observatorios meteorológicos en todo el mundo, los que a menudo se conectaron con las facultades de matemáticas de las universidades. Por sus resultados, a comienzos del siglo XX los meteorólogos cubanos eran considerados los pioneros de las predicciones meteorológicas. El director del observatorio de Belén, el padre Benito Vines (Ramos Guadalupe 2014), 'descubrió' el velo de nubes cirros en el cielo, llamados entonces 'rabos de gallo', los cuales eran indicadores científicos de la inminencia de un huracán (Larson 2000: 133). Los cubanos, a partir de sus acertados pronósticos, provocaron la envidia de los meteorólogos de los Estados Unidos, particularmente evidenciado durante los años de ocupación norteamericana en Cuba. Según las investigaciones del periodista Erik Larson realizadas para su libro historiográfico *Isaac's Storm* (1999) los oficiales de la oficina de meteorología norteamericana ignoraban la correcta advertencia sobre la formación de una tormenta tropical fuerte de sus colegas cubanos. El resultado fue el huracán de septiembre de 1900 que destruyó la ciudad norteamericana de Galveston causando la muerte de miles de personas y grandes daños materiales. Cuando en 1961, dos años después del triunfo de la Revolución Cubana, el gobierno de Fidel Castro cerró el colegio y el observatorio de Belén, seguramente no tuvo presente el aspecto de la excelencia cubana meteorológica en el pasado, en comparación con el enemigo norteamericano.

5. Naturaleza y política

En 1963 ocurrió el huracán Flora, que representó una de las peores tormentas en la historia del Caribe y causó graves inundaciones en Cuba (Almeida Bosque 2002). Las milicias, el ejército, la Cruz Roja, la policía y los comités de defensa fueron movilizados para atender las destrucciones y las victimas del Flora. Como resultado de esta experiencia y otras parecidas, la defensa civil de la Revolución Cubana está hoy considerada como una obra maestra de la gestión de desastres

(Puig González et al. 2010; Casimir 2009: 7). Fidel Castro intentó convertir el desastre natural en una prueba de fuego de la Revolución Cubana, que ya en 1961 había afrontado la invasión de sus enemigos en la Bahía de Cochinos y en 1962 la Crisis de los misiles, con el conflicto del estacionamiento de misiles soviéticos de mediano alcance en tiempos de la guerra fría. Frente a las inundaciones y destrucciones se apoyó en las palabras de Simón Bolívar después del terremoto ocurrido el 26 de marzo de 1812, o sea del jueves santo de este año, en Caracas que sus enemigos caracterizaron como un castigo del cielo por la sublevación de los patriotas contra el legítimo soberano español. Adaptando la frase de Simón Bolívar: "Aunque la naturaleza se oponga lucharemos contra ellos [españoles-realistas] y haremos que nos obedezcan", Castro proclamaba en octubre de 1963: "Una Revolución es una fuerza más poderosa que la naturaleza" (Schwartz 2015: 290). No obstante, queda la pregunta, si estas palabras no parecen ligeramente sacras al ser expresadas por un materialista declarado como Fidel Castro.

Menos omnipotentes se revelaron cuatro años después de las palabras de Fidel Castro los seguidores de la religión afrocubana. En 1967 el escritor y etnógrafo alemán Rolf Italiaander asistió a una ceremonia de tambor con sacrificios de animales en Guanabacoa. Los religiosos no pretendieron ser más poderosos que la naturaleza, pero sí influir en ella. Italiaander relató: "El sacrificio de cinco animales se hizo para desviar el huracán de agosto 1967 de Cuba", añadiendo después que "unos días más tarde el huracán pasó por Cuba sin entrar y se desfogó un par de cientos de kilómetros en dirección hacia Yucatán" [traducción del autor] (Italiaander 1983: 39).

En las categorías de las ciencias modernas, la naturaleza, la religión y la política son esferas separadas. Pero en la realidad conforman muchas veces mezclas o 'híbridos' como los llama Bruno Latour (2008). Es así que la tormenta tropical Sandy, que devastó partes de Nueva Jersey y Nueva York a finales de octubre de 2012, fue también llamada un 'viento divino' en los medios de comunicación. El gestó de Barack Obama quien demostró personalmente su compasión con las víctimas de la zona del desastre, parece haber tenido un efecto directo en su reelección como presidente de Estados Unidos un mes después. La interpretación como 'viento divino' era aún más evidente en el caso del huracán Katrina, la catástrofe de Nueva Orleans de 2005, que los predicadores evangélicos e incluso el obispo auxiliar de Austria prospectivo de Linz Gerhard Maria Wagner invocaron como castigo divino por la libertad sexual, derechos de los homosexuales, el aborto y así llamados pecados similares (Schwartz 2015: 334). Por lo tanto, los argumentos religiosos siguen desempeñando un papel incluso en sociedades con un fuerte compromiso secular. Al contrario que en otros tiempos y lugares, sin embargo, ya no pueden reclamar el monopolio de la interpretación. Pero todavía persisten, incluso si están en segundo plano, conjuntamente con las fuerzas de la racionalización.

Bibliografía

Almeida Bosque, Juan (2002): *Contra el agua y el viento*. Ciudad de La Habana: Ediciones Olio Verde.

Barcia Zequeira, María del Carmen/Barcia Paz, Manuel (2001): "La conspiración de La Escalera: El precio de una traición". En: *Catauro. Revista de la Fundación Fernando Ortiz* 2, 3, pp. 199–204.

Casimir, Michael J. (ed.) (2008): *Culture and the Changing Environment. Uncertainty, Cognition and Risk Management in Cross-Cultural Perspective*. New York/Oxford: Berghahn Books.

Domínguez, Lourdes (2010): "El ídolo de Zayas". En: *Catauro. Revista de la Fundación Fernando Ortiz* 12, 22, pp. 49–51.

Fernández Ortega, Racso/Gutiérrez Calvache, Divaldo/González Tendero, José B./Domínguez González, Lourdes S. (2010): "Los petroglifos de Santiago de Cuba y el personaje con los brazos en aspa". En: *Catauro. Revista de la Fundación Fernando Ortiz* 12, 22, pp. 66–86.

Fernández de Oviedo y Valdés, Gonzalo (1851): *Historia general y natural de las Indias, islas y tierra firme del mar océano. Primera Parte*. Madrid: Imprenta de la Real Academia de la Historia.

Italiaander, Rolf (1983): "Tieropfer gegen einen Hurrikan in Cuba. Der Tanz mit der Riesenschlange". En: Italiaander, Rolf: *Schwarze Magie – Magie der Schwarzen*. Freiburg im Breisgau: Aurum Verlag, pp. 21–39.

Larson, Erik (1999): *Isaac's Storm: A Man, a Time, and the Deadliest Hurricane in History*. New York: Random House.

Las Casas, Bartolomé de (1986): *Historia de las Indias. Segundo libro*. Caracas: Biblioteca Ayacucho, pp. 23–26.

Latour, Bruno (2008): *Wir sind nie modern gewesen. Versuch einer symmetrischen Anthropologie*. Frankfurt am Main: Suhrkamp.

Lewis, Matthew G. (1834): *Journal of a West India proprietor: kept during a residence in the island of Jamaica*. London: Murray. En: https://download.digitale-sammlungen.de/pdf/1425986580bsb10469813.pdf (consultado por última vez: 18. 10. 2015).

Martin, Craig (2006): "Experience of the New World and Aristotelian Revisions of the Earth's Climates during the Renaissance". En: *History of Meteorology* 3, pp. 1–15.

Neely, Wayne (2009): *The Great Bahamian Hurricanes of 1926. The Story of Three of the Greatest Hurricanes to ever affect the Bahamas*. Bloomington: iUniverse.

Ortiz, Fernando (2005): *El Huracán. Su mitología y sus símbolos*. México: Fondo de Cultura Económica.

Puig González, Miguel Ángel/Betancourt Lavastida, José Ernesto/Álvarez Cedeño (2010): *Fortalezas frente a Huracanes (1959–2008)*. La Habana: Editorial Científico.

Ramos Guadalupe, Luis Ramos (2014): *Father Benito Viñes. The 19th-Century Life and Contributions of a Cuban Hurricane Observer and Scientist*. Massachusetts: American Meteorological Society.

Recinos, Adrián [1947] (1993): *Popul Vuh. Las antiguas historias de Quiché*. Fondo de Cultura Económica: Mexico D.F.

Schönwiese, Christian-Dietrich (2008): *Klimatologie*. Stuttgart: UTB.

Schwartz, Stuart B. (2015): *Sea of Storms: A History of Hurricanes in the Greater Caribbean from Columbus to Katrina*. Princeton/Oxford: Princeton University Press.
Stuckrad, Kocku von (2003): *Geschichte der Astrologie von den Anfängen bis zur Gegenwart*. München: Verlag C.H. Beck.

Carla Sagástegui

Transformación del territorio y la performance discursiva: la limpia de acequia de la comunidad rural de Sacsamarca

Resumen

El año 2015 la Comunidad campesina de Sacsamarca, ubicada en la región peruana de Ayacucho, solicitó a una universidad limeña que como parte de las acciones a realizar en colaboración para fortalecer su identidad resquebrajada tras el Conflicto Armado Interno peruano (1980–2000) se recuperasen sus fiestas costumbristas. La universidad ofreció entregar como primer producto un documental sobre la fiesta comunal para la limpia de acequia, una fiesta en abandono pues la limpieza de canales de regadío labrados en las tierras de cultivo se consideraba innecesaria porque la acequia principal en su sección más alta junto a la zona tradicional del ritual, ya había quedado determinada y fortalecida con cemento. Para sorpresa de todas las personas involucradas, durante la filmación, se descubrió que el cemento fomentaba el crecimiento de plantas al punto de generar obstrucción y derramar el agua. A continuación se expone desde un enfoque performativo el diálogo intercultural que se desarrolló durante el primer encuentro, en el que la comunidad, de cultura oral, puso en duda la validez de sus religiones, rituales, y premisas. Intercambiando los ritmos y expectativas del diálogo se expone el evento de incredulidad producido en la comunidad en contacto con una sociedad escrita y académica, al mismo tiempo que se mantiene una apariencia de homogeneidad, creencias y total adscripción a sus valores culturales.

Abstract

In 2015, the peasant community of Sacsamarca, located in the Peruvian region of Ayacucho, requested a Lima university to recover its traditional festivities as part of the actions to be carried out in collaboration to strengthen its identity cracked after the Peruvian Internal Armed Conflict (1980–2000). The university offered to deliver as a first product a documentary about the communal customs for the irrigation of ditches, an abandoned festivity because the cleaning of irrigated channels carved in the farmland was considered unnecessary because the main ditch in its highest section next to the traditional zone of the ritual, had already been determined and strengthened with cement. To the surprise of all the people involved, during filming, it was discovered that the cement promoted the growth of plants to the point of generating obstruction and spilling the water. The intercultural dialogue developed during the first meeting, in which the community, of oral culture, questioned the validity of its religions, rituals, and premises, is exposed from a performative approach. Exchanging the rhythms and expectations of the dialogue is exposed the event of disbelief produced in the community in contact with a written and academic society, while maintaining an appearance of homogeneity, beliefs and total adherence to their cultural values.

> Performance, like love, works only by engendering reciprocity.
> (Roger D. Abrahams 1972: 81)

El territorio que el Perú actualmente abarca, presenta tres regiones geográficas que reducen mucho el porcentaje de valles y tierras fértiles: la costa es semidesértica, la sierra esconde pequeños valles en medio de durísimas montañas andinas y la Amazonía solo cuenta con las orillas de los ríos, pues el resto de su abundante y variado territorio presenta una ecología muy frágil. Solo el nueve por ciento es cultivable. En casi toda Europa el veinticinco por ciento del territorio lo es.

En el *Manuscrito de Huarochirí*, recopilación de mitos compuesto desde fines del siglo XVI, sus relatos en quechua se desarrollan en las zonas andina y costera, en las que el territorio es tan montañoso y árido que requiere de canales de regadío y de andenes para "horizontalizar" todo el terreno vertical posible (Torero 1974, Murra 1975), por lo que los efectos de la acción humana en el ámbito tienen como fin la reconstrucción del territorio mismo. La transformación del territorio es permanente en esta obra, no solo por la construcción de andenes y acueductos (canales de regadío) sino también porque los dioses surgen de las montañas, producen sismos, crean lagunas y se transforman. El caos lo produce la falta de territorio para cultivar: "vivieron miserablemente, hasta en los precipicios y en las pequeñas explanadas de los precipicios hicieron chacras, escarbando y rompiendo el suelo. Ahora mismo aún se ven, en todas partes, las tierras que sembraron, ya pequeñas, ya grandes" (Ávila 2009: 13). El agua es una imagen indispensable en ese contexto. Usualmente representada mediante la laguna y el acueducto, completa un discurso que podemos entextualizar como medioambiental, en el que las acciones descritas de los seres humanos en relación con el agua están vinculadas a los reservorios y mantenimiento de los canales. La fertilidad requiere de la transformación del territorio en términos de laguna y canal. Frank Salomon considera que el agua es el elemento que provoca una lectura más bien política del texto (1991: 9). En el plano ecológico la relación entre invasor e invadido forma parte de la unión entre las aguas salvajes de las alturas que caen sobre las tierras de los valles. Los mitos, dice, se podrían leer como actas de derechos sobre tierras y canales de lugares específicos.

La acción del hombre, por lo tanto, consiste en conseguir que un dios cree una laguna o canal de regadío, porque la labor humana específica reside en la limpieza asociada a rituales de los canales para que el agua pueda transitar por el territorio. Lo vegetal, el producto de la unión entre el agua y la tierra, parece ser tan importante que los seres humanos brotan de la quinua. El agua está asociada al orden y al equilibrio. El agua en el canal de regadío y la mujer regando la sementera compartida por la comunidad resumen el deseo del agua fertilizadora, particularmente en la estación en que esta escasea. Pero no se trata de una mujer solitaria. Susan E. Ramírez (2005) resalta que la construcción y mantenimiento de los canales se realiza de manera colectiva, es decir, toda la comunidad participa de manera ritual y, al mismo tiempo, forma parte del trabajo.

Hacerle pago al huaca, abrir la boca del estanque y limpiar los canales es el ritual de la limpia de acequia hasta el día de hoy. Y se asume que este ritual festivo es un acuerdo cultural que produce un significado entre otros, sobre el agua, del tipo de agua que no debe inundar ni ser tan poca para que no se seque, de una bocatoma que hay que saber administrar, etc.

La secuencia de la limpia de acequia de Sacsamarca, empieza cuando se distribuyen las tareas y sectores de la acequia que le corresponden entre los comuneros, se sube por la montaña, se hace el pago, se limpian los canales, se reconstruyen algunos, se come junto a Santiago, se ve danza de tijeras, pelea de gallos y culmina todo cuando se baja bailando y cantando hasta la plaza. Considerado este ritual como una puesta en escena, se trata de un relato performativo en el que interviene el cuerpo junto con la palabra aprendida y el discurso improvisado. Se escenifica con la población y sus aleatorios coros, ofrendas, comparsas, luchas y danzas. El presidente de la comunidad, el alcalde y el mayordomo son una suerte de ensayadores, performadores principales quienes trasmiten el ritual e indican las acciones que deben realizar sus actores, incluida la audiencia; en sus parlamentos, combinan el discurso formulaico con canciones y relatos.

A continuación, se presentará como performance el diálogo que sostuvimos solo sobre el tema del agua de manera "notoriamente simple", como diría Roger Abrahams (1972): combinando ritmos y expectativas que permitieron una reacción sincronizada entre los comuneros y nuestro equipo respecto al tema y nuestras acciones. Esto colocaba el peso sobre la comunidad, estableciendo aquellos ritmos y expectativas, contando con el apoyo de sus tradiciones, en las dimensiones formales y simbólicas. Pero primero, requiero contextualizar cómo fue que llegamos a participar de la limpia de acequia de Sacsamarca, para lo cual tengo que remitirme más de treinta años atrás.

En el año 1982, el partido comunista Sendero Luminoso, que poco antes se había levantado en armas, llega a la comunidad de Sacsamarca y se inician enfrentamientos con la policía en los que los comuneros de dicha comunidad y de comunidades vecinas forman parte, ya sea contra Sendero, ya sea a su favor, aprovechando también las viejas contiendas intercomunales. Este conflicto fue terrible porque no resultaba difícil para los senderistas, la mayoría de ellos profesores de colegio, convencer a una población abandonada en la más profunda miseria por el Estado peruano de que se uniera a sus filas. Pero Sacsamarca decide enfrentarse a Sendero Luminoso y logra expulsarlo de su comunidad tras un año de enfrentamientos donde mueren cerca de 200 personas. Logra también que la base policial se retire. Hasta el año 1995 la comunidad vive en un estado de miedo permanente porque las zonas vecinas, Huancasancos por ejemplo, la capital de la provincia que se encuentra frente a ellos, cuenta con una base militar. Pero en la Lima oficial, académica y estatal no sabíamos nada de ellos hasta que la Comisión de la Verdad y Reconciliación (CVR), creada en el año 2001, fue de comunidad en comunidad por los Andes y la Amazonía recogiendo testimonios, y así llegó a Sacsamarca, considerándola en el informe final de la CVR como uno de los casos emblemáticos del conflicto armado interno.

Orlando Janampa, elegido presidente de la comunidad en el año 2012, fue uno de los jóvenes que había dado su testimonio. Su padre había muerto durante los enfrentamientos. Cuando conoce al presidente de la CVR, el doctor Salomón Lerner, entonces rector de la Pontificia Universidad Católica del Perú (PUCP), este le dice que si alguna vez necesita ayuda, podía ir a la universidad. Y así fue: diez años después el señor Janampa llegó a la universidad para que apoyen a su comunidad (que también es distrito). Él percibe a su comunidad como congelada en los acontecimientos del conflicto armado interno, no solo porque por ellos fue visibilizada a nivel 'nacional', sino porque perduran duros traumas y rencillas en la población.

La universidad, a través de la Dirección Académica de Responsabilidad Social (DARS), decidió responder y cumplir con el compromiso que había creado el doctor Lerner y se firmó un convenio, tanto con la municipalidad como con la comunidad (la cual en su asamblea había autorizado al señor Janampa a venir a Lima para realizar el pedido).

Uno de los objetivos del convenio es recuperar el patrimonio inmaterial y material de la comunidad, es decir, revalorizar sus fiestas y construcciones simbólicas. Fue el equipo que conformamos en la dirección, quienes decidimos priorizar la limpia de acequia por ser considerada, desde la academia, una práctica cultural de profunda vigencia e impacto en la administración del agua, uno de los recursos más importantes en las comunidades rurales debido a las difíciles condiciones agrícolas de los Andes y en particular de la puna, la zona más alta en la que se encuentra la comunidad de Sacsamarca. También la priorizamos por el impacto pedagógico que tendría en la escuela, pues urge comunicar las buenas prácticas agrícolas y ambientales de los Andes no solo con fines utilitarios, sino también simbólicos, pues los pueblos andinos son educados de manera precaria en español y con un oculto desprecio curricular por los saberes rurales y, por supuesto, por el quechua. Uno de los objetivos fundamentales de la DARS es el desarrollo de agencia en las poblaciones rurales a través del acompañamiento a la mejora de la salud mental comunitaria, así que realizamos el primer viaje para comprender su fiesta y la performance de la comunidad en ella. Este es el primer ensayo académico sobre la limpia de acequia de la comunidad de Sacsamarca, el cual se devolvió adaptado a la comunidad en forma de documental (2017), filmado en el mes de agosto —en el que anualmente se realiza la limpia— del año 2016.

Para conformar el equipo que llevaría a cabo la primera recopilación de información, la especialidad de Lingüística y Literatura me permitió dictar el curso de Deontología o ética profesional, donde expuse la necesidad de desarrollar instrumentos en la academia literaria para incorporar las tradiciones orales (puestas en escena y canciones) andinas y se estudian otras limpias de acequias en otras comunidades. Los tres estudiantes que obtuvieron la más alta calificación viajaron conmigo a Sacsamarca: Alvaro Jasaui, Maricielo Guillén y Alejandra Arana. Nos acompañaría nuestra asistente de campo, Alicia Noa, que estudió antropología en la Universidad de Ayacucho en convenio con la Universidad Católica y quien fue nuestra traductora, pues ella también nació en una comunidad cercana.

Más allá de si la teoría vista en clase calzaba o no con la realidad de la comunidad (por cierto, tan distinta de la de la urbe limeña), el equipo debía tener en claro que se encontraba haciendo el estudio académico *para y con* la comunidad. Por lo que la idea base de intercambio implicaba una pregunta fundamental: ¿cómo respetar las formas en las que se vincula el agua con las formas del ritual de la limpia de acequia sin intervenir académicamente en ellas? ¿Sin 'entextualizarlas', esto es, sin descontextualizar los discursos ni reemplazarlas por una versión analizada? Los casos que habíamos visto habían sido solo canciones transcritas, pues en los registros audiovisuales con fines de difusión identitaria y turística no se hacía referencia al agua ni al sistema de regadío como un saber.

Fue por ello que optamos por un enfoque performativo que nos permite distinguir el contexto comunicacional en el que como equipo universitario nos presentamos con un discurso acerca de 'sus' saberes sobre el agua y 'su' puesta en escena y qué es lo que ellos consideraron relevante de narrar y representar a la Universidad Católica, de quien por cierto, asumen que se encargará de difundirla en otros espacios[1].

Era nuestro discurso el que llevaba este pedido de tomar conciencia de al menos uno de los significados de la fiesta, pero tan solo era un discurso más entre todos los que se entrecruzaron durante el viaje que buscaba la mayor cantidad de significados posibles en la relación entre la fiesta y los saberes que esta comunica sobre el manejo del agua, como el diálogo con las mujeres solteras, sus discursos y su rol en la fiesta o los esfuerzos para recordar canciones que celebraban, por

1 Parte de esta investigación sobre Sacsamarca fue presentada en el 2015, en el Congreso de la Asociación Alemana de Hispanistas en Heidelberg.

ejemplo, los golpes que le daba un gorrión a su mujer o la canción de la sirena que cantaban mientras bajaban a la playa.

A continuación, intentaré reconstruir solamente aquello que atañe directamente al tema del agua. Así que haré lo que la teoría performativa dice que no se debe hacer: 'entextualizar', mostrar mi lectura preferente sobre discursos ambientales.

Empezaré diciendo que durante la presentación ante los comuneros para iniciar la filmación, provocamos el diálogo manifestando justamente esa intención. Estábamos sentados alrededor de una mesa en la terraza del local municipal, los comuneros que organizaban la limpia, el presidente de la comunidad y nuestro equipo. Sabían que no hablamos quechua, salvo Alicia, a quien le debo las traducciones y transcripciones, y se esforzaron por comunicarse en castellano. Así empecé: "Tenemos un compromiso con ustedes de filmar sus principales fiestas y sobre todo recoger los saberes que en estas fiestas que se transmiten de generación a generación, y una de estas fiestas importantes sin duda alguna a pesar de que no hay más baile y fiesta que en otras, es la limpia de acequia; porque es una fiesta muy relacionada a sus actividades productivas, ¿no es cierto?, y nosotros sabemos que eso es muy importante y que se tiene que transmitir a la generación joven."

Con esta introducción ya habíamos explicitado la relación con sus actividades productivas y el saber, en tanto planteábamos un mandato de transmisión generacional. En ese contexto nos comprometimos a "hacer un pequeño documental, un pequeño reportaje en video, también vamos a hacer un artículo por escrito, un pequeño texto y vamos a filmar la fiesta, este material se lo vamos a devolver a la comunidad, se lo vamos a entregar a la escuela...".

Luego de que cada uno nos presentáramos, lancé la pregunta directa sobre el significado que buscábamos de la fiesta. "¿Por qué es tan importante para ustedes limpiar la acequia y cuál es la importancia de este sector de *Hatun Yarqa* (acequia principal)?" Me respondió el presidente de la comunidad: "Para nosotros como usuarios es importante la actividad que hacemos, la limpieza de agua en nuestra acequia, porque todos nosotros nos dedicamos a la agricultura por ello el agua es *muy* importantísimo, para nosotros significa... cuando nosotros sacamos trabajos sacamos agua, entonces tenemos esa voluntad de pasar cargos y toda esa actividad."

Esta respuesta no nos bastaba en términos descriptivos. Entonces, añadí: "les voy a hacer una pregunta más específica; esta limpia de acequia en el calendario agrícola es importante porque empieza la siembra, ¿me pueden hablar un poco acerca de eso, alguno de ustedes puede explicarme la importancia de limpiar las acequias antes de la siembra?" Y esta fue la respuesta: "En sí, desde más antes según la historia una vez al año estas fechas hacían la limpieza, pero ahora en los últimos tiempos la acequia esta mejorado y estamos utilizando ya casi todo el tiempo ya, porque hay siembras de alfalfares y pastos cultivables y ello ya requiere agua permanente desde abril, pero más antes no era así, no había cultivos de pastos y netamente se utilizaba para la siembra, más o menos estas fechas octubre, setiembre ya van a empezar con la siembra y entonces por eso estaba planificado la limpieza primero y por eso participamos todos los usuarios, como digo más antes no salía pues el agua en los meses de abril, mayo hasta esta fecha (agosto) y con este trabajo recién este mes, o sea, estoy hablando de más antes, sacábamos el agua y era una alegría sacar el agua. ¿Tal vez alguien quiere agregar?"

Entonces habló Don Policarpio Yanqui, uno de los ancianos que se encarga de mantener las tradiciones orales. De acuerdo con Daniel Schacter (1996), los ancianos son quienes más tiempo han vivido y pueden retener más información sobre su sociedad. Pero al trasmitirla, personas como Don Policarpio, que equivalen en funciones a un libro o registro escrito, dependen de la interacción comunicacional. Por ello, sabíamos que podría variar su forma de narrar o explicar e incluso cambiar la información misma. Quedábamos en manos de su susceptibilidad para los olvidos y recuerdos. Aquí distinguiríamos qué del ritual seguía siendo el mismo y qué no.

"Yo ya cuento con 70 años, ¿sabes cómo era? ¿Y el trabajo en qué consistía? Casi desde abril se llevaba por qué no teníamos agua potable. A razón de eso siempre traíamos por encima de la población y pasaba todavía por donde *Cecna* (otra acequia), entonces cuando pasaba por encima de la acequia, de los puquiales salía y de allí tomábamos como: *puquio pata* (alto manantial), *cárcel puquio* (manantial de la cárcel) y así, y también aumentaba el manantial lo que le llamamos *Antacca*, entonces esa agua servía en algo para pasar el cargo, cargos públicos en la religión católica, entonces realmente pues beneficiaba en algo la necesidad que teníamos, desde el momento que tenía la razón he visto eso. Entonces, ¿cómo era? A la toma bocatoma llevar el santo y luego traer a *Samarikuna*, a la mitad del camino, allí se concentraban todos y de allí empezaban con *qachua* (fiesta), eso era la costumbre, nada más voy a decir por ahora."

Había surgido un nuevo elemento que afectaba la necesidad e impacto de la fiesta: el agua potable. Otro comunero agregó: "Era vital el agua más antes acá, con el agua todo se elaboraba como adobe, ni bien pasaba la época de lluvia ya se traía el agua de arriba, ahora como ya hay agua del caño ya hay agua incluso para que tomen los animales."

Fue en ese momento que salió a la luz la posibilidad de que la fiesta ya no fuese necesaria, que hubiese perdido su sentido. Les pregunté: "Entonces, ¿en principio que ya hay agua todo el año y la acequia ya está limpia?" Todos respondieron que sí. Me costaba creer que tendría que cambiar la razón del estudio, ya no había saber. Así que añadí "¿Por qué entonces ahora es importante mantener sus costumbres, es una pregunta difícil, porque ustedes han aceptado esos cargos?"

Ante mi preocupación por la complejidad del razonamiento, fue el mismo anciano quien se consideró el indicado en responder. Dijo don Policarpio: "Señora, la razón es la siguiente: porque nosotros valorábamos anteriormente, era el único el que se llamaba *Hatun Yarqa*, servía a todos, tanto al humano, tanto a los animales, por eso todos nosotros desde más antes, años ancestrales se ha acostumbrado festejar, con alegría se traía el agua con devoción, cantando y luego formando el grupo de qachua llegábamos a la mayordomía de la Virgen De Asunción de lo que ha pasado el cargo, el cargo central es el de la Virgen De Asunción aquí. Hoy en día ya no se lleva, la Virgen sí lleva, se encontraban con el *qachua* con su *huachaca* (licor), con todo el adorno del sombrero pues así era, eso era el motivo entonces salía la gente ya venía el qachua y por la misma razón le damos la importancia al agua."

La razón estaba con la fiesta de la Virgen de la Asunción, patrona de Sacsamarca, que por cierto es Sacsamarca de la Asunción y la fiesta del agua, la cual ocurre el fin de semana posterior a la devolución de las imágenes de la virgen que salieron en procesión a la iglesia. Habíamos empezado a hablar sobre cómo los danzantes compiten junto a la imagen del santo que representa *Hatun Yarqa*, cuando apenas la mencionamos, Don Policarpio interrumpió con su discurso acerca de un hito ambiental tan importante que forma parte de la historia que él cuenta de la comunidad: "Y el origen de *Hatun Yarqa* es la laguna *Orqonqocha*. El año de 1954 hubo una sequía durante cuatro años incluso abrieron la zanja para que salga, para que salga el agua para salvar los cultivos y la costumbre empezar con *qachua*, se canta el nombre de esa laguna."

También manifestamos que nos preocupaba cuánto afectaba que toda esta conversación estuviese siendo filmada. "Normal nos sentimos alegres primera vez que nos filman para una fiesta", dijo uno para romper el hielo, pero luego el presidente de la comunidad se apropió de nuestro discurso, con el que habíamos iniciado la presentación. "Importantísimo señorita porque nosotros como jóvenes un poco ya no sabemos lo que ha pasado años anteriores aquí se ha recalcado muchas cosas y yo me estoy enterando igualito algunos estudiantes también se enteraran no." Añadió don Policarpio: "Es la primera vez que están filmando porque así pueblos aislados digamos el gobierno no nos tienen en cuenta a razón de eso, nosotros estamos obligados, la distancia mismo también llama la atención y anteriormente también no teníamos carretera ahora recién todo eso nos dificultaba."

Conversamos también sobre el sembrío de cereales y nos explicó don Policarpio que "anteriormente se sembraba cebada, trigo, oca, papa, olluco, *mashua*, hoy en día la mayoría siembra maíz, quinua, *quiwicha* y todo eso y con eso nomás sobrevivimos y para los ganados también los pastos." Sobre sus diversos ganados, añadió que "ahora está en diferentes sitios, algunos que no tienen cerco algunos que ya tienen animales mejoraditos ya lo tienen aquí en la población en los cercos de alfalfares, recién también estamos aprendiendo a sembrar más antes no sabíamos." Hablamos de las otras tres acequias, como *Ceccna*, que se limpian en los siguientes días.

Don Emilio nos explicó sobre el pago a la tierra y su intención, la razón de ser de la fiesta. Tras el discurso sobre los beneficios del agua, salió a la luz una de otras significaciones: "Lo que dicen *pagapu* (ofrenda) que hacen a la *Pachamama*, toda esa costumbre, el cargonte hace con tanta fe con esa voluntad para que el agua continúe siempre igual para eso." ¿Qué pasaría si no lo realizaban? Tendrían mala cosecha. Necesitaban el origen del agua que viene de la laguna *Orqonqocha*. "El *pagapu* hacemos con fe a la tierra con la creencia de que se aumente el agua, que no nos falte el agua y todo eso, mientras el santo Santiago como es el patrón del agua también llevamos pues, como adorando hasta la toma."

Pero nos preocupaba mucho que don Policarpio insistiera en el estado de olvido de la fiesta: "Nosotros también casi ya no nos recordamos, o sea desde más antes ya venía perdiendo esta costumbre hace muchos años, ahora de alguna u otra manera queremos recuperar la costumbre que venía perdiéndose, ojalá que hagamos no solo para que podamos filmar sino que también al año que vienen podamos continuar aunque haiga filmadora o no."

Se asume que en sociedades iletradas, como Sacsamarca, la tradición oral tiene que cargar todo el peso de la trasmisión cultural. En este caso, la comunidad de Sacsamarca es quechua hablante, una sociedad de cultura iletrada que convive con un Estado que busca que toda su sociedad (o sociedades) se vuelva letrada y en castellano, como corresponde al modelo moderno. En el Perú, la población quechua hablante es cerca de tres millones y medio de personas. Pero la mayoría de estudiantes asiste a colegios donde los profesores que saben quechua se van reduciendo hasta que llegan a una escuela secundaria en la que solo reciben clases en castellano, única lengua que aprenden a transcribir, pocos a escribir. Son letrados en una lengua que es ajena y que ha restringido el estudio de su tradición oral a la academia antropológica y de estudios culturales. Eliminándola de la escuela y de la literatura.

Don Policarpio, miembro de una cultura oral nos muestra cómo dudan de tiempo en tiempo sobre la validez de sus dioses, rituales, sus premisas. Pero solo aquellos que se escriben crean una verdadera tradición crítica emergente que permite que la tradición se construya a sí misma y eso lo ven en la filmación. Aquí podemos ver como la generación de la incredulidad se produce en contacto con una sociedad escrita y académica, y como al mismo tiempo en el discurso también se ha tendido a mantener una apariencia de homogeneidad, creencias y total adscripción a sus valores culturales.

La bocatoma es grande, parece una represa construida con enormes piedras. El lugar en el que se hace el *pagapu* es lo más alto posible, cincuenta metros después de donde se deja el santo Santiago. Era el sábado 23 de agosto del 2014. En la cima de la montaña *Huancachaca*, junto a la bocatoma de la acequia grande, *Hatun Yarqa*, se prepara la ofrenda con claveles, chicha, alcohol, vino, naranja, coca, maíz, trigo y tres velas. Notas de música de la *tinya* y *pincullo* (tambor y flauta) y los *waqrapukus* (trompas de cuerno).

Chaynam ñuqa apamuni, así yo traigo el agua	Orqonqocha yakuchata el agüita de Orqonqocha

Don Amancio es el encargado de hacer el *pagapu.* Antes de comenzar con el ritual, chaccha coca, y el mayordomo distribuye coca entre todos los participantes. Se prosigue a abrir la tierra con un pequeño pico (al abrir se encuentra pequeños tubérculos, Amancio hace ver el tubérculo al mayordomo, hecha el vino, chicha, saca una pequeña olla y otra más pequeña, unos pequeño recipientes. Todos estos objetos son colocados en un espacio, las ollitas son limpiados también por el mayordomo. Después de sacar los diversos objetos, se echa unos sorbos de vino, el ritual del *pagapu* es realizado por don Amancio con las siguientes palabras:

Pachamama tomaycuyllay kay voluntayniyta, Mayordumuta voluntanninta upyaykuy Pacha mama, De igual manera, kay aqachatawan tomaykuy pachamama, Pachamama chaynayá tragochatawan tumaykuy, Qinas payá tranquilochaya yakuyquita quykuwanquiko churiquiman wawayquiman.	Madre Tierra toma este mi voluntad, Pachamama toma la voluntad del mayordomo, de la misma manera también toma esta chichita, también toma este traguito, para que tranquilo nomás des tu agua a tus hijos e hijas.

Se limpia los pequeños recipientes, las pequeñas botellitas, y se vacía el contenido a otro recipiente; prosigue el encargado de hacer el *pagapu* con estas palabras:

Allpapacha, ex mayordomupa voluntadinmi durasusqanki kunankama gracias.	Tierra suelo, la voluntad del ex mayordomo te había durado hasta ahora este su vinito también, gracias.

Prosigue a limpiar la pequeña ollita, le sirven alcohol, da unas gotas al suelo y dice:

Pachamama, tomaykuyá ñuqawan,
Allpapacha, pachamama kaypi presente
mayordomupam qamun huk cariño
qunaykupaq.
Kunanmi kamyaykuykiku qayna wata ex
mayordumupa qususqayquita, gracias.
Kaqalla yakuyquita quykuwanquiko,
chaywanmi mikusqa kaniku,
animalnikupapas pastun verde toda la vida.
Kunanmi huk voluntadta nuevo
mayordomo qusunki.

Madre Tierra, toma conmigo,
Tierra suelo, del presente mayordomo su
voluntad viene un cariño para darte.
Ahora estamos cambiando lo que te da dado
el ex mayordomo, gracias.
Así nos has dado tu agua, con eso nosotros
estamos bien alimentados,
también el pasto está verde para nuestros
animales.
Ahora otra voluntad te está dando el nuevo
mayordomo.

Se prosigue a adornar con coca (se hace una división de 4 hojas de coca), se almacenan en los recipientes las bebidas como chicha, se toma unos cuantos racimos o ramos de hojas de clavel (flor) en dos partes, la bolsita de trigo es separada y depositada en las 2 pequeñas ollas, se prosigue con los ollucos, el encargado de hacer el ritual dice al depositar los productos:

Pachamama, estoy alistando tu fiambre de
este año;
Faltaptiypas debibtiypas disculpaykuwanki

Pachamama, estoy alistando tu fiambre de
este año;
Si te hace falta o te deba discúlpame

Se colocan las habas en pares, una mazorca de maíz para cada ollita, los racimos de clavel son primero colocados en una de las ollas, después se deposita la quinua y dice:

Pachamama, kay quinuaqinam chacraypi
producinqa sara,
Kay quinua qinam chacraypi producinqa
papa,
Aman qunqaruwanquikuchu wawayquita
churiquita
Qanmanta mikuqmi kaniku.

Pachamama, así como está quinua en mi
chacra va a producir maíz,
Así como esta quinua en mi chacra va
producir papa,
No nos olvides, ni olvides a tus hijos e hijas
De tus entrañas comemos y nos discúlpame.

Se observa que solo a una de las ollas se le pone el clavel, mientras a la otra se deposita la misma cantidad y el mismo producto. Las dos ollitas son recogidas hacia arriba con las dos manos (las dos manos contienen a las ollitas). En ello, el mayordomo dice:

Pachamama, churiki wawayqui sacsamarcatan sirviwanquiku kay llakuta ñuqaykuman kay qalaychata quwankiku chacraykuman chayanampaq chaywan ñuqayku vidapasanaykupaq, kaymi voluntadniqui watakama Watakaman ñuqaykuta apuyawankiku watataqa uk nuevo mayordomuchá Qanmampas chayamuchkasunki kaq uk voluntadta quchkasunki, allpapacha allpatierra, Pachamama kaymi cariñuyqui uk nuevo mayordomo mandamususqayki.	Pachamama, a tu hijo e hija Sacsamarquino nos vas a servir y tu agua nos vas a dar para que llegue a nuestras chacras para que con eso nosotros pasemos nuestra vida Por eso esta voluntad es hasta el otro año hasta el año que viene nos vas a apoyar el año que viene ya otro nuevo mayordomo A ti te estará llegando y otra voluntad te estará ofreciendo suelo tierra, tierra suelo, Pachamama este es tu cariño este nuevo mayordomo te ha mandado.

Con esas palabras coloca las dos ollitas en el hueco preparado.

Al terminar el *pagapu*, el alcalde Ovidio García (ingeniero civil que había ocupado el cargo porque reemplazaba al alcalde revocado), muy contento y formal, nos dice en castellano: "En este sitio anteriormente no he llegado [...] (lo cual significaba que por primera vez participaba de esa manera en la limpia de acequia.) En primer lugar felicitar al mayordomo por el ritual que se ha cumplido yo creo que es una costumbre ancestral de nuestro pueblo y yo creo que esta acequia abastece más [...]. Sea de paso mis felicitaciones y agradecimiento la presencia de la Universidad Católica del Perú acá presentes, yo creo que estamos cumpliendo el convenio que se ha firmado juntamente con el presidente de la comunidad de la directiva comunal y eso creo que estamos haciendo conocer nuestra costumbre hacia el Perú, hacia el mundo y felicitarles a cada uno de ustedes presentes acá y yo creo que la costumbre de nuestro pueblo no debe acabar, entonces hay que seguir adelantes, ustedes señores de la católica profesora. También anunciarles que para el mejoramiento de nuestra acequia de *Hatun Yarqa* tenemos ya un proyecto viabilizado para este año que está alcanzando a ¡tres millones setecientos y tantos!"

Al hacer el camino de regreso, el alcalde se da cuenta de que nadie se había detenido a limpiar la acequia de cemento, de aquellas en las que él prometía invertir cerca de un millón de euros. Ya no era el surco en la tierra, pero sí estaba sucia con las piedras que tira el ganado y llena de hierbas similares a las algas. El cemento había resultado ser como una maceta con pequeñas truchas de tramo en tramo. El alcalde, los comuneros y nuestro equipo descubrimos que pensábamos que por estar hecha de cemento ya no necesitaba "limpiarse". El cemento provocaba otra forma de obstrucción. Desde que se habían hecho los canales de cemento y el pueblo tenía agua potable, se había perdido la costumbre de subir hasta la toma *Huancachaca*. Si no hubiese sido por la demanda de recuperar sus fiestas y, de nuestra parte, por priorizar la limpia de acequia y no el día del Corpus Christi, por decir cualquier otra fiesta, quizá ese año hubiesen confiado en el cemento y posiblemente habrían sufrido el impacto de su obstrucción. De inmediato, todos empezamos a detenernos a retirar las hierbas. Un comunero que nos había acompañado y que tuvo que regresar a la parte que estaban reconstruyendo con cemento cerca de *Samaricuna*, nos dejó a su hijo de seis años. El niño al inicio de la limpieza lanzaba piedras a la acequia, pero tras llamarle la atención y hacerle ver el accionar de los adultos, se convirtió en uno de los limpiadores más dedicados. Aquí me detengo.

Conclusiones

En el discurso del *pagapu* se mantiene el carácter sagrado de, en este caso, la huaca o divinidad de la madre tierra, a quien se alimenta con cariño y a quien se pide disculpas por la conducta, pues se requiere de su simpatía para conseguir el agua que fertilizará el pasto del ganado y los alimentos para sus hijos de Sacsamarca. Las acequias deben mantenerse abiertas para que descienda el agua de la laguna. Al llegar el agua potable y el cemento con una canalización que impedía su derrumbe se movió del calendario, cambiando su estatus a prolongación o acompañamiento de la fiesta patronal de la Virgen de la Asunción. La construcción moderna y tecnológica había desplazado a la huaca *Pachamama*.

Desde el discurso académico no habíamos tomado en cuenta siquiera la posibilidad de dicho contexto y llegamos en busca de los significados del agua en la performance de la fiesta. Nos sorprendimos cuando nos dijeron que estaba siendo olvidada, pero como la comunidad estaba contenta con mantenerla y trasmitirla, fue con esta intención identitaria y comunicativa que subimos y afectamos el ritmo al tener ellos que subirnos hasta donde ya habían decidido que no era necesario. La *Pachamama* fue tratada como se merecía, así también Santiago, santo patrón del agua. Al descender y descubrir todos nosotros que el cemento también necesitaba una limpia por la obstrucción de piedras y vegetación, produjimos de manera conjunta un nuevo significado para mantener el pago en la bocatoma de *Huancachaca*. Dentro de unas cuantas semanas regresaremos a Sacsamarca para planificar la filmación esta vez ya profesional de la limpia de la *Hatun Yarqa* y de las otras tres acequias. Y nos preguntamos si este significado habrá sido incorporado por los comuneros a sus discursos o a sus acciones. Prometemos, por nuestra parte, procurar no explicitarlo, para respetar su manera en la que generan para nosotros su reciprocidad.

Bibliografía

Abrahams, Roger D. (1972): "Folklore and Literature as Performance". En: *Journal of the Folklore Institute* 9, 2/3, pp. 75–94.

Ávila, Francisco de (2009): *Dioses y hombres de Huarochirí. Narración quechua recogida por Francisco de Ávila (¿1598?).* Trad. de José María Arguedas. Lima: Universidad Antonio Ruiz de Montoya.

Comisión de la Verdad y Reconciliación (2003): "La violencia en las comunidades de Lucanamarca, Sancos y Sacsamarca". En: *Informe final.* Tomo V. Capítulo 2: Historias representativas de la violencia.

http://www.cverdad.org.pe/ifinal/pdf/TOMO%20V/SECCION%20TERCERA-Los%20Escenarios%20de%20la%20violencia%20(continuacion)/2.%20HISTORIAS%20REPRESENTATIVAS%20DE%20LA%20VIOLENCIA/2.2.%20LA%20VIOLENCIA%20EN%20LAS%20COMUNIDADES%20DE%20LUCANAMARCA.pdf (consultado por última vez: 10.11.2016).

Deontología de Lingüística y Literatura (2017): *Kayqayá yakuchanchik – Sacsamarcapa yarqa aspiynin / Aquí está nuestra agua – Limpia de acequia de Sacsamarca.* Lima: Dirección Académica de Responsabilidad Social PUCP. Documental.

https://www.youtube.com/watch?v=PhS3RIL97hE (consultado por última vez: 17.12.2017).

Murra, John (1975): *Formaciones económicas y políticas del mundo andino.* Lima: Instituto de Estudio Peruanos.

Ramírez, Susan (2005): *To Feed and be Fed. The Cosmological Bases of Authority and Identity in the Andes.* Stanford: Stanford University Press.

Salomon, Frank (1991): "Introductory Essay: The Huarochiri manuscript". En: Salomon, Frank/Urioste, George L. (eds.): *The Huarochiri Manuscript. A testament of Ancient and Colonial Andean Religion.* Austin: University of Texas Press, pp. 1–38.

Daniel Schacter (1996): *Searching for Memory: The Brain, the Mind, and the Past.* Nueva York: Basic Books.

Torero, Alfredo (1974): *El quechua y la historia social andina.* Lima: Universidad Ricardo Palma.

Imaginarios de la modernidad en transformación

Elisabeth Baldauf-Sommerbauer

¿Acaso nada se ha aprendido? *Butamalón* (1994) de Eduardo Labarca y los (im)posibles cambios de nuestras relaciones con el entorno social y natural

Resumen
La novela *Butamalón* muestra la explotación social y ecológica en la Guerra de Arauco y su persistencia. El pasado y el presente se entremezclan, un traductor del siglo XX, el mayor crítico de la explotación del pasado, se convierte en el mayor explotador del presente. Por otro lado, el misionero Juan Barba personifica el cambio. Mediante una lectura ecocrítica el presente trabajo reflexiona sobre el imprescindible cambio que puede significar una salida de la actual crisis socio-ecológica, recurriendo a los conocimientos de la psicología social y a las investigaciones sobre la sostenibilidad y la transformación. Además, investiga en qué puede contribuir la novela a lograr tal cambio.

Abstract
The novel *Butamalón* shows the social and ecological exploitation during the Arauco War and its persistence. Past and present intermingle, a 20th century interpreter, who represents the harshest critic of the exploitation that took place in the past, becomes the major exploiter of the present. On the other hand, Juan Barba, missionary in the war, personifies change. Through an ecocritical reading, this article reflects on the profound change that is indispensable for resolving the current socio-ecological crisis, drawing on findings from social psychology, sustainability and transformation studies. Besides, it investigates how the novel *Butamalón* can contribute to accomplish such a change.

Desde luego, no puedo afirmar si un cambio
conllevará a una mejor situación.
No obstante, puedo asegurar que para
llevar a cabo una mejora, el cambio es imprescindible.
(Georg Christoph Lichtenberg, *Sudelbuch* K [293], traducción de la autora)

1. Transformaciones amenazantes y deseadas en el contexto de la actual crisis (socio-)ecológica – ¿Por qué progresan las primeras y por qué no se dan las últimas?

En el antropoceno, la crisis ecológica o las crisis ecológicas, de hecho, son de índole sociocultural. Muchos elementos indican que nuestras interacciones con el entorno natural son la clave para la solución de dichas crisis. A pesar de ello, *grosso modo* no hemos cambiado nuestra interacción con el entorno natural, seguimos explotando y contaminando. La sociología, la psicología y las investigaciones sobre sostenibilidad y la transformación proponen diferentes explicaciones para tales problemas.

En primer lugar, como también es evidente en la novela chilena *Butamalón* de Eduardo Labarca, publicada por primera vez en 1994 en la editorial Anaya & Mario Muchnik en Madrid y objeto de estudio del presente trabajo, cambiar conductas habituadas es un esfuerzo enorme. Es aún más difícil si se trata de conductas compartidas y apreciadas en la sociedad. Como señala la historiadora de cultura Gabriele Sorgo, salir del estándar de cierto contexto cultural suele llevar a la pérdida de reconocimiento (2012: 64).

En segundo lugar, las conductas ambientalmente responsables muchas veces exigen más tiempo o más dinero, pero tener menos tiempo y menos dinero significa una desventaja en sociedades dominadas por el capitalismo neoliberal. En tercer lugar, los que más afectados están por problemas ambientales, tienen menos posibilidades de exigir cambios a favor de conductas ambientalmente responsables. Asimismo, las personas con más poder decisivo suelen ser las menos afectadas y por tanto las que menos interés tienen en dichos cambios; inclusive, son las que más provecho sacan si la explotación de recursos naturales (y humanos) continúa. En cuarto lugar, no cambiamos fundamentalmente porque negamos las consecuencias catastróficas que, según los escenarios, tendrá nuestra conducta. La psicología lo explica con el fenómeno psicológico de un mecanismo de defensa disociativo, el cual hace que el ser humano no se exponga emocionalmente a las catástrofes pronosticadas debido al pánico que estas le causarían (Berghold 2014: 14). Además, las soluciones señaladas siguen la misma lógica que nos ha llevado al actual estado del medio ambiente, por lo mismo Welzer y Sommer (2014) exigen una modernidad reductiva. Esto significaría un cambio fundamental y no hay un plan maestro para tal transformación sociocultural. Faltan ideas utópicas: Fredric Jameson observa que "[i]t seems easier for us today to imagine the thoroughgoing deterioration of the earth and of nature than the breakdown of late capitalism; and perhaps that is due to some weakness in our imaginations" (Jameson 1994: xii).

Por lo tanto, Berghold (2014), Sorgo (2011; 2012) y Kagan (2011; 2012), entre otros, afirman que despertar y animar la fuerza imaginativa para llegar a posibles alternativas desempeña un papel importante en la búsqueda de salidas a la actual crisis socio-ecológica.

Considerando lo anterior, se puede afirmar que hasta ahora las transformaciones deseadas ante la crisis socio-ecológica no se han dado por dos dificultades: en primer lugar, apartarse del camino habitual y, en segundo lugar, imaginarse caminos alternativos. Aquí se puede sacar provecho de la literatura, ya que entre los potenciales transformativos de ésta se encuentran en primer lugar ayudar a la comprensión de por qué cambiar nos cuesta tanto, y en segundo lugar despertar y animar la fuerza imaginativa. El presente trabajo se propone investigar en qué puede contribuir la novela *Butamalón* al respecto.

2. Marco teórico y metodológico

Detrás del objetivo del presente trabajo arriba indicado, se encuentran dos preguntas: primero, ¿por qué no se ha dado el imprescindible cambio respecto a nuestras interacciones con el entorno natural a pesar de que muchos elementos indican que son justo estas interacciones, es decir nuestra conducta, que es la clave para la solución de dichas crisis? Segundo, ¿qué pueden aportar la literatura y los estudios culturales y literarios a la solución de las crisis ecológicas? Estas preguntas sugieren un acercamiento ecocrítico al texto literario estudiado. ¿Pero qué implica tal acercamiento ecocrítico? Dado que en este momento no hay ni *la* ecocrítica ni *la* metodología ecocrítica, me parece importante aclarar el 'camino teórico y metodológico' que no solo ha marcado, sino que también ha llevado a mi lectura de *Butamalón*.

La base teórica de la que se nutre este trabajo se compone de estudios que abordan dichas interrogativas. Estos son, en cuanto a la primera, estudios sociológicos y psicológicos, estudios de sostenibilidad e investigaciones sobre la transformación. Tales estudios e investigaciones a veces también se dedican a la segunda interrogativa, sea de manera explícita o implícita. Además, la 'ecología cultural' (Finke 2003; Zapf 2002) y los estudios literarios entendidos como 'science-for-living' (Ette 2016) han marcado mis suposiciones y conclusiones acerca de la segunda interrogativa.

La novela *Butamalón* se puede leer de múltiples maneras. De estas, la lectura ecocrítica no es la más obvia, dado que se trata de un texto que ni aborda las crisis socio-ecológicas ni las interrelaciones del ser humano con su medio ambiente (no humano) en primer plano. No obstante, las aborda en un segundo plano de una manera profunda y compleja. El tema de las transformaciones tiene más importancia de lo que a primera vista parece. Es más, la novela implícitamente se plantea la primera pregunta antes mencionada y la pone de relieve. Por tanto, la novela es un objeto de estudio prometedor para la discusión de la segunda pregunta.

Con este marco teórico de fondo, se han formulado dos preguntas concretas de investigación para el análisis de la novela, señaladas en la siguiente sección. No obstante, antes de empezar con la lectura ecocrítica de *Butamalón*, enfocando las transformaciones en y mediante esta novela, cabe aclarar que en el presente trabajo aplico el término 'transformación', primero, al contexto sociocultural y segundo, al medio ambiente físico. Respecto al contexto sociocultural entiendo por ello tanto la modificación de creencias, cosmovisiones, costumbres y/o valores, como las consiguientes modificaciones concernientes a las interacciones sociales. Si hablo de la transformación ecológica, por otro lado, me refiero a modificaciones de la flora y fauna existentes y a modificaciones en relación con la calidad del entorno natural como "fuente (materias primas, energía, suelo), depósito (emisiones, basura) y 'prestadora de servicios' (ciclo del agua y del CO_2, fotosíntesis, etc.)" (Raza 2000: 30). Queda por decir que uso los términos 'transformación' y 'cambio' como sinónimos, tal como se acostumbra a hacer en los discursos ambientales, aunque un análisis de la etimología de los términos y de sus diferentes matices podría ser revelador. Entre otros términos usados en el presente trabajo que exigen una discusión figuran 'naturaleza', 'ecología', 'medio ambiente', 'problemas ambientales' y 'crisis (socio-)ecológica'. Dado que tal discusión rebasaría los límites de este artículo, refiero a la discusión de dichos términos en Baldauf (2013).

3. Transformaciones en y mediante la novela *Butamalón*: una lectura ecocrítica

Para contextualizar la novela, cabe señalar que, partiendo del pasado colonial, en *Butamalón* Eduardo Labarca muestra que los conflictos entre españoles e indígenas y el subsiguiente mestizaje genético, cultural y religioso son parte de la identidad chilena. En un segundo plano también muestra los impactos ecológicos y sociales de estos conflictos tanto como del sistema económico actual. Además, se ven los aspectos transareales de estos problemas sociales y ecológicos. Por lo tanto, a pesar de no ser una novela explícitamente ecológica, *Butamalón* ofrece una lectura rica, también desde una perspectiva ecocrítica.

La novela se compone de dos tramas, aparentemente paralelas, pero no obstante entrecruzadas. Una de las dos tramas es una ficción testimonial del misionero Juan Barba, prisionero de los mapuches durante la Guerra de Arauco a fines del siglo XVI y a principios del siglo XVII, quien, según observa el fray

Onofre, vino a convertir pero acabó siendo convertido (Labarca 1997: 314). La segunda trama protagoniza un traductor chileno del siglo XX, quien desea y tematiza el cambio sin conseguirlo.

Aunque la transformación no es el tema principal que salta a la vista, a continuación se mostrará que la novela no solo tematiza cambios deseados, cambios logrados y cambios malogrados, sino también se puede sospechar que los quiere fomentar en los lectores. De esta manera constituye un interesante punto de partida para reflexionar sobre la pregunta de qué circunstancias fomentan o inhiben cambios deseados en la conducta. Las preguntas que me he planteado para el presente trabajo, concernientes a la novela, son dos:

1. ¿Cómo facilita la novela la experimentación estética de los aspectos que promueven e inhiben los cambios deseados en relación con nuestras interacciones con el entorno social y natural?
2. ¿En qué medida puede influir esta experimentación estética en las transformaciones socioculturales?

En su prisión Juan Barba, el protagonista de la primera trama, conoce el mundo de los mapuches, los aprecia, intercede a favor de ellos y al final incluso se identifica con ellos y parcialmente con su mundo, tal como se evidencia en el siguiente párrafo en el que la oposición entre 'ellos' (es decir, los mapuches) y 'yo' (es decir, Juan Barba, no mapuche) se disuelve parcialmente:

> [L]os mapuches eran hijos y amos de la tierra desde antes de que existiera la memoria, y en los bosques, obedeciendo los dictados del admapu, aprendieron a tratar a las plantas como a hermanas menores, porque son puras y no huelen mal ni necesitan bañarse como los mapuches, sólo despiden fragancia, y cuando las golpeamos no pueden defenderse, pero si las tratamos con cariño curan nuestras enfermedades y nos dan alimento, vigas y paja para nuestras rucas, leña para nuestro [sic] fogones, varas para nuestras armas, y por eso los mapuches esperan, para comerlas o preparar con ellas su chicha, a que las frutas estén maduras, y los árboles nos las entregan con agradecimiento para que llevemos lejos las semillas y de ellas broten nuevos vástagos, y cuando tenemos necesidad de cortar un árbol viejo plantamos un arbolito joven en su lugar [...]. (Labarca 1997: 155–156)

Juan Barba nos hace ver la cosmovisión mapuche que implica una vida en armonía con la naturaleza (no humana). Además, por otro lado, el testimonio muestra la explotación social y ecológica relacionada con la Guerra de Arauco. Entre esta trama y la segunda hay una diferencia de más de 400 años. Sin embargo, la explotación social y ecológica persiste. El pasado y el presente se entremezclan, el mayor crítico de la explotación del pasado se convierte en el mayor explotador del presente: esto es, el protagonista y traductor que vive en Chile a finales del siglo XX. El Traductor quiere llamar la atención de sus paisanos sobre la explotación social y ecológica relacionada con la Guerra de Arauco haciéndola comprensible y vivencial mediante la traducción de un texto inglés sobre el mencionado Juan Barba. Se familiariza con el contexto histórico y poco a poco se va identificando —de manera quijotesca— con Juan Barba. Sin embargo, su obsesión le ciega. Es decir, no se da cuenta de que mientras se pronuncia a favor de la justicia social para los mapuches, se aprovecha de la Empleada, mapuche, como amante, oyente y fuente del saber indígena. A medida que va penetrando cada vez más en el mundo de Juan Barba, corporalmente penetra en la Empleada y engendra un hijo con ella. Pero a diferencia de Juan Barba, que también engendra un hijo con una mapuche, el Traductor no quiere saber nada de su hijo por nacer. Además, en vez de tomar medidas en contra de un proyecto turístico en el sur de Chile, que conllevará la explotación social y ecológica, que afectará otra vez sobre todo a los autóctonos, se va perdiendo cada vez más en el pasado y en la ficción. Hasta el final de la novela no ha traducido ninguna página. Todo lo que los lectores llegamos a saber sobre Juan Barba en la novela resultan ser alucinaciones del Traductor.

Es decir, como se ha señalado antes, mientras el Traductor desea y tematiza el cambio sin conseguirlo, Juan Barba personifica el cambio. A continuación, quiero mostrar mediante algunos pasajes cómo Labarca representa este cambio a nivel de la *histoire* y del *discours*.

Juan Barba observa cómo su entorno y su posición influyen y transforman su perspectiva, logrando finalmente un cambio en él mismo. El protagonista reflexiona sobre esta transformación y aunque la transformación representa un proceso doloroso y ni siquiera deseado, lo acepta e incluso es capaz de ver en él aspectos positivos. Gracias a su espíritu abierto accede a algo nuevo, logra ponerse emocionalmente en la situación de otros y aumenta la comprensión y la empatía.

En el siguiente párrafo el cambio se nos presenta a nivel del *discours* mediante varios verbos del campo semántico del 'cambio'. También se nos presenta mediante la imagen del 'cambio de la posición física':

> Con la muerte de mi caballo dócil, convertido en una estatua yerta, Dios ha cambiado mi vida. Puso los ojos de los indios a la altura de mis ojos. Sus alientos a la altura de mi boca. Convirtió sus cuerpos en cuerpo como el mío. [...] Pegaso mitológico, mi obediente bayo encarnaba el abismo que nos separaba. Encumbrado en sus lomos yo me adueñaba del mundo y vencía mi impotencia. Montado, era superior a todos los hombres que se movían a flor de tierra: amo de este universo, sólo inferior a Dios. [...] Tú, al convertir [mi caballo] en un rígido espantajo de marfil, me devolviste a mi condición humana. Querías que, como otros, dependiera yo de mis piernas adoloridas, de mis pies lacerados, del fuelle de mis pulmones, del martillo de mi corazón. [...] Yo era como ellos, ahora: mis dolores me contaban el dolor de sus espaldas. [...] Me había igualado a los españoles pobres que iban también a pie y con ellos estaba ahora más cerca de los indios y de los negros. (41–42)

La posición física simboliza la perspectiva física ('Stellung' en alemán) que influye en la perspectiva evaluativa ('Einstellung') de Juan Barba. El cambio de la posición física significa vadear el abismo que separaba a Juan Barba de los indígenas y que le hace posible comprenderlos a ellos emocionalmente. Para los lectores, las estructuras de repetición que vemos en este párrafo llaman la atención sobre el cambio respecto al abismo y a la cercanía que Juan Barba experimentaba entre él y los autóctonos. Además, tanto para los lectores como para el protagonista las repeticiones hacen comprensible la graduación del cambio.

También el párrafo siguiente muestra lo gradual de la transformación provocada por la confrontación con un mundo nuevo. Esta confrontación, que constituye un proceso de aprendizaje difícil, lleva a Juan Barba a adoptar un nuevo punto de vista. Este hecho exige una reorientación: el reencuentro consigo mismo.

> Desembarcado que hube en Chile, sin tomar clara conciencia de ello mis ambiciones fueron perdiendo fuego y sólo me siguieron rondando como un reflejo pálido de mis planes primeros. Poco a poco dejé de ser yo mismo, porque no más posar su planta en un rincón de las Indias y percibir sus olores y la densidad del nuevo aire, la iridiscencia de la luz, la vibración singular de las voces, el críptico lenguaje de las miradas, comienza el castellano, aunque no lo quiera ni lo sepa, a cambiar, a transitar el largo, doloroso, fecundo, embriagador camino del aprendizaje, de la adaptación al mundo que le ha acogido, hasta convertirse en un hombre diferente, capaz de verse a sí mismo como si fuera el de antes y otro a la vez. (97)

Aunque Juan Barba se acerca física y emocionalmente al mundo indígena, (aún) no se iguala a los mapuches. Su condición híbrida está simbolizada por la 'mula' que le regala el capitán Don Joaquín:

> [D]on Joaquín me recibe de armadura, extrañamente amable:
> – Para que acaben vuestras desventuras de caminante, he proveído, padre Barba, que os entreguen una mula como corresponde a vuestra condición. (47)

La 'condición de mula', el resultado de la confluencia del mundo español y del mundo indígena, también se manifiesta al nivel religioso en el recurso a elementos católicos e indígenas, y a la integración de éstos:

> [Y]o enseñaba por las tardes a los indios amigos a rezar el Pater Noster [en el melodioso idioma chileno], y era dentro de la iglesia mayor [...]. Pero nunca había entrado a una ruca. (172)

El párrafo muestra que Juan Barba no rechaza lo indígena, sin embargo, impone la religión católica a los indígenas y a la vez ignora aspectos fundamentales del mundo de estos.

La entrada en la ruca también significa la entrada en el mundo autóctono. El entrar sucede paulatinamente y el cambio mental que este hecho significa no resulta fácil. Al contemplar este mundo hasta entonces en gran parte desconocido, Juan Barba se siente desorientado. Así, con todos los sentidos trata de orientarse. Al nivel del *discours* las estructuras repetitivas le permiten ordenar sus reflexiones:

> Al fondo de la isla llegamos a una ruca muy grande, de techumbre alta como campanario, unida a una cadena de rucas más pequeñas. Acicalado, Pelantaro se agacha y entra con solemnidad, tratando de disimular su cojera. Yo obedezco: lo sigo, me agacho, estoy aquí. La entrada era el cristal invisible que separaba dos mundos. [...] No hay techo ni fondo en la nave de esta catedral. No hay paredes: lo que hay es noche y cielo sin estrellas. [...] Y dejo de ser yo: la entrada sin puerta fue una trampa, la ruca era una gruta infinita. No debí entrar: ahora ya no existo. Yo era español, nací en Extremadura. Cuidaba ovejas, era sacerdote, alababa a un Dios, el único, el todopoderoso, el verdadero, y venía trayendo su mensaje de paz [...]. Mi mundo era ése: redondo y sin fisuras, uno, infinito. De él, una ruta salía hacia el paraíso y sus praderas y otra hacia el azufre del averno. [...] No debí entrar: mi mente aquí se ha oscurecido. Mis ojos no logran discernir. No existen aquí ni el cielo ni la tierra, ni el infierno. No sé si mis pies pisan nubes o fuego. Mi camino se ha disuelto en el negror. Estoy solo. Solo conmigo mismo. He perdido mi pasado: el farol que alumbraba mi camino. He dejado de ser yo. [...] Diviso ascuas: son uno, dos, tres, cuatro los fuegos. En cada dirección hay uno, en cada uno una mujer con ojos que miran y llaman en silencio. (173–174)

Juan Barba se reencuentra consigo mismo cuando le obligan a quitarse el hábito. Pero se transforma de nuevo cuando viste el chamal del indígena Pelantaro. De esta manera la ropa simboliza los dos mundos diferentes. Además hasta cierto grado la ropa bloquea la vista a la persona que la lleva, es decir, que 'el traje hace al hombre'. Dicho de otra manera, el entorno influye de manera significativa en el ser humano. Juan Barba concluye:

> No fue fácil retirar de mi cuerpo esa tela cálida y poner los jirones en manos de doña Aurora. Tú, mi hábito sacerdotal, no sólo eras vestimenta: me protegías del mundo y de los lobos que lo pueblan. Allanabas mi camino abriendo ante mí las puertas más espesas. Hacías que a mi paso los hombres callasen, las mujeres bajaran recogidamente la vista, los niños detuvieran sus juegos. Gracias a ti, los poderosos me confesaban sus debilidades y los sufrientes me revelaban sus dolores. Tu presencia hacía que mi palabra fuera escuchada. Para mi cuerpo eras lecho de pliegues amigos. Eras pedestal, coraza: valla capaz de protegerme de mis propios pecados. Sólo los perros, con desprecio de la dignidad que de ti emanaba, solían ladrarme: eran los únicos que me trataban de igual a igual. Entre [los purenes] mi vestidura talar sólo movía risa, a que me gritaran una vez más "*patero trewa*" [Padre perro] y pidieran a Pelantaro que me cortara la cabeza. [...] Sólo cuando mis riñones no flaquearon en los trabajos del arado, algunos comenzaron a mirarme con respeto. Después todos supieron que mis pies eran los que más fruta reventaban en los preparativos del nguillatún. [...] Así, entre estos naturales, volví como en mi infancia a depender —sin defensas, sin artificios— sólo de la fuerza de mis brazos

y piernas y a sentirme yo mismo, desnudo otra vez. Cuando hube de quitarme el hábito manchado y roto para que doña Aurora lo lavara, lo que retiraba de mi cuerpo era una prenda carente aquí de valor. El roce del chamal de Pelantaro afianzado con mi cinturón de cuero me introdujo en otro mundo: me transformó, me igualó a los indios. (193–194)

Hacia el final del testimonio, Juan Barba ha encontrado, en primer lugar, su punto de vista acerca de la confluencia de dos mundos diferentes y, en segundo lugar, su voz, es decir, su posición, en la guerra en la que se encuentra.

Cabe señalar aquí la función que tiene el discurso dialógico, o mejor dicho, el modo dialógico en la reorientación de Juan Barba. Se evidencia particularmente en los diálogos con fray Onofre, abajo citados, pero también en los diálogos con doña Elyape, por ejemplo, que estos le ayudan a Juan Barba a contemplar sus experiencias, a generar nuevas (cosmo)visiones y a argumentarlas y defenderlas. De hecho, las mismas contribuciones de sus interlocutores son un elemento de menor importancia para las reflexiones de Juan Barba. Cuando, por ejemplo, se dirige a su hábito sacerdotal para reflexionar sobre la función de este, la palabra del 'interlocutor' carece totalmente de importancia (véase el pasaje antes citado). Más bien parece que la mera existencia de las personas y cosas de enfrente le lleva a formular y precisar sus contemplaciones. Estas muestran un modo dialógico, ya que frecuentemente oscilan entre visiones y opiniones diferentes, o dicho de otra manera, entre voces diferentes dentro de Juan Barba.

Estas voces diferentes se deben a la convicción de Juan Barba que la posición física influye en la perspectiva de los seres humanos. Es decir, en sus cosmovisiones y en sus perspectivas evaluativas. Por tanto, Juan Barba se pronuncia a favor de un respeto y aprecio a la diversidad y llega a la conclusión que la única verdad no existe. Dicho sea de paso, Juan Barba no atribuye los cambios de opinión en él y sus aprendizajes a sí mismo (97 y 321), sino a Dios y voces divinas como la de su confesor muerto, fray Isidro.

De súbito, por mi boca comienzan a brotar palabras nuevas, nunca pronunciadas antes por mí, ideas jamás pensadas que toman forma al salir de mis labios y resuenan para que fray Onofre y yo las escuchemos:
—Fastídiame oír aquí, en este rincón de la Araucanía donde hemos llegado a ser esclavos, que en la lejana Salamanca reside la conciencia de la cristiandad, que esa ciudad es ombligo de la tierra. Yo también, notado de presunción, me regodeaba en días ya harto lejanos creyendo que desde Salamanca movíamos el mundo. Por ser bachiller en cánones por Salamanca y haber oído teología en San Esteban, iba yo en España y en estas Indias de la mar océana ufanándome sin desmayo de mi sapiencia. A mí propio me consideraba persona invulnerabilísima de letras y religión y creía que en mí residía la única verdad, porque Salamanca era el mismísimo crisol del humano pensamiento. Pero en aquestas tierras vime necesitado poco a poco de tomar noticia de que las cosas no siempre eran así. Lentamente hube de aprender que los venidos de Salamanca podíamos errar [...]. Vos, fray Onofre, a pesar de hallaros en Purén y no obstante vuestras muchas aflicciones de hoy, seguís figurándoos que Salamanca es el mero

> centro de la tierra. Yo al presente os digo: la tierra es redonda y no tiene centro ninguno. (259–261)

Y en otro momento dice:

> Si no podéis tolerar un olor nuevo no debisteis cruzar el océano, fray Onofre. [...] ¿Queréis un mundo con un solo olor, una sola comida, unas flores únicas, un solo idioma, una sola clase de hombres? [...] Si Dios dedicó seis días a crear los cielos y la tierra, la luz y las tinieblas, y mares y montañas tan distintos, multitud de animales y de plantas, y al hombre y a la mujer, si se deleitó más tarde cuando los descendientes de Adán y Eva iban por la tierra diferenciándose unos de otros, no fue para que viniésemos nosotros a obligar arrogantemente a estos mapuches a que se nos igualen. [...] Vos vinisteis a dominar y no a comprender, a imponer y no a conocer [...]. (311–312)

Cuando Juan Barba ha encontrado su voz ya no habla *con* sino *ante* fray Onofre, es decir, ya no se trata de un diálogo íntimo sino de una proclamación:

> Un silencio denso se instala entre nosotros. Doy unos pasos, mis piernas se distienden. Y ante fray Onofre y sus ovejas, proclamo a toda voz en dirección al bosque, al monte, a los arreboles:
>
> ¡Me llamo Juan Barba! ¡Soy español, sacerdote y pecador, y busco a doña Elyape, la mujer que lleva a mi hijo en sus entrañas! ¡Tras ella voy entre mapuches y Pájaros Veloces por voluntad de Dios! ¡En mí, el honor de la Iglesia y el honor de España están a salvo!
>
> La sangre invade voluptuosamente mis músculos, celebrando que por fin he encontrado mi voz en esta guerra. Bajo la luz acariciante del sol, el mundo ha comenzado a conocer *las* verdades divinas que el Señor me va revelando. [...] Y en Purén rezamos en coro *el Padre Nuestro a los cuatro vientos.* (321) [énfasis de la autora]

Como antes señalado, Juan Barba ha dejado de creer en la única verdad. Hablar de "las verdades divinas" ya implica el reconocimiento de otras creencias, pero rezar el Padre Nuestro a "los cuatro vientos" va más allá del reconocimiento: demuestra la incorporación de elementos de la cosmovisión mapuche a la cosmovisión propia y asimismo a las prácticas religiosas de Juan Barba, quien, dicho sea de paso, usa una cruz que es "de canelo, el árbol sagrado de los mapuches" (189). La transformación de la cosmovisión y conducta personal de Juan Barba también lleva consigo un cambio en las interacciones sociales de Juan Barba. Además, se pronuncia a favor de un cambio de las interacciones sociales de los españoles con los mapuches, como indican, por ejemplo, los pasajes citados anteriormente.

Más que las intenciones misioneras fueron los intereses económicos y el "apetito de terrenales riquezas" (67) de los españoles lo que transformó la vida de los mapuches y sus tierras. La explotación social por parte de los españoles va de la mano con la explotación de los recursos naturales. Ambas prácticas explotadoras son observadas y criticadas por Juan Barba:

> [Ú]ltimamente los soldados [españoles], movidos a hacer presas contra amigos y enemigos, solían capturar en mis propias barbas a los indios libres para venderles por exclavos como si fuesen aucas, pues tras el decaimiento de los lavaderos de Marga-Marga y Quilacoya y la gran disminución del sebo, los cordobanes, el charqui y el vino que antes se enviaban al Perú, estos naturales, y muy particularmente sus mujeres y sus hijos, se habían convertido en piezas de un comercio floreciente [...]. (98)

Juan Barba también intuye los aspectos transareales de estos problemas sociales y ecológicos:

> La destrucción de Chile en esta guerra, la muerte de los españoles que aquí han pasado, el abrasamiento de las ciudades y los bosques son el comienzo de la destrucción de las Indias, y la destrucción de las Indias dará inicio a la destrucción de España —profetizo [sic] mirando los perfiles dorados de las nubes. (318)

Sin embargo, en lo que atañe a la destrucción ecológica o 'huella ecológica', conllevada por la codicia de riquezas y de poder, esta concierne casi exclusivamente a la tierra de los mapuches, los "hombre[s] de la tierra" (413), que "[n]o podían seguir tascando el freno ante el saqueo de su[s] valle[s] [y que] por eso cogían la lanza" (103):

> España estuvo en esta tierra. Estas vacas huidas de sus dehesas y las ovejas descarriadas que arrastran sus vellones terrosos venían de Castilla. El trigo quitó suelo al maíz. Choque de dos mundos, de gentes, de animales, de plantas. Lucha del cielo y del infierno... Los pobladores ancestrales de esta provincia un día convertidos en vasallos hoy vuelven por sus fueros: todo se altera una vez más. El potro de un gobernador decapitado, con las crines crecidas como los caballos mapuches, transporta por la selva a un misionero vestido de indio. España retrocede: sólo queda su huella. (325–326)

Como he mencionado en la introducción, los que resultan menos afectados por la destrucción ecológica, menos interés tienen en conductas ambientalmente responsables. Ello se evidencia, por ejemplo, en el siguiente pasaje de la relación de Juan Barba: "En la isla de Pailamacho los trojes de las rucas se nos ofrecen ahítos de trigo añejo, cebada, frijoles. Lo que no podemos llevar sube al cielo convertido en humo" (116). La quemadura también se aplica a los bosques, así que surgen lomajes con "espectros de árboles calcinados" (88). La destrucción de los bosques, sea por quemaduras o por la tala de árboles, no solo significa la disminuición de un recurso natural y una intervención de graves consecuencias en el ecosistema, sino también la pérdida de un recurso protector como vemos en el relato del mapuche Melillán:

> La lluvia huracanada arremetía desde el mar como una estampida de toros desbocados. Los huincas habían talado los árboles, no había rocas para protegerse, ni hierbas ni raíces para comer: sólo piedras lisas y raudales de agua. (281)

La trama situada en el presente demuestra que ni los problemas ambientales ni los conflictos por las tierras de los mapuches terminan con el fin de la Guerra de Arauco. La relación de Juan Barba señala que "los ancianos más entendidos" (190) ya los habían intuido, porque habían

> percibido los signos: un luán blanco baja de la montaña hasta las rucas y de noche relincha como un cahuello, una oveja ha parido un cordero con dos cabezas, el río viene plateado de peces muertos, las nubes pasan de largo sin soltar el agua que la tierra necesita, los culpeos de la isla huyen a nado como coipos, los copihues no exhiben este año sus manchones de sangre y en el monte zumban unos moscos azules muy grandes y revolotean unos aguiluchos blancos a cuyo paso estallan los incendios. (190)

La comparación de las relaciones con el entorno social y natural que se manifiestan en la trama sobre la Guerra de Arauco con las que se manifiestan en torno al "espectacular megaproyecto" (145) turístico en el sur chileno relatado en la trama situada en el presente, evidencia que la conducta de los que explotan en el ámbito social y natural, está motivada en ambos casos por el deseo de obtener (cada vez más) riquezas (esto es, recursos naturales y dinero) y poder. Además, su conducta se ve justificada por jerarquizar al ser humano sobre la naturaleza no humana y uno mismo (esto es, el español o descendiente de europeos) por encima de otros (esto es, los mapuches). Se podría concluir, por tanto, que la codicia, el egoísmo y la falta de apoyo a una distribución 'justa' y 'equitativa' de las riquezas son la causa de la explotación social y ecológica. Los términos 'justo' y 'equitativo' exigen una discusión extensa y continua, pero incluso tocar esta rebasaría los límites del presente artículo. Sin embargo, cabe señalar que la distribución de recursos naturales y la decisión de cómo usarlos son temas cruciales en el contexto de los conflictos socioambientales actuales.

Volvamos ahora al tema de la transformación sociocultural, que parece imprescindible ante las crisis ecológicas, el resultado de interacciones destructivas de los seres humanos con su entorno natural como las que se han mencionado aquí. Si comparamos la transformación de Juan Barba con dicha transformación sociocultural se reconocen varios parecidos, aunque los motivos de las transformaciones son distintos. En ambos casos, la transformación no es deseada, sino más bien forzada por las circunstancias. Juan Barba se encuentra en y con un mundo desconocido y hasta en cierto modo peligroso, del mismo modo que la humanidad en la actualidad se encuentra con una situación desconocida y peligrosa.

La transformación que experimenta Juan Barba le afecta esencialmente. Se ha convertido (poco a poco) en otro. Según observan Sommer y Welzer (2014: 222), tal transformación de fondo es lo que necesitamos si queremos una vida con sociedades preparadas para el futuro. Hasta ahora lo que hemos hecho es más bien una modificación en el mismo camino, aunque lo que hace falta es cambiar las rutas. Según las investigaciones sobre transformaciones socioculturales anteriormente mencionadas, proyectos de transformación tales como el abolicionismo o el movimiento feminista, siempre se dirigen contra los privilegios de grupos más poderosos. Esta forma de resistencia implica conflictos así como la disposición a reñir en estos, por lo cual la superación de ellos será esencial. En el caso de Juan Barba, él estaba dispuesto a reñir por conflictos personales y a discutir con los demás. Ha cedido poder en el sentido de no atenerse a tener la verdad absoluta y asimismo ha perdido autoridad.

Si ahora comparamos la transformación lograda por Juan Barba con la transformación fracasada del Traductor, llama la atención que si bien es cierto que este tematiza el cambio y aspira a él, él mismo no practica ni la introspección ni la autoreflexión. Ambas prácticas las encontramos en Juan Barba y según las investigaciones sobre transformación ya señaladas, constituyen prácticas importantes para conseguir el cambio (Singer-Brodowski/Schneidewind 2014: 132).

Hasta aquí las transformaciones en la novela *Butamalón*. Su tematización e ilustración mediante tropos y figuras retóricas facilita la experimentación estética de su complejidad, sus condiciones y resistencias. Mediante esta experimentación la novela hace posible un experimento mental sobre transformaciones de opinión y de conducta. Es decir, recurriendo a lo que afirma Vera Nünning (2010: 148), la novela demuestra modos de sentir, pensar y actuar necesarios de considerar si se quiere entender a otras personas y formarse una idea de situaciones complejas, tales como de las dichas transformaciones. Lo anterior conduce a la siguiente pregunta: ¿Cómo es posible entonces la transformación *mediante* el texto? Además de estimular una reflexión sobre transformaciones, la novela proporciona al lector formas del saber vivir ('knowledge-for-living'), convivir ('knowledge-for-living-together') y sobrevivir ('survival-knowledge'), en el sentido señalado por Ottmar Ette (2004; 2016). Así, una de las grandes problemáticas en el contexto de la actual crisis socio-ecológica es: ¿Cómo queremos vivir y qué significa esto para la convivencia, para la distribución de recursos, etc.? Estudios psicológicos (Bury 2013) indican que la literatura puede contribuir a la empatía y a la comprensión, las cuales representan importantes dimensiones para una convivencia constructiva, aspectos que parecen particularmente acertados en el caso de *Butamalón*. Dado que estas capacidades son importantes para gestionar conflictos de manera constructiva, se puede concluir que la novela *Butamalón* posee un gran potencial transformativo por las siguientes razones: estimula un experimento mental sobre transformaciones de opinión y de conducta. Además, muestra la complejidad de las transformaciones así como lo que las puede favorecer o impedir. Y, por último, aumenta la capacidad de gestionar estos conflictos implicados en las transformaciones socioculturales.

4. Transformaciones en y mediante la ecocrítica

Si uno de los objetivos de una investigación ecocrítica consiste en provocar una transformación sociocultural, debe, por tanto, ocuparse de procesos de transformaciones y aplicar el así llamado 'saber de transformación' y transformarse, consiguientemente, ella misma. Esta necesidad exige la autoreflexión crítica y un espíritu abierto hacia la sociedad civil, dado que es en ella donde se busca provocar y apoyar una transformación. En las investigaciones sobre transformación se menciona la importancia de la inclusión de actores de la sociedad civil en los procesos de investigación (Singer-Brodowski/Schneidewind 2014: 132). De lo contrario, puede que nos ocurra lo mismo que al Traductor, quien anhela la transformación, la tematiza, indaga en el contexto de los problemas para solucionar y al final él mismo, paradojalmente, se convierte en el mismo tipo de problema que quiere solucionar.

Otra de las conclusiones de Sommer y Welzer (2014) contempla que dos razones del fracaso del ecologismo probablemente sean, en primer lugar, el enfoque de los problemas y no las causas de estos. Observaciones de este tipo aportarían, sin lugar a dudas, nuevas perspectivas y enfoques a las investigaciones ecocríticas actuales. En segundo lugar, para estos autores, en 'occidente' —se refieren a Europa y América del Norte— el ecologismo no formula las cuestiones ecológicas como sociales y de justicia (Sommer/Welzer 2014: 214f; 218), lo cual me parece particularmente interesante en el contexto de discursos ambientales en América Latina, dado que allí se tiende a enfocar los problemas ambientales a partir de los problemas sociales relacionados con ellos; tal como la novela *Butamalón.* A mí modo de ver, esta forma de proceder representa un aspecto importante de la literatura latinoamericana. De ahí que la propuesta de Gisela Heffes (2013) de una bio/ecocrítica no sólo me parece prometedora, sino también un ejemplo de transformación en la misma ecocrítica.

5. Resumen y reflexión: ¿Hemos aprendido algo?

En lo que concierne a nuestra relación con la naturaleza (no humana), ¿hemos aprendido algo en estos últimos cinco siglos? Es una pregunta difícil, casi imposible de responder. La novela *Butamalón* y los datos sobre el estado del medio ambiente inducen a decir que nuestro comportamiento respecto a éste no ha cambiado favorablemente. Sin embargo, creo que sí hemos logrado algo, esto es, un aumento en la conciencia ambiental, o mejor dicho, una reencontrada conciencia del impacto del comportamiento humano sobre el planeta. Comparto, por lo tanto, lo que sostuvo Octavio Paz a fines del siglo pasado: "la gran novedad histórica de este fin de siglo es la aparición de la conciencia ambiental" (en Ostria

2011: 3), aunque me inclino por pensar más bien que es una reaparición. El aumento de interés científico por el medio ambiente y la aparición del *ecocriticism* también son fruto de este hecho. La literatura y lecturas ecocríticas pueden aportar a comprender no solo de una manera racional, sino también emocionalmente la complejidad de la crisis socio-ecológica así como nuestro comportamiento en este contexto. Además, pueden señalar proyectos de futuro alternativos y ampliar nuestro poder imaginativo, pues, teniendo en cuenta que en la vida cotidiana solemos pensar en categorías binarias como correcto e incorrecto o posible e imposible, que restringen nuestro poder imaginativo, en la literatura, como se sabe, todo es posible (Baldauf 2013). Creo, así, que ya hemos aprendido aspectos importantes y también que las lecturas ecocríticas nos han ayudado en este proceso de aprendizaje.

Uno de los retos actuales de la humanidad consiste en llegar más allá de la conciencia ambiental, esto es, en llevar a cabo una imprescindible transformación sociocultural. Como se ha señalado antes, las investigaciones sobre transformaciones sugieren que estos ámbitos académicos, que quieren aportar algo a dicha transformación, debieran empezar por cambios en su propio campo. Es decir, que las transformaciones socioculturales no solo representan un tema de investigación importante desde una perspectiva ecocrítica; las actividades en torno a los estudios ecocríticos también deberían ser orientadas hacia el fomento de dichas transformaciones. La Asociación para el Estudio de la Literatura y el Medio Ambiente (ASLE), por ejemplo, se ha comprometido a mantener y promover prácticas ecológicamente sostenibles. Por tanto, ASLE ha propuesto ciertas iniciativas para la organización más sostenible de sus conferencias. Asimismo, el ecocrítico Ken Hiltner (2017) ha desarrollado un modelo para llevar a cabo conferencias casi neutrales en emisiones de carbono. Si —los que lamentamos la degradación ambiental— nos tomamos en serio, tales cambios hacia prácticas profesionales más sostenibles deberían sobreentenderse. Si cambiar nos parece difícil, tal vez el objeto mismo de nuestros estudios, esto es, la literatura u otra manifestación artística, puede acudir en nuestro auxilio: en primer lugar, puede evidenciar y, por ende, hacernos entender mejor y superar esta dificultad, tal como es el caso en y mediante *Butamalón*. En segundo lugar, la imaginación artística nos muestra lo que Harald Welzer afirma en sus doce reglas para una resistencia exitosa a los estilos de relacionarnos con el entorno natural y social destructivos vigentes: "Todo podría ser diferente" [traducción de la autora] (Welzer 2013: 293,) y la imaginación artística un vehículo de aprendizaje y cambio.

Bibliografía

ASLE (s.a.): "A More Sustainable ASLE. Conference Goals and Objectives". En: http://www.asle.org/wp-content/uploads/ASLE_Conferences_Sustainability.pdf (consultado por última vez: 13.09.2017).

Baldauf, Elisabeth (2013): *Literatur und Umwelt. Schreiben gegen die ökologische Krise in Mexiko*. Wien/Münster: LIT Verlag.

Berghold, Josef (2014): "Fluchtpunkte. Psychologische Abwehrhaltungen angesichts der ökologischen Krise". En: Umweltdachverband (ed.): *Bildung für Nachhaltige Entwicklung Jahrbuch 2014. Krisen- und Transformationsszenarios. Frühkindpädagogik, Resilienz & Weltaktionsprogramm*. Wien: Forum Umweltbildung, pp. 13–21.

Bury, Liz (2013): "Reading literary fiction improves empathy, study finds". En: http://www.theguardian.com/books/booksblog/2013/oct/08/literary-fiction-improves-empathy-study (consultado por última vez: 21.12.2015).

Ette, Ottmar (2004): *ÜberLebenswissen. Die Aufgabe der Philologie*. Berlin: Kulturverlag Kadmos.

Ette, Ottmar (2016): *Writing-between-Worlds. TransArea Studies and the Literatures-without-a-fixed-Abode*. Traducido por Vera M. Kutzinski. Berlin/Boston: Walter de Gruyter.

Finke, Peter (2003): "Kulturökologie". En: Nünning, Ansgar/Nünning, Vera (eds.): *Konzepte der Kulturwissenschaften. Theoretische Grundlagen, Ansätze, Perspektiven*. Stuttgart et al.: Metzler, pp. 248–279.

Heffes, Gisela (2013): *Políticas de la destrucción / Poéticas de la preservación. Apuntes para una lectura (eco)crítica del medio ambiente en América Latina*. Rosario: Beatriz Viterbo Editora.

Jameson, Frederic (1994): *The Seeds of Time*. New York: Columbia University Press.

Hiltner, Ken (2017): "A Nearly Carbon Neutral Conference Model. White Paper/Practical Guide". En: http://hiltner.english.ucsb.edu/index.php/ncnc-guide/#opening (consultado por última vez: 13.09.2017).

Kagan, Sacha (2011): *Art and Sustainability. Connecting Patterns for a Culture of Complexity*. Bielefeld: transcript Verlag.

Kagan, Sacha (2012): *Toward Global (Environ)Mental Change. Transformative Art and Cultures of Sustainability*. Berlin: Heinrich Böll Stiftung.

Labarca, Eduardo [1994] (1997): *Butamalón*. Santiago de Chile: Editorial Universitaria/Fondo de Cultura Económica.

Nünning, Vera (2010): "Literatur als Lebenswissen. Die Bedeutung von Literatur für menschliches Verstehen und Zusammenleben am Beispiel von Ian McEwans Roman *Enduring Love* (1998)". En: Asholt, Wolfgang/Ette, Ottmar (eds.). *Literaturwissenschaft als Lebenswissenschaft. Programm, Projekte, Perspektiven*. Tübingen: Narr Verlag, pp. 145–168.

Ostria, Mauricio (2011): *Literatura y ecología*. Medellín: Universidad de Antioca.

Raza, Werner G. (2000): "Prólogo". En: Raza, Werner G. (ed.). *Recht auf Umwelt oder Umwelt ohne Recht? Auswirkungen des neoliberalen Modells auf Umwelt und Gesellschaft in Lateinamerika*. Frankfurt am Main: Brandes und Apsel/Wien: Südwind, pp. 29–45.

Singer-Brodowski, Mandy/Schneidewind, Uwe (2014): "Transformative Literacy. Gesellschaftliche Veränderungsprozesse verstehen und gestalten". En: Umweltdachverband (ed.): *Bildung für Nachhaltige Entwicklung Jahrbuch 2014. Krisen- und Transformationsszenarios. Frühkindpädagogik, Resilienz & Weltaktionsprogramm.* Wien: Forum Umweltbildung, pp. 131–140.

Sommer, Bernd/Welzer, Harald (2014): *Transformationsdesign. Wege in eine zukunftsfähige Moderne.* München: oekom verlag.

Sorgo, Gabriele (2011): "Das Konsumdispositiv. Warum wir nicht anders handeln, obwohl wir es besser wissen". En: Sorgo, Gabriele (ed.): *Die unsichtbare Dimension. Bildung für nachhaltige Entwicklung im kulturellen Prozess.* Wien: Forum Umweltbildung, pp. 107–124.

Sorgo, Gabriele (2012): "warum wir nicht anders handeln". En: *Lebensart. Das Magazin für nachhaltige Lebenskultur* 2, p. 64.

Welzer, Harald (2013): *Selbst denken. Eine Anleitung zum Widerstand.* Frankfurt am Main: S. Fischer.

Zapf, Hubert (2002): *Literatur als kulturelle Ökologie. Zur kulturellen Funktion imaginativer Texte an Beispielen des amerikanischen Romans.* Tübingen: Max Niemeyer Verlag.

Laura Barbas-Rhoden

El mal de la modernidad: el nexo eco-psicosocial en el cine contemporáneo

Resumen

Se examina aquí desde filtros ecocríticos la representación fílmica de experiencias de la globalización en tres largometrajes: *Y tu mamá también* (2001), *Temporada de patos* (2004) y *La Yuma* (2009). Las obras muestran una América Latina que es palimpsesto de ideologías que, con el paso de los años, han eliminado paulatinamente espacios de bienestar para una creciente población de personas marginadas. Explorar por medio de filtros ecocríticos esta representación fílmica de la globalización visibiliza una praxis estética contestataria en el cine latinoamericano que critica sistemas y procesos anti-vitales y que, en algunos casos, plantea formas de escape de tales sistemas.

Abstract

The article uses an ecocritical approach to analyze the representation of globalization in three feature films: *Y tu mamá también* (2001), *Temporada de patos* (2004), and *La Yuma* (2009). These films depict a Latin America that is a palimpsest of overlapping ideologies which over the years have eliminated spaces of well-being for a growing population living on the margins of society. Exploring these films through an ecocritical lens reveals a contestory aesthetic praxis in Latin American cinema, one which critiques systems and processes contrary to life (both human and non-human) and which, in some instances, suggests means of escape from such systems.

> Having now drawn, coloured and cut out these seven pieces, you will notice that it is impossible to fit them together. This is the problem. Globalisation has been seeking to put together pieces which don't fit. For this reason, and for others which I cannot develop in this article, it is necessary to build a new world. A world in which there is room for many worlds. A world capable of containing all the worlds.
> (Subcomandante Marcos, "The Fourth World War Has Begun", 1997)

Existe una secuencia clave en *Y tu mamá también* (2001): el trío de jóvenes protagonistas regresa de una excursión en lancha con un pescador con quien han pasado el día recorriendo una costa idílica. Tenoch, Julio y Luisa han conocido al pescador, Chuy, en su viaje a la playa "Boca del Cielo", destino que han inventado (y luego descubierto) los dos chicos capitalinos a fin de convencer a Luisa, la joven esposa de un primo de Tenoch, de acompañarles en un escape de la capital a la costa. De regreso a la playa donde habían acampado, el trío descubre que varios cerdos de un criadero local la han invadido y andan hurgando en las tiendas de campaña y ensuciando el idílico lugar. Dos veces en la secuencia se corta la banda de sonidos diegéticos —de mar, de cochinos, de voces exaltadas— y una voz en *off* predice que Chuy, el pescador, pronto perderá su trabajo al iniciarse en los próximos meses un proyecto hotelero para comercializar la costa, y segundo, que varios miembros del caserío cercano enfermarán en una fiesta popular a la que asistirán y para la que se habrán preparado para comer varios de los cerdos enfermos.[1]

La secuencia es una de muchas en largometrajes recientes donde parece remarcarse que, en el mundo globalizado de principios del siglo XXI, no hay 'afuera' para los seres humanos ni para sus expresiones culturales y modos de vida. Tampoco hay afuera cuando de plagas, contagios y malestares modernos se trata, desde el cáncer hasta la ansiedad y enajenación. Hacen hincapié estos filmes en un capitalismo global que parece arrastrarlo y devorarlo todo. La intención del presente trabajo es examinar, desde filtros ecocríticos, la representación fílmica de paisajes y experiencias de la globalización en tres filmes contemporáneos producidos en zonas incorporadas formalmente a los mercados transnacionales poco antes del rodaje de los filmes, en plena época de globalización con una marca neoliberal,[2] y por medio de dichos filtros ecocríticos, visibilizar una praxis estética contestataria en el cine latinoamericano que critica sistemas y procesos anti-vitales, en contra de la vida y que, en algunos casos, plantea formas de escape de tales sistemas.

Van de la mano en estos filmes los malestares psicosociales de los seres humanos y la re-organización social y física del mundo según prioridades económicas hegemónicas, no las humanas ni las ecológicas. Los tres largometrajes, *Y tu mamá también* (2001) de Alfonso Cuarón, *Temporada de patos* (2004) de Fernando Eimbcke y *La Yuma* (2009) de Florence Jaugey, muy distintos en términos técnicos y muy similares en su preocupación por mostrar protagonistas jóvenes, presentan a una América Latina como palimpsesto de ideologías que, con el paso de los años, se han solapado e intercalado las unas con las otras, y así

1 Una versión de este ensayo se publicó en inglés en Kressner, Ilka/Mutis, Ana María/Pettinaroli, Elizabeth (eds.): *Ecofictions, Ecorealities, and Slow Violence in Latin America and the Latinx World.* New York: Routledge 2020.

2 El Tratado de Libre Comercio de América del Norte (entre México, Canadá y los Estados Unidos, y NAFTA por sus siglas en inglés) entró en vigencia el 1 de enero de 1994. En 2005 CAFTA (Central American Free Trade Agreement) entró en vigor en Nicaragua, tras recibir la aprobación del congreso nicaragüense. CAFTA establece una zona de libre comercio entre los Estados Unidos y los otros países firmantes de Centroamérica, junto con la República Dominicana.

han eliminado paulatinamente espacios de bienestar para una creciente población de personas marginadas pertenecientes a varias categorías demográficas (niños, poblaciones rurales, miembros de clases populares y en particular jóvenes y mujeres de clases populares). Los filmes entretejen elementos de *docuficción* con una sensibilidad poética no sólo con el fin de hacer ver al público las ideologías que se solapan y suelen sofocar a muchos, sino también para reivindicar el arte, la solidaridad y la humanidad como fuentes de resistencia ante las presiones de cosificación y deshumanización constantes.

Planteo en el siguiente análisis que aquello que el Subcomandante Marcos llama 'el rompecabezas' de la globalización, en el cual las piezas que lo componen, en especial los seres marginados y el mundo natural, no encajan; aparece prominentemente en recientes largometrajes de México y Nicaragua. Esa misma globalización estilo 'rompecabezas' resulta casi invisible para muchos que en ella participamos; ya sea por su complejidad, sus contradicciones o el distanciamiento que crea entre causa y efecto, nos niega perspectivas panorámicas a nosotros, sus participantes. La visión que plantean estos largometrajes, sin embargo, ofrece distintos mundos que componen una misma realidad nacional (la de México, la de Nicaragua), fragmentada como resultado de contradicciones internas y presiones provenientes de la globalización y una larga historia de racionalidades utilitarias, reduccionistas, colonialistas. Y si bien evitan mensajes explícitos políticos y ecológicos, estos filmes presentan un mundo en el que los valores del mercado eliminan a diario espacios de bienestar, crean desplazamientos internos y transnacionales y producen no sólo destierro sino también enajenación y un dolor psíquico que acompaña tanto la destrucción medioambiental como de la vida misma. En el imaginario de las obras, los emblemas e íconos de la modernidad, los bloques básicos con los que se construye la misma, vuelven a ser símbolos de muerte, destrucción y enajenación. Es más, los espacios de escape para los protagonistas son lugares periféricos, frente a lagos y mares, o espacios que existen solo en la imaginación colectiva, como los destinos imaginados por el migrante antes de partir de su patria. Los filmes presentan metáforas y provocan emociones que resaltan los deseos humanos de un bienestar eco-psicosocial que no puede darse en los espacios estructurados por una modernidad casi totalizante en su capacidad de organizar y estructurar vidas humanas y territorios. Exploran pequeños intersticios en esta organización urbana, regional, nacional, global, espacios de los cuales brotan ideas de posibles alternativas, y malestares de los cuales nacen deseos de libertad. Y terminan todos en un rechazo de la modernidad, o en anhelo de un retroceso de la misma.

Desenredar la representación del ser humano en su hábitat, tal y como estas películas lo imaginan en época de globalización, revela un nexo eco-psicosocial en el cine contemporáneo, aspecto que recalca tendencias anti-personales de la sociedad globalizada, capitalista y consumista. Para orientar mi análisis hacia lo ecocrítico planteo una series de preguntas: por un lado, ¿de qué se huye, qué no es posible sacarse de encima y a qué se aferra uno en estos mundos imaginados por los directores? Y, por otro lado, ¿por medio de qué técnicas presentan los directores su visión de la globalización a los 'consumidores' de cine para quienes, en su gran mayoría, son invisibles los mecanismos y contradicciones de la modernidad? En el análisis que presento, muestro cómo la ecopsicología, en conjunto con la ecocrítica latinoamericana, pueden servir de herramientas, no sólo para interpretar los filmes, sino también para hacernos reflexionar sobre cómo se interrelacionan el bienestar humano y el bienestar medioambiental en el mundo globalizado que habitamos.

La eco-teoría y la eco-crítica de América Latina se fundan en los estudios culturales, filosóficos y literarios que indagan y esclarecen las repercusiones de la experiencia inter-imperial y ahora transnacional de epistemologías, historias y realidades en contacto, en conflicto y en diálogo (Barbas-Rhoden 2014; Heffes 2014; French 2014). Cuestionar las lógicas que aparentan ser 'naturales', que son normativas, es un acto de interrogación de las epistemologías, como bien señala el filósofo Enrique Leff cuando afirma que "la crisis ambiental es en el fondo una crisis de conocimiento" (2007: 27). Y entender la crisis ambiental en América Latina requiere que se reconozca que sus habitantes, desde la modernidad, y algunos dirían que mucho antes, tienen una experiencia transnacional de paisaje e identidad, una experiencia inter-imperial de comercio, cultura y lengua (Pratt 2015: 349). Quisiera añadir a la dinámica conversación sobre textos latinoamericanos la idea de un nexo ecopsicosocial en la experiencia humana, una conexión entre el bienestar psicosocial, el entorno físico en el que nos hallamos y las cosmovisiones, a veces múltiples, que filtran e interpretan nuestro entorno. El concepto del nexo ecopsicosocial se basa en ideas de la ecopsicología y la idea del modelo *bio*psicosocial en el campo de la medicina occidental. El modelo biopsicosocial es un enfoque sobre salud y enfermedad que postula que el factor biológico, el psicológico y los factores sociales, desempeñan un papel significativo en el contexto de una enfermedad o discapacidad (*Oxford Reference*). Ampliar la perspectiva sobre el bienestar para no sólo incluir los factores biológicos, psicológicos y sociales, sino también el entorno físico o material —el aspecto ambiental o medioambiental, el 'bio' fuera del sujeto humano— contextualiza aún más la experiencia de bienestar y malestar, tanto física como psicológica, de un individuo, en cualquier momento dado. La lectura ecopsicosocial toma prestadas varias prácticas de la ecopsicología, la cual como campo de estudio, se expresa en diferentes formas. Aquí sigo la definición de la ecopsicología radical que, según Andy Fisher, se funda en dos posturas, la recolectiva, que recuerda y resalta las raíces humanas en el mundo natural, y la crítica, que cuestiona la esfera social en su totalidad como fuente de crisis ecológicas y psicoespirituales (2012: 81–82).

Para hacer una ecopsicolectura de los filmes con base en las premisas indicadas arriba, vuelvo al interrogante en dos partes: ¿de qué se huye, qué no es posible sacarse de encima y a qué se aferra el ser humano en estos mundos imaginados por los directores? Los directores ponen en escena mundos imaginados a fin de que se visibilice el disminuido espacio para los seres humanos en un entorno ordenado por la globalización, y en especial para todo ser humano no beneficiado por los complejos sistemas financieros de la globalización. También reivindican en sus cintas el entorno 'natural' de paisajes y animales no humanos. Cada filme descubre así lo que comúnmente no se puede presenciar (el cambio en la zona que uno visita una sola vez en la vida, por ejemplo, o múltiples ámbitos de la globalización) y al mismo tiempo sugiere una ética de cuidado como antídoto al malestar que sufre el mundo.

Me centro en el análisis en tres momentos de cada filme: una secuencia temprana en la que se establecen códigos de comunicación; un momento de 'escape', en el que parecen reconciliarse tensiones; y los últimos momentos de cada largometraje. Empiezo por *Y tu mamá también*, cinta en la que no se ve ninguna resolución de las tensiones sociales al final; sigo con *La Yuma*, que sugiere el espacio de *performance* como refugio para los que no caben, los que resisten; y termino con *Temporada de patos*, cuya conclusión sugiere que la odisea del ser humano está todavía incompleta y que el arte y la solidaridad tendrán un papel que jugar en la búsqueda de otra forma de ser, más sostenible, en el mundo que habitamos junto a muchos otros seres. Al considerar el arco narrativo relativo en esta relación de espacio-malestar (o muerte) y espacio-bienestar (vida) se revelan ciertas posturas éticas e ideológicas de cada filme relevantes a la idea de bienestar ecopsicosocial. Las secuencias de relieve de tensión toman lugar, por ejemplo, en la playa en *Y tu mamá también*, en la playa en *La Yuma*, frente al lago en *Temporada de patos*. Son momentos pastoriles, fuera de la ciudad, en sitios donde desaparecen las tensiones y barreras de las que es expresión suprema el espacio urbano y, en especial, la ciudad neoliberal. En estos espacios 'afuera' se afirma una ética del cuidado, se desvanecen (temporalmente) los conflictos de clase y los valores de mercado ceden a una ética de cuidado que empieza a darle forma a la experiencia humana.

1. *Y tu mamá también*

En *Y tu mamá también*, la combinación de técnicas de rodaje y montaje impide el consumo del filme como una aventura juvenil sexual, un filme 'road trip'. La cámara 'distraída' (del galardonado camarógrafo Emmanuel Lubezki) en conjunto con la voz extradiegética en la banda sonora, hace que el espectador "piense lentamente" (Kahneman 2011) en las historias que pasan desapercibidas por los personajes en el territorio que recorren. Frecuentemente, el drama de los jóvenes en su recorrido se interrumpe cuando la cámara se distrae de la acción (en general, en banalidades) de los protagonistas y parece tomar vida propia al mirar por la ventana del carro o doblar por una esquina y seguir lo que ocurre en otro cuarto. La misma vez que se desvía la toma de la cámara, se corta el sonido diegético, y hay un segundo de silencio al que sigue una voz masculina que con calma recupera las historias, muchas veces trágicos relatos de muerte, migración, desplazamiento, desarrollados allí donde mira la cámara. Estas historias hacen hincapié en la inequidad, el sufrimiento y la muerte en paisajes moldeados según las necesidades del capital y no según los ritmos de vida de los seres humanos, ni mucho menos los seres no-humanos (Basoli 2002: 26). Se yuxtaponen así varias narrativas sobre el paisaje mexicano y los que lo habitan y recorren: la narrativa egoísta de los jóvenes Julio y Tenoch, que nada o poco ven de su entorno, y las múltiples historias y anécdotas de otras personas cuyas experiencias también transitaron las mismas zonas por las que Tenoch y Julio pasan, son las que recupera el narrador extradiegético. Esta técnica cinematográfica impide al público dar rienda suelta a los sesgos cognitivos, los códigos que internalizamos para 'consumir' una película sin cuestionarla y nos hace pensar lentamente, es decir, reflexionar sobre lo que vemos y no vemos.

Según Gisela Heffes, "ciertas praxis estéticas" producen y demandan "una episteme crítica nueva que combine una ecocrítica y una biocrítica" (2014: 32). Pide Heffes que los ecocríticos reflexionen sobre "cómo construir un aparato teórico conceptual que pueda ayudarnos a leer un fenómeno medioambiental propio de América Latina" (31–32). Señalo la praxis cinematográfica de Alfonso Cuarón en *Y tu mamá* como una obra que precisa un aparato teórico conceptual capaz de leer el palimpsesto del paisaje: el espacio siempre disputado por diferentes entidades, las ideologías que lo quieren controlar, respetar o ignorar y las experiencias cotidianas en las que se entrecruzan cuestiones de bienestar humano, justicia social y sostenibilidad medioambiental. En la obra se presenta una imagen del mundo en la que la organización del espacio neoliberal, primero de la ciudad y luego del entorno rural, fracturan relaciones humanas, eliminan espacios de dignidad y auto-desempeño y matan. Sus secuencias iniciales sirven de registro fílmico del urbanismo neoliberal, desde la secuencia del carro en el embotellamiento provocado por la muerte de un migrante michoacano atropellado hasta la secuencia en la casa de Tenoch, cuya familia privilegiada habita un idílico y amplio terreno con piscina y espacios para la meditación, actividad a la que es aficionada la madre de Tenoch. Tal representación coincide con las postulaciones teóricas de estudiosos del entorno urbano que observan que "la neoliberalización se basa en un desarrollo espacial desigual" (Theodore, Peck y Brenner 2009: 4).

La escena temprana del migrante arrollado presenta uno de muchos tropos mexicanos que enriquecen la obra: el migrante de Michoacán, epicentro de una migración constante por, al menos, siglo y medio. También hay muchos otros tropos que sirven de código comunicativo en el filme: la querida niñera del muchacho de clase alta; la apropiación de nombres indígenas por parte de la clase alta política para dar testimonio de su nacionalismo; el mural con la cita del héroe nacional Benito Juárez.[3] En cada tropo hay una historia de clasismo, migración y reorganización nacional, con substrato ecológico: la imposibilidad de vida en zonas rurales a partir del auge de la época de industrialización, el atractivo (a veces fatal) de las ciudades, el aislamiento de la clase política de las diversas condiciones de vida del pueblo que gobiernan.

Todas estas tensiones parecen desaparecer hacia el final, cuando el trío llega a Boca del Cielo, que ha descubierto por casualidad. En la playa se alivia por fin la constante competencia sexual entre Julio y Tenoch y también en el aire libre frente al mar, las tensiones de clase. Es por esta razón que la conclusión llega como un balde de agua fría. Abruptamente, viene un corte y, de pronto, vuelve a aparecer la ciudad, un rincón donde nuevamente se encuentran por casualidad los dos muchachos, atrapados en la urbe, presos una vez más de la jerarquía de clases, y toman juntos incómodamente un café. Tal conclusión resalta el clasismo imborrable de la sociedad mexicana, la enajenación en el hormiguero urbano y la muerte paulatina de alegrías no adquiribles con el dinero. De vuelta en la ciudad, ya no hay nada entre Julio y Tenoch, la experiencia intensa de su viaje se rinde ante las presiones sociales de una cotidianidad inexorable de separación de clase y de trayectos hacia una adultez ya predeterminada. La obra actúa así como una crónica de la globalización implacable, con una voz extradiegética que capta sus historias a medida que van desapareciendo e insiste en que las oigan todos los espectadores que vinieron a ver un largometraje sobre una aventura juvenil. Asimismo, sugiere el final una praxis artística que invita a nuevas aproximaciones teóricas: las que reconocen la larga historia que da forma a cada tropo, cada paisaje, y que interrogan el substrato de cada uno de ellos.

2. *La Yuma*

Si bien se insinúa en *Y tu mamá* la conexión entre bienestar, malestar y la reconfiguración del paisaje según las vicisitudes del capital y los esfuerzos por perpetuar los privilegios de la clase alta en México, en *La Yuma* el nexo eco-psicosocial se ve claramente no tanto por medio de una técnica cinematográfica

3 La famosa cita "El respeto al derecho ajeno es la paz", de Benito Juárez, se ve en el mural de un edificio en una zona rural por la que transitan los jóvenes protagonistas.

innovadora, sino por el enfoque en una protagonista de clase baja, aspirante a mejor vida quien piensa llegar a su meta por medio del deporte en una Nicaragua tan fragmentada como nunca por la pobreza y el clasismo. En el análisis de *La Yuma* son relevantes dos conceptos de estudios de género, la posicionalidad y la interseccionalidad, ya que incorporados al estudio ecocrítico, estos dos conceptos alumbran el nexo ecopsicosocial en el filme y dan luz a la experiencia del paisaje moldeada por el género y la identidad sexual.

La filósofa Linda Martín Alcoff explica que el concepto de posicionalidad incluye dos puntos clave: que el concepto de mujer existe como término relacional en un contexto constantemente dinámico, y que la posición en que las mujeres se encuentran puede ser utilizada (no transcendida) como espacio para la construcción de significado (1988: 434). A la observación de Alcoff se puede añadir una dimensión decolonial, siguiendo a Walter Mignolo, quien asevera que las epistemologías decoloniales se anclan en la idea de que el ser humano se autoconstituye a sí mismo en el espacio en que piensa y que este espacio, dondequiera que esté, siempre ha sido configurado por el poder colonial (2011: xvi). El espacio que habita La Yuma ha sido configurado por ideologías y poderes que se solapan, por ejemplo el paso (incompleto) del poder colonial al transnacional en la esfera económica y las consecuentes transmutaciones del poder patriarcal en cada época o etapa. Esta combinación de factores económicos, sociales, políticos, etc., elimina casi por completo cualquier posibilidad de auto-determinación para una mujer de clase baja. Produce esta coyuntura de poderes e ideologías no solamente un sofocamiento de aspiraciones al que responde con ira la protagonista, sino una constante amenaza (en la calle y la casa) a su cuerpo y al de su hermana menor (Barbas-Rhoden 2013).

La secuencia inicial en *La Yuma* enfatiza la posicionalidad de la protagonista con un *tracking* persistente de La Yuma mientras camina por paseos peatonales sobre barrancas llenas de deshechos. Se trata de una figura rebelde siempre en movimiento, que busca siempre esquivar la competencia por el control de su cuerpo, el tiempo y la lealtad; incluso de la cámara en momentos. Vemos en las primeras escenas del filme nuevos circuitos comerciales que delimitan y marcan el espacio urbano: el de las drogas ilegales que trafican los muchachos del barrio o el de la ropa usada importada desde los EE.UU. que se vende en la tienda en la que consigue empleo La Yuma. Se resalta así en la obra la omnipresencia de la sociedad de consumo y los productos de desecho que genera: las latas y botellas que llenan las barrancas, la ropa desechada que se vende en los países tercermundistas a poblaciones que quieren imitar el estilo de vida de Estados Unidos, los anuncios para gaseosas pintados en muros del barrio bajo donde vive La Yuma. Para los que no pueden alcanzar a consumir lo que quieran, dado el malestar económico que padece el país, existe siempre la economía del robo y el asalto, en la que participa el hermano de La Yuma y que muchas veces es el único modo de contacto entre los más marginados y las clases privilegiadas. De hecho, el crimen es el vehículo narrativo que utiliza Jaugey para presentar a Ernesto, estudiante universitario de clase media de quien el hermano de La Yuma roba una mochila y con quien ella empieza a salir después de devolverle sus pertenencias.

Otra vez una huida a la playa sirve en esta obra como secuencia que alivia la tensión sexual y de clase, aunque como en *Y tu mamá también*, no desparece del todo. De manera más abierta que en la cinta de Cuarón, la secuencia de la playa en *La Yuma* recalca las diferentes maneras de experimentar y leer el mismo paisaje. Ernesto ha invitado a La Yuma a ir con él a acampar en la costa y, al llegar, es obvio que para La Yuma, estar frente al mar es una experiencia totalmente nueva y abrumadora. Se abre la secuencia con un acto que afirma una ética del cuidado: un campesino con una carreta con bueyes da un aventón a la pareja, justo un momento después de que un vehículo todoterreno novísimo se niega a hacerlo. El miedo de la protagonista ante las olas enormes del mar enfatiza que le es inaccesible la costa de su propio país aunque queda a no más de dos horas de la ciudad en la que reside. Sin embargo, es el diálogo aun más revelador de que la posicionalidad del individuo determina cómo uno interpreta el paisaje y la patria. De boca de La Yuma en la playa se oye fuertemente la crítica al romanticismo del protagonista burgués (Ernesto) que habla de su amor por su patria; "iría yo" le dice La Yuma "directamente a los EE.UU. si tuviera tu pasaporte y visado" (0:43:28). Y así se disuelve la concordancia: el paisaje nacional (canonizado en textos nacionales) ancla a un personaje, mientras al otro, la mujer, la limita, la sofoca, porque ella no la experimenta con los mismos privilegios.

La conclusión del filme, a diferencia de la de *Y tu mamá también*, sugiere un retroceso de la modernidad; un rechazo de normas heterosexuales, productivas y adquisitivas; la posibilidad de una ética de cuidado como fuente de resistencia; y la *performance* como manera de hacer que la maquinaria capitalista trabaje a favor de los que en ella no quieren caber. De la secuencia en la playa se llega rápidamente al desenlace, repitiendo la misma sintaxis narrativa que aparece en *Y tu mamá también.* De regreso a la ciudad se enfrenta La Yuma a las intenciones abiertamente abusivas de su padrastro y de él rescata su hermana y hermano menor, se termina su relación con Ernesto cuando el hermano delincuente de ella y sus amigos lo asaltan con su novia. La Yuma se da cuenta de que el sueño de ser boxeadora profesional será un trabajo a largo plazo y que ella precisa de soluciones urgentes.

La toma final retoma la idea de retroceso: La Yuma se ha unido, con otra boxeadora, al Circo La Libertad, donde presentan espectáculos de boxeo femenino. Acompañan a La Yuma sus dos hermanos menores. Finalmente, hay una toma panorámica, con angulación de la cámara hacia abajo, donde, una vez más, la protagonista se aleja de la cámara observadora cuando el circo sale de la ciudad. Para mantener el bienestar psíquico, incluso el bienestar físico, se sugiere, hay que irse, retroceder de la modernidad y crear un espacio para la autoexpresión fuera de la maquinaria productiva, una realización del ser anclada en una ética del cuidado, en la solidaridad humana.

3. *Temporada de patos*

Si bien la conclusión de *La Yuma* sugiere la posibilidad de crear y habitar intersticios de resistencia en el mundo globalizado, lo mismo sucede en la obra *Temporada de patos.* Por medio de una trama sencilla, *Temporada de patos* sugiere que hay intersticios en el paisaje neoliberal del mundo moderno desde los cuales puede brotar la inspiración para otra forma de vida. El filme resalta el poder del arte, la naturaleza y la ética del cuidado como fuentes de liberación y hace eco de las llamadas del filósofo Enrique Dussel, quien afirma que lo que la modernidad no ha subsumido tiene la posibilidad de resurgir como alternativa a la cultura occidental y a todo lo que conlleva la cultura occidental en su expresión consumista del siglo XXI. A la coexistencia de la modernidad occidental con sus alternativas, Dussel la entiende como "la transmodernidad" y enfatiza la importante función creativa de estos modos de ser que coexisten con la modernidad occidental (Dussel 2002: 221).

En *Temporada,* un apartamento en un multifamiliar típico del Distrito Federal sirve como microcosmos para la transmodernidad como la imagina Dussel, y Ulises, el repartidor de pizza, personifica este concepto de transmoderno en su encuentro con un grupito de adolescentes —Flama, Moko y Rita— con quienes se topa por casualidad en su odisea personal. La secuencia inicial de *Temporada* establece el sitio: la infraestructura urbana en decadencia, edificios multifamiliares ensuciados por las nubes tóxicas, patios de recreo decaídos y columpios a metros de una carretera pintada con grafitis. La técnica imita la de la cámara fija, al estilo de una presentación de diapositivas en serie que sugiere realismo: cada corte termina en disolvencia en negro y la pantalla queda momentáneamente en negro. Luego, se enfoca en el apartamento donde pasarán una tarde de domingo tres adolescentes: los dos muchachos, Moko y Flama, y Rita, la chica vecina. Ulises llega con la pizza que pidieron los muchachos, quienes se niegan a pagarla, alegando su llegada once segundos tarde. Discuten y Ulises dice que no se va hasta que le paguen la pizza. Una técnica cinematográfica única, la de emplear solamente cámaras fijas que parecen estar ubicadas en cuadros, gabinetes y aparatos eléctricos, evoca el encierro en el que viven los muchachos, a punto de ser separados por el inminente divorcio de los padres de Flama.

Una serie de apagones, falla por excelencia de la infraestructura sobrecargada de la megaciudad, rompe la rutina de videojuegos, uno de los cuales iba a decidir si pagarían o no los muchachos la pizza. Con cada apagón de inmediato se impone otro ritmo en el apartamento, y de la 'crisis' de aburrimiento brotan las posibilidades de resistencia: las historias de Ulises sobre su migración a la ciudad y su amor por los animales; la fascinación, inicialmente de Ulises, y después de todos, con un cuadro de dos patos que vuelan, obra de arte barata que se disputan los padres en el divorcio; la destrucción de los emblemas de la clase media (adornos, platos decorativos, figuras) al que dispara Flama con rifle de juguete. Con motivo de reconciliación de varias querellas que suceden entre los muchachos, Ulises cuenta su historia: cómo se vio obligado por la necesidad y la familia de ejercer un trabajo 'anti-vida' en la ciudad, el de matar perros en una perrera —y que el filme evoca vívidamente en un *flashback*—, cómo lo desprecian los clientes y su jefe en su presente trabajo como repartidor de pizza y, finalmente, el malestar que siente en la ciudad.

Los adolescentes en *Temporada* parecen vivir un encierro típico de jóvenes del siglo XXI, de una rutina sofocante y de una 'libertad' de tal rutina que viene en la forma del consumo sin límite de videojuegos, pizza y dulces. En carne viva, parecen ser productos de las fuerzas homogeneizantes del colonialismo y el imperialismo económico, que según Leonardo Boff y Mark Hathaway, producen una opresión objetiva con ecos psicológicos, el resultado de los cuales es la internalización de la pérdida del poder de efectuar un cambio (2009: 9). La posibilidad de despertarse a otras posibilidades, de deshacerse del malestar que los limita y que no pueden nombrar, viene de la combinación fortuita de su inquietud (producto de su anticipada separación con la pronta mudanza de Flama y también de su naciente sexualidad) y de la presencia catalizadora del cuadro de los patos y su intérprete, Ulises.

Es la secuencia de escape la que sugiere la posibilidad de liberación. Tras comer brownies cocinados por Rita con la mariguana de su mamá, los cuatro ven animarse el cuadro de los patos. La banda sonora incluye el sonido del agua, de aves, del entorno natural de campo. Y frente al arte-naturaleza, Ulises explica cómo es la migración de los patos: que la solidaridad en el viaje les permite volar lejos, que se turnan en el frente y que la lealtad hace que se le acompañe a cualquier pato que se canse y necesite dejar de volar por un rato.

La escena sobre la solidaridad entre los patos aparece en los últimos momentos de la cinta y sirve como metáfora de una posible postura contestataria ante la modernidad. El arte y la naturaleza, se sugiere, pueden liberar el espíritu, despertar la agencia y dar fuerzas para la búsqueda (o la creación) de otras formas de ser. De forma inmediata, el cuadro impulsa el rechazo de Ulises de su realidad: 'dentro' de la obra, renuncia a su trabajo, y unos pocos minutos después de su explicación del proceso de migrar de los patos, se corta a la última escena de la cinta, una de las pocas que tiene lugar fuera del apartamento. Como en *La Yuma*, en esta escena de *Temporada*, el sujeto principal en el plano se aleja de la cámara. Es de noche y vemos que la figura de espaldas a la cámara, montada en motocicleta, es Ulises, quien viaja por la carretera con el cuadro (representación figurativa de la solidaridad y la naturaleza) literalmente en sus espaldas. El arte es algo a lo que se aferra (¿a qué nos aferramos?) para buscar otro futuro, y el arte de filme, en manos de Eimbcke, es el que insinúa la posibilidad de un mundo en el que caben muchos posibles mundos.

4. Conclusión

Sin inquietudes hacia el presente, raras veces la gente busca modos alternativos de habitar el mundo. Y en problematizar el presente, en abrir fisuras en las fachadas de la vida cotidiana y sembrar en ellas ideas sobre otras posibilidades, otras formas de percibir y sentir el mundo, se especializa el arte. El trabajo de estos directores en estas tres obras es el de visibilizar lo que se ha normalizado en las últimas tres décadas: el entorno neoliberal en espacios comunes y corrientes —apartamentos, carreteras, psiquis. En estos espacios, los valores de mercado actúan para imponer sus reglas a la vida, y chocan con deseos sumamente humanos de vivir plenamente y con dignidad junto a los seres queridos, de desempeñar un papel en la comunidad con otros. Esclarecer el costo humano, psíquico, de una infraestructura de tiempo (rutina) y espacio (territorio) que prioriza el comercio más que cualquier otro valor, y en especial los valores bio-eco-céntricos, es exactamente el trabajo que han realizado Cuarón, Eimbcke y Jaguey en los tres largometrajes. Nos dejan, así, con muchos interrogantes acerca de cómo convivir con la vida, humana y natural, que sobrevive en los intersticios de la rutina; que brota, resistente, de las fisuras; y que florece en espacios a los que dan forma otros valores: la ética de cuidado, la solidaridad y el arte.

Bibliografía

Alcoff, Linda (1988): "Cultural Feminism versus Post-Structuralism: The Identity Crisis in Feminist Theory". En: *Signs* 13, 3, pp. 405–436.

Barbas-Rhoden, Laura (2013): "Espacio, violencia y heteronormatividad en una Nicaragua transnacional: Lectura ecofeminista de *La Yuma* y *Meet Me Under the Ceiba*". En: Albizurez, Mónica/Ortiz Wallner, Alexandra (eds.): *Poeticas y Politicas de Genero: Ensayos sobre Imaginarios, Literaturas y Medios en Centroamerica*. Berlin: Edition Tranvia, Verlag Walter Frey.

Barbas-Rhoden, Laura (2014): "Hacia una ecocrítica transnacional". En: *Revista de crítica literaria latinoamericana* 79, pp. 79–96.

Basoli, A.G. (2002): "Sexual Awakenings and Stark Social Realities: An Interview with Alfonso Cuarón". En: *Cineaste* 27, 3, pp. 26.

Boff, Leonardo/Hathaway, Mark (2009): *The Tao of Liberation: Exploring the Ecology of Transformation.* Maryknoll, N.Y: Orbis Books.

Cuarón, Alfonso (2001): *Y Tu Mamá También.* México: Producciones Anhelo, Besame Mucho Pictures.

Dussel, Enrique D (2002): "World-System and 'Trans'-Modernity". En: *Nepantla: Views from South* 3, 2, pp. 221–244.

Eimbcke, Fernando (2004): *Temporada de patos.* México: CinePantera, Esperanto Filmoj, IMCINE.

Fisher, Andy (2012): "What Is Ecopsychology? A Radical View". En: Kahn Jr, Peter H./ Hasbach, Patricia H. (eds.): *Ecopsychology: Science, Totems, and the Technological Species.* Cambridge, MA: MIT Press, pp. 79–114.

French, Jennifer (2014): "Naturaleza y subjetividades en la América Latina Colonial". En: *Revista de Crítica Literaria Latinoamericana* 79, pp. 35–56.

Heffes, Gisela (2014): "Introducción: para una ecocrítica latinoamericana". En: *Revista de Crítica Literaria Latinoamericana* 79, pp. 11–34.

Kahneman, Daniel (2011): *Thinking, Fast and Slow.* New York: Farrar, Straus and Giroux.

Jaugey, Florence (2009): *La Yuma.* Nicaragua: Ivania Films, Wanda Visión S.A, Camila Films.

Leff, Enrique (2007): *Aventuras de la epistemología ambiental: De la articulación de ciencias al diálogo de saberes.* México D.F.: Siglo XXI.

Marcos, Subcomandante (1997): "The Fourth World War Has Begun". En: *Le Monde Diplomatique*, English Edition. En: https://mondediplo.com/1997/09/marcos (consultado por última vez: 1.1.2016).

Mignolo, Walter D (2011): *The Darker Side of Western Modernity: Global Futures, Decolonial Options.* Durham: Duke University Press Books.

Oxford Reference (2015): "Biopsychosocial". En: http://0-www.oxfordreference.com.library.wofford.edu/view/10.1093/oi/authority.20110803095507427 (consultado por última vez: 11.12.2015).

Pratt, Mary Louise (2015): "Language and Afterlives of Empire". En: *PMLA* 130, 2, pp. 348–357.

Theodore, Nik/Peck, Jamie/Brenner, Neil (2009): "Urbanismo neoliberal: la ciudad y el imperio de los mercados". En: *Temas Sociales* 66, pp. 1–12.

Imaginarios distópicos

Petra Schumm

¿Entre catástrofes ecológicas y nuevas esperanzas? La narración apocalíptica en *Não verás país nenhum* de Ignácio de Loyola Brandão

Resumen

En este artículo, se analizan algunas afinidades y diferencias entre la distopía de *Não verás país nenhum* de Ignácio de Loyola Brandão y los primeros discursos ambientales en el Brasil. Con especial referencia al tópico 'eco-apocalipsis' y a los actuales debates acerca 'del fin del mundo' (ahora impensable), se subrayan las particulares ambigüedades del relato que sitúan al texto 'más allá' de los discursos ordinarios de la ecología política y que, sin duda, han contribuido también a que esta narración ya clásica de una distopía ambientalista siga atrayendo la atención de sectores más diversos de la crítica.

Abstract

This article analyses some common features and differences between the dystopia *Não verás país nenhum* by Ignácio de Loyola Brandão and the first discourses of environmentalism in Brazil. With special reference to the topic of 'eco-apocalypse' and the current debates on the (now unconceivable) 'end of the World' the essay highlights the particular ambiguities of the narration which locate the text 'beyond' the ordinary discourses of political ecology and helped undoubtedly as well that this already classic story of an environmental dystopia continues to draw the attention of the most different areas of criticism.

"Apocalypse is the single most powerful master metaphor that the contemporary environmental imagination has at its disposal" (Buell 1995: 185). Esta observación del eminente eco-crítico Lawrence Buell se ha convertido casi en un lugar común en los actuales análisis de los discursos ambientales. La fuerza persuasiva del recurso al viejo imaginario apocalíptico consiste en potenciar riesgos ya inherentes en el presente en catástrofes futuras, que posiblemente ya no tendrán solución. Aunque los contenidos de los discursos eco-apocalípticos han cambiado de manera considerable en comparación con el imaginario de la tradición judeocristiana, cumplen aún una función social y política semejante (Berger 1999: 35): se fomentan ansiedades —ahora con respecto a una contaminación irreversible del planeta o la escasez de recursos naturales, etc.— para subrayar que la exigencia de una disminución de los riegos presentes resulta más que urgente.

La novela *Não verás país nenhum* de Ignácio de Loyola Brandão, publicada en 1981, parece confirmar este diagnóstico. Como lo surgiere el subtítulo *Memorial descritivo do futuro*, el texto se inserta en la tradición de relatos distópicos que se ubica esta vez en la urbe São Paulo, donde ya ha ocurrido o pronto va a tener lugar un colapso medioambiental.

Não verás país nenhum es la primera novela publicada en Brasil que tematiza de manera explícita problemas del medioambiente. Hoy en día el texto es apreciado como un relato ya clásico de dicha problemática.[1] El trasfondo histórico de su elaboración (a partir de 1973) se remonta, sin embargo, a la dictadura militar en Brasil (1964–1985), que se caracterizó por una política bastante desconsiderada de desarrollismo económico y de extractivismo[2] dando lugar, en consecuencia, al surgimiento de voces dispersas de una conciencia ecológica.[3] Aunque Brandão no se considera un activista ambiental, no ha dejado de abordar el tema en otras publicaciones posteriores. Mencionamos su *Manifesto verde. O presente é o futuro* (1984), un texto más bien didáctico destinado a niños, que se presenta como un manual de instrucción para un comportamiento ecológicamente correcto; y el diario sobre su estancia en Berlín entre 1983 y 1984 con el título sugestivo *O verde violentou o muro* (1984) que describe, entre otras cosas, escenas de la vida alternativa en la ciudad de Berlín antes de la caída del muro y el ascenso del partido de los Verdes. De esta manera, Brandão contribuyó, sin duda, junto con otros precursores del discurso ambiental —como el ecologista José Lutzenberger y el publicista Fernando Gabeira— a que la problemática fuera puesta en circulación en la vida pública de Brasil. Esta contribución pretende revisar la novela *Não verás país ninhum* desde una perspectiva histórica, relacionándola con el tópico del apocalipsis y, a veces, con otras voces del naciente discurso ambiental en el Brasil. ¿En qué estrategias narrativas se articula la imaginación de una catástrofe ecológica? ¿Qué consecuencias tiene la tematización de la crisis ambiental para los protagonistas, su hábitat y su relación con el

1 En 2008 el texto se publicó en la 27ma edición, fue traducido al italiano, inglés y alemán, existe además una adaptación al teatro, Johnen (2010: 329). El número de críticas que las últimas reediciones han recibido también es impresionante.

2 De las 'obras faraónicas' de la dictadura militar deben mencionarse las construcciones de la *Transamazónica*, del dique de contención en Itaipú y de la central nuclear en la región de Angra dos Reis. Al mismo tiempo se impulsa una política de población y el comienzo de la deforestación de la Amazonía y se asiste al incremento de movimientos migratorios del campo a las metrópolis, especialmente del nordeste a São Paulo. Para el contexto histórico de la novela, Johnen (2010: 332) y Hoffman (1991: Cap. 1).

3 Para los comienzos del discurso ecológico en el Brasil, ver Cunha Carneiro (2006) y Johnen (2010: 331). Una fuente muy rica para el entrecruzamiento de los primeros discursos ecológicos en Brasil y la ficción de Brandão es el trabajo de Hoffmann (1991).

tiempo y la historia? ¿Cuáles son las concepciones de la naturaleza y la determinación temporal del fin del mundo en este relato distópico? Y en un sentido más amplio: ¿Qué función cumple el recurso al viejo tópico del apocalipsis en la literatura latinoamericana del siglo XX? Para contestar a estas preguntas quisiera comenzar con una observación acerca de la situación enunciativa de la novela.

1. La situación enunciativa de la novela

Si tenemos en cuenta que los discursos apocalípticos tradicionales se atribuyen a narradores 'iluminados' que anuncian una 'revelación divina' sirviéndose de una serie de imágenes y cifras enigmáticas que hoy consideramos como fantásticas (Focant 2010: 44), la situación enunciativa en *Não verás país nenhum* se presenta, a primera vista, de manera más bien realista. Se centra en un narrador homodiegético llamado Souza, un historiador jubilado prematuramente por razones políticas, que al comienzo de la novela trabaja en una oficina. Souza es un pequeño burgués (un brasileño cualquiera) con actitudes a la vez oportunistas (más bien por apatía) y excéntricas. Es a través de las observaciones de su entorno, sus recuerdos del pasado, sus conversaciones con su esposa Adelaide, con un nieto y un viejo amigo, que poco a poco se despliega la situación de São Paulo en un futuro no muy lejano, sin fecha precisa. En un discurso al mismo tiempo monótono y fríamente sistemático, como entrecortado y melancólico, se enfocan sobre todo las dificultades (a veces banales) de la vida cotidiana en una situación de emergencia, que fue construida además a partir de un archivo minucioso de textos científicos, recortes de periódicos, fotografías, discursos políticos y anuncios publicitarios coleccionados —a manera de una buena investigación periodística— previamente por el autor.[4]

No obstante, la narración tampoco excluye del todo indeterminaciones semánticas o elementos fantásticos. Constatamos, en primer lugar, que Souza, siendo un narrador homodiegético, tiene un punto de vista bastante limitado. Las informaciones que ofrece son a veces inexactas o confusas y, al intentar comprender los 'signos' de su entorno, él mismo articula a menudo dudas o

4 De ahí también, la tendencia de la mayor parte de la crítica de leer la novela como un reflejo de la realidad brasileña y su crisis medioambiental, Graf (1991) y Schamm (2010), o al menos de reconstruir el archivo textual subyacente en ella, que se considera como una fuente importante para el horizonte receptivo del lector, Salles (1990) Johnen (2010). Para un análisis más detallado de las estructuras narrativas del texto todavía es una contribución valiosa el temprano análisis de Krabbenhoft (1987) que parte del presupuesto teórico de 'extrañamiento' (en el sentido de Brecht). Son también de interés los nuevos enfoques de la crítica brasileña que se concentran en aspectos de lo fantástico o de la memoria histórica, Perreira de Souza (2011) y Silva Vieira (2011).

preguntas incómodas. Siendo además un intelectual excéntrico, Souza tiene ciertas inclinaciones a sueños, a percepciones alucinantes y a un misticismo secular. El elemento fantástico más importante del texto es sin duda un enigmático hueco en la mano de Souza a través del cual a veces se divierte leyendo recortes de periódicos o viendo rayas de luz en el suelo. La metáfora de la luz sugiere —entre otras cosas— que la narración cumple de alguna manera la función de una 'revelación', ya no, por supuesto, de una 'verdad divina', sino en el sentido secularizado de una 'aclaración' o 'desmitificación', que ahora expresan una discrepancia con un momento dado en la historia. En este sentido, la narración en *Não verás país nenhum* se aproxima a la tesis de Julio Ortega, a saber, que la reinscripción del imaginario apocalíptico en la literatura latinoamericana del siglo XX posee fuertes acentos políticos. 'Des-velar' o 'des-cifrar' significa 'desestabilizar un discurso normativo y dominante', recurriendo para ello muchas veces a una 'textualidad irónica y satírica' (2009: 55–56).[5]

2. La sátira de la crisis medioambiental y del poder político

Asistimos en *Não verás país nenhum* a una acumulación de indicios horrendos de un eco-apocalipsis que se concentran en la megalópolis de São Paulo. El calor del sol se ha vuelto insoportable, el aire es sofocante, todos los ríos se han secado y el mar está contaminado. En todas partes huele mal: a basura, excrementos y cadáveres humanos (animales y niños ya no existen). La ciudad está irremediablemente sobrepoblada. Aunque se ha suprimido la circulación de automóviles, las calles están embotelladas por peatones y bicicletas. La avería de una planta nuclear y alimentos envenados han provocado deformaciones y disfunciones en los cuerpos humanos que derivaron en una esterilidad generalizada. La situación se resume metafóricamente en el sueño de Adelaide con el hundimiento de un barco, que debía salvar a los niños del país transportándolos a otra parte del mundo. El hundimiento del barco, con notables connotaciones del Titanic, equivale al derrumbamiento de toda una civilización (Hoffmann 1991).

5 Véase también las metáforas de la luz en los planteamientos de Brandão acerca de la función social de su literatura: "A minha literatura talvez seja uma literatura que aclara determinados momentos, que deixa mais iluminada alguns instantes da história do Brasil" (2011: 217–218). Vale la pena recordar aquí la observación de Derrida en *Sobre un tono apocalíptico adoptado recientemente en filosofía* (1983) de que "nada es menos conservador que el género apocalíptico" (tradicional), pero de que es recomendable preservar el "deseo de claridad y revelación" para "desmitificar [...] el discurso apocalíptico y todo lo que en él especula sobre la visión, la inminencia del fin, la parousia" (citado en Ortega 2009: 56–57). El interés del ensayo de Derrida consiste sobre todo en haber señalado la estructura lingüística inestable en la revelación de San Juan, que constituye, aún hoy en día, un desafío para la comprensión del texto (Fabry/Logie/Decock 2010: 17).

Estos 'sucesos' se integran, sin embargo, en una situación geopolítica más ámplia. La deforestación sistemática de la Amazonía ha conducido a esta desertización generalizada. Grandes partes del territorio nacional han sido entregadas, además, como 'reservas' a empresas internacionales llamadas 'Multiinter'. La población brasileña se ve privada del acceso a estos territorios, de manera que largas caravanas de migrantes están en el camino del nordeste hacia el sur, buscando otros medios de subsistencia y huyendo de los balones de calor ardiente que hacen desaparecer a la gente o reventar sus cabezas como globos en fiestas infantiles. El nuevo orden se llama 'Multinacionalismo', indicando con ello señales de un mundo que se está globalizando. De esta manera, todo Brasil se ha reducido al distrito de São Paulo o, dicho de otro modo, se destaca por su virtual inexistencia, como así lo indica el título de la novela: "Não verás país nenhum", que es una cita irónica del poema simbolista "A Pátria" de Olavio Bilac, en el cual todavía se exalta la exuberancia de una naturaleza virgen y prometedora.[6] Sin embargo, no son las fuerzas extranjeras los únicos responsables de la catástrofe, sino también la gente común, que permanece —como Souza— en la inactividad y apatía.

Muchas veces se ha comparado la novela de Brandão con la distopía *Nineteen Eighty-Four* (1949) de George Orwell. La observación es sin duda acertada si tomamos en cuenta que la situación de la crisis medioambiental es administrada por un estado totalitario,[7] llamado el 'Esquema' y que se remonta a la 'Dictadura Grotesca' antes de los 'Abertos Oitenta'. Estas alusiones a la última dictadura militar y los primeros procesos de democratización en Brasil no son solamente remarcables porque sitúan —a semejanza de los discursos hispanoamericanos— la problemática ambiental en un contexto político más amplio, sino también porque omiten casi por completo la posibilidad de una transición democrática, de manera que se debería hablar de una 'postdictatura bajo los signos apremiantes de una crisis ambiental'. Los pilares del 'Esquema' son dos: Los 'Civiltares' (de Civil y Militar), es decir, el poder policial, y los 'Militecnos' (de Militar y Técnicos), los funcionarios del Estado, cuya meta es 'pragmatismo y racionalismo'. Sobresalen los rasgos de una sátira del poder político, y se desprende la multiplicación de nombres fanfarrones de grupos sociales o períodos históricos —'Era da Grande Locupletação', 'Grande Época dos Decidamente Incompetentes', 'Grande Era da Esterilidade', 'Círculo dos Ministros Embriagaos'—, que

6 Se dice en el poema: "A PÁTRIA: Ama com fé e orgulho, a terra em que naceste / Criança Não verás nenhum país como éste! / Olha que céu! Que mar! Que rios! Que floresta! / A natureza, aquí, perpetuamente em festa", en: Johnen (2010: 341).

7 De las muchas diferencias entre ambas novelas es de notar de que en el texto de Orwell aun no existen referencias a la crisis del medio ambiente.

no corresponden a ninguna periodización de la historia brasileña.[8] Rasgos de una sátira del poder político se descubren también en la puesta en escena de las estrategias retóricas del aparato propagandístico. La destrucción de la naturaleza se festeja en espectáculos hiperbólicos destinados a embriagar a los ciudadanos con un optimismo forzado. La devastación de la Amazonía se declara "a nona maravilha do mundo" (Brandão 1985: 59) donde desfilan caravanas y los ricos se divierten disfrazados de árabes.

Para evitar el caos total, el 'Esquema' ha tomado medidas que reglamentan la vida individual. El consumo de alimentos sintéticos y del agua (obtenida por el reciclaje de orina) es racionado. La ciudad ha sido segmentada en diferentes zonas de circulación para las cuales se necesitan permisos de tránsito. Infracciones a las prescripciones son castigadas con el internamiento en 'Acompamentos de Isolamento', de los cuales nadie nunca salió. Independientemente de los ordenamientos oficiales, se asiste a una fragmentación topográfica de la ciudad que indica una estratificación social. Con respecto a los más ricos corren rumores de que se han retirado en recintos técnicamente muy bien equiparados pero ocultos a los demás. Los representantes de la clase media, como Souza, viven en 'Os Círculos Oficiais Permitidos'. En la periferia se encuentran los basureros, 'Os Acompamentos Paupérimos', donde subsisten o agonizan los migrantes y los marginados en la suciedad y entre andrajos, donde ni siquiera tienen acceso a los racionamientos de agua y alimentos.

Sin embargo, el 'Esquema' está lejos de constituir un estado de vigilancia perfecta. El espacio urbano se desestructura, ya que la chusma de la periferia amenaza invadir los distritos más céntricos de la ciudad. Los aparatos técnicos a veces no funcionan[9] y el poder estatal con sus gobernantes lejanos —seres casi mitológicos— y sus intrigas políticas permanecen incomprensibles para Souza —a semejanza de los cuentos de Kafka— (1985: 18), de manera que él piensa vivir en un "clima de ridícula e subdesenvolvida ficção científica" (97).[10]

Es evidente que la principal estrategia narrativa de Brandão consiste en proyectar saberes compartidos acerca de la realidad brasileña en el futuro por medio de una imaginación hiperbólica y grotesca, así como en "O presente é o futuro"

8 La invención de estas denominaciones grandilocuentes es sin duda el efecto de 'extrañamiento' más importante en la novela, como ha señalado Krabbenhoft (1987).

9 Es de observar que el papel de la técnica en la narración de Brandão es bastante ambiguo. Por un lado, parece contribuir a cierto estado de bienestar, véase por ejemplo las residencias técnicamente muy bien equiparados de los ricos, los alimentos producidos industrialmente como únicos medios de subsistencia. Por otro lado, es claramente deficiente, superfluo o absurdo, como se desprende del último trabajo de Souza que le obliga a controlar los cálculos de computadoras, que en los últimos veinte años no han cometido ningún error.

10 En cierta medida *Não verás país nenhum* no es solamente una sátira de la situación ambiental y social del Brasil sino también del género de la *ciencia ficción* que no se puede adaptar sin reservas desde el contexto latinoamericano, Hoffmann (1991: Cap. 4).

(Brandão 1999). Sin embargo, vale la pena preguntarnos aquí acerca del estatuto temporal de esta ficción del fin. ¿Es que el desastre ya ocurrió o está todavía por venir?

3. La determinación temporal del fin y la noción de historia

En los relatos del fin —especialmente los del apocalipsis tradicional— suelen entremezclarse una multitud de voces, autores y textos, que remiten constantemente a un fin anterior desafiando así, como ha señalado Derrida en su análisis de la situación enunciativa en las profecías de San Juan, la suposición de ser una "revelación inmediata" —una "parusía"— de la voz de dios (Fabry/Logie 2010: 17). En la narración de la catástrofe ambiental de Brandão se interponen intertextos de la Biblia, crónicas medievales europeas y otras alusiones que vinculan el estado represivo actual, especialmente el exterminio en el nordeste, con el holocausto, considerado aún hoy en día como el caso ejemplar de un apocalipsis en la historia del siglo XX (Berger 1999). Para dar algunos ejemplos: Los científicos despedidos por el 'Esquema' son equiparados a los judíos; en la cárcel donde Souza es arrestado temporalmente al final de la novela se lee la inscripción "Produza. O trabalho liberta" (Brandão 1985: 287) —una alusión a la consigna de los campos de concentración de la Alemania nazi. Un refugiado del nordeste —un 'careca'— le explica a Souza sobre su fuga: "Me sentia como os judeus caminhando ordenadamente para os fornos crematórios de Auschwitz, Dachau. Conhecedores e impotentes, esperançosos, até a hora do forno" (Brandão 1985: 191). Las observaciones del migrante terminan con la profecía de Isaías (6,10–11) en la cual se anuncia la perdición del pueblo judaico como castigo de dios que se cita literalmente de la Biblia[11] y que conduce al siguiente comentario: "Tudo ali, dois mil anos, escrito e repetido, finalmente realizado. Tire daí o que se refere ao senhor e a ficção científica se concretizou" (192). Si los judíos representaban para los nazis un patrimonio genérico nocivo y abyecto que era necesario extirpar, la narración de Brandão sugiere una notable relación entre los cuerpos abominables y grotescamente deformados de los marginados y los demás desechos de la sociedad en los basurales que, en el contexto de la novela, son sinónimos de 'campos del olvido':

11 La cita de Isaías es la siguiente: "Torna insensível o coração deste povo, endurece-lhe os ovidos, e fecha-lhes os olhos [...] Então eu disse: Até quando Senhor? Ele respondeu: Até que sejam desoladas as cidades e fiquem sem habitantes" (Brandão 1985: 192). Asimismo el relato del 'careca' le recuerda al historiador Souza de la crónica medieval *Francorum qui ceperunt Hierusalem* de la pluma de Raymond d'Aguilar (1099) sobre la primera cruzada a Jerusalén, en la cual se describe una masacre a judíos y árabes.

> Vi gente que veio do campo, sem um pelo no corpo, o nariz corroído por inseticidas, ouvidos purgando, gente que perdeu o controle motor. E os que andavam com o pulmão artificial às costas, como os carros que usavam gasogênio na primeira guerra mundial? O seu furo é diferente. (103)[12]

De hecho, hay muchos indicios de que en la ficción distópica de *Não verás país nenhum* nos encontramos en un mundo 'post-apocalíptico'. Como explica James Berger en *After the end* sobre la particular paradoja de los relatos apocalípticos:

> The end never is the end. In nearly every apocalyptic presentation, something remains after the end [...]. In modern science fiction accounts, a world as urban dystopia or desert wasteland survives [...]. The study of post-apocalypse is a study of what disappears and what remains. (1999: 5–7)

De manera que el fin del mundo siempre ya ocurrió y algo debe quedar después del final. Refiriéndose a la noción de 'crisis', Frank Kermode apunta en su muy citado ensayo "The modern Apocalypse" que la distinción entre fines y nuevos comienzos se ha desvanecido del imaginario moderno de manera que estamos viviendo en un mundo de crisis y transición permanente, en el cual "the end is immanent rather than imminent" (2000: 101). Para Berger, el concepto de 'post-apocalipsis' debe situarse en el contexto de una noción modificada de la historia. Veamos entonces cómo se conciben el tiempo y la historia en la novela de Brandão.

Para el historiador Souza la crisis ambiental implica una pérdida del tiempo y de la historia. Los calendarios empaquetados, que Souza acumula en su apartamento, indican que el tiempo se ha paralizado. Ya no hay sucesión de días, meses o años. Los documentos del pasado han desaparecido en los archivos clandestinos del 'Esquema'. El museo de las copas de agua coloridas, donde se guardaban muestras de todos los ríos del Brasil, es destruido. El proceso histórico parece prolongarse sin fin,[13] porque simplemente ya no hay una opción de futuro. La sensación de un futuro clausurado no se debe, sin embargo, únicamente a la crisis ecológica sino también a lo que en el contexto de la novela todavía se llama 'Confusão ideológica' y que, un poco más tarde, se da a conocer como 'pérdida de los grandes metarrelatos utópicos': "Confusão ideológica, desencontros. [...] Direita tomava atitudes de esquerda e a esquerda de direita. Nenhuma posição era confortável, trazia segurança" (Brandão 1985: 119). ¿Cómo se

12 Aunque estas referencias al holocausto deben considerarse como invectivas contra el estado totalitario actual que se remonta a los fascismos de los años 30, sugieren también un regreso de la sociedad entera al estado de la barbarie. Me parece sorprendente que la crítica hasta ahora no ha tomado en cuenta estos intertextos de la novela. Bollinger (1987) las menciona de manera pasajera. Aparte de eso no es difícil ver que el énfasis en las deformaciones corporales se remonta también a los conceptos de 'antropofagia' y de 'estética del hambre' tan repartidos en la cultura brasileña del siglo XX. Agradezco a Gisela Heffes esta observación.

13 Lo que no debe confundirse con la noción de eternidad.

puede sobrevivir en un mundo sin esperanzas utópicas? ¿O será que el compromiso con la ecología constituye una salida del bloqueo político en el sentido de una 'miniutopía'?

4. Entre derrotas y esperanzas – La trayectoria del protagonista y su concepción de la naturaleza

Los discursos medioambientales suelen basarse —a semejanza de los relatos apocalípticos— en estructuras dicotómicas. Al presagio de una posible perdición del mundo sigue la promesa de un mundo mejor. El *Manifiesto ecológico* de José Lutzenberger (1978) ilustra esta estrategia retórica. Después de enumerar cinco catástrofes ambientales —entre ellas la crisis de energía y el cambio climático—, el autor termina atenuando su diagnóstico siniestro: "Tal vez todavía no sea demasiado tarde" (Lutzenberger 1978: 100). Me parece interesante la afirmación de Brandão que había leído el texto de Lutzenberger durante su trabajo en *Não verás país ninhum* "como una biblia", justamente para encontrar una salida positiva del universo nefasto de su novela (Hoffman 1998: 86).

En su ficción literaria se establece así un juego indeciso entre distopía y vagas señales de utopía. El misterioso hueco en la mano de Souza es un síntoma de esta oscilación. Si por un lado es un estigma más de una contaminación corporal peligrosa, por el otro sugiere una ruptura con la rutina diaria y cierta liberación del protagonista.

La novela dramatiza en la trayectoria individual de Souza, en primer lugar, una pérdida literal de las coordenadas de su entorno. Los indicios del desastre global se insertan en una odisea por la vida diaria en la cual se entremezclan elementos de telenovela, *slapsticks* y películas de acción.[14] Al principio de la novela Souza se encuentra todavía en la intimidad de su apartamento, soportando la monotonía de su matrimonio con Adelaide. Se sugiere un triángulo emocional entre Souza, que parece aceptarlo con indiferencia, Adelaide, que lo

14 Agradezco a Adrián Herrera la sugerencia de que la imaginación apocalíptica de Brandão parece plasmarse también en patrones de la ciencia ficción cinematográfica. Sin desarrollar con muchos detalles este aspecto importante para la narración del autor, me limito a las siguientes indicaciones: Los tempranos trabajos de Pires Bessa (1988) y Krabbenhoft (1987) hacen hincapié en la influencia tanto de las telenovelas como del cine en la literatura de Brandão. En *Não verás país nenhum* se encuentran citas del *Planeta de los simios*, de escenas sangrientas en *Lo que el viento se llevó*, de Laurel y Hardy, Greta Garbo, etc., aparte de numerosas referencias a programas de televisión. Elementos de la ciencia ficción cinematográfica seguramente también se descubren en la imaginación de la crisis ambiental del Brasil, así que últimamente la novela ha sido comparada con la distopía de *Mad Max*. A nivel de la narración, la influencia de los medios audiovisuales se manifiesta sobre todo en el predominio de descripciones minuciosas de objetos o acontecimientos más absurdos.

padece pasivamente, y el sobrino de Adelaide, quien quizá no sea exactamente un amante, pero sí un advenedizo despiadado en la burocracia del 'Esquema'. La intervención del último protagonista desencadena —tal como parece— la inevitable 'vía crucis' de Souza, de manera que la telenovela ordinaria —como ha apuntado con certeza Krabbenhoft (1987)— empieza a hundirse en el abismo. A partir del descubrimiento del hueco, Souza se olvida del trigésimo aniversario de su matrimonio y pierde su trabajo actual; su esposa desaparece (no se sabe el porqué) y su apartamento es ocupado por tres individuos dudosos (¿'carecas'?), quienes poco a poco lo van a expulsar de su lugar. Souza se ve obligado a desprenderse de sus objetos queridos que, especialmente en la hora de la pérdida, funcionan como soportes de la identidad. Cuando otros sujetos desconocidos (¿de la periferia de la ciudad?) se presentan en la puerta del domicilio pidiendo agua y alimentos, los tres forasteros los matan como si fueran moscas. Aparentemente trabajan para el sobrino que aparece de nuevo en el momento en que Souza y sus corresidentes deciden descargarse de los cadáveres. Por razones desconocidas la casa es atacada por helicópteros y todos —Souza y sus muebles, sus cohabitantes con los cadáveres y el sobrino— se precipitan en una huida sin rumbo que termina en un 'Acampamento Paupérimo'. Es ahí que la acción alcanza su clímax en la tentativa frustrada del sobrino de asesinar a su tío. Desde entonces Souza vagabundea sin residencia fija —un *flaneur* forzado— por un paisaje urbano misteriosamente desconocido por él. Finalmente se enfila en la masa de todos aquellos que están en el camino a las 'Grandes Marquesinas', inmensos techos de hormigón construidos por el 'Esquema' para —según la propaganda oficial— proteger a la población del sol infernal. Vistos desde arriba se acoplan y forman la palabra 'Brasil'.

Se alude a una especie de toma de conciencia de Souza, no en el sentido de romper con la situación actual, sino más bien como recuperación de los recuerdos del pasado. Si bien esta contraposición de 'lo que fue' y de 'lo que es' indica que la novela también se basa en una estructura dicotómica, la evocación de las pérdidas definitivas subraya la particular tonalidad melancólica del texto. De las muchas digresiones retrospectivas en la novela, el recuerdo del padre es de especial interés, porque nos remite a los intentos de Souza de comprender la naturaleza. El padre había dejado un cuaderno con apuntes dispersos de sus observaciones sobre el funcionamiento de la naturaleza. Ya en tiempos anteriores Souza había intentado leerlos porque le parecían contener "chaves para um futuro desenvolvimento" pero nunca logró descifrarlos por completo:

> Descobria uma letra, duas sílabas, três, quatro palavras, um símbolo, um desenho. As coisas nem sempre faziam sentido. [...] Passei noites copiando, buscando chaves, fazendo comparações. [...] Uma página trazia um desenho de Leonardo da Vinci. (Brandão 1985: 133)

A esta concepción premoderna de la naturaleza como un universo esotérico de signos relacionados corresponden las metáforas del *móvil perpetuo* y de pequeños aparatos mecánicos, cuyas ruedas encajan tan perfectamente que no dejan de moverse. Si echamos una mirada al *Manifesto verde* escrito por Brandão vemos que estas metáforas aluden a la reproducción de los ecosistemas en los cuales "todas as coisas estão interligadas, amarradas umas às outras" (1984a: 10) y que, por lo demás, hacen pensar en el concepto de 'gaia' mencionado por Lutzenberger en su *Manifiesto ecológico* (1978: 23).[15] La última vez que Souza encuentra tal aparato móvil y reluciente ya es bajo las 'Grandes Marquesinas': está colgando del cuello de un prisionero como si fuera "um enfeite, um brinquedo tecnológico" que, sin embargo, debería "servir para alguma coisa" (Brandão 1985: 353).

La imaginación ecológica en *Não verás país nenhum* no ofrece recetas fáciles para una salida de la crisis ambiental. Esta 'novela urbana' está lejos de predicar un retorno romántico a la naturaleza. A pesar de su aparente realismo el texto se destaca por la sugerencia de dudas e incertidumbres semánticas a la manera de los cuentos fantásticos (Pereira de Souza 2011). Estas ambivalencias se deben, en primer lugar, a las inconsistencias del narrador que frecuentemente repite episodios ya conocidos en versiones variadas y que omite informaciones acerca de la identidad de los demás personajes o del desenlace causal de los acontecimientos, sembrando, de esta manera, silencios o espacios vacíos (huecos) a lo largo de su relato. La repetición de ciertos momentos lingüísticos en contextos semánticos diferentes los constituye, además, en metáforas polisémicas: los aparatos mecánicos aluden tanto a la naturaleza como a los engranajes del poder; la luz del sol es a la vez un signo de la muerte y una fuente de energía y de 'esclarecimiento'. Finalmente, las fronteras entre lo real y lo soñado o alucinado se borran en el curso de la narración. ¿El barco que debía transportar a los niños al extranjero realmente se hundió o es un sueño de Adelaide? Si esta última suposición fuese exacta, ¿a qué motivo se debe la pesadilla? ¿Y será que el inexplicable hueco en la mano del protagonista no existió nunca?[16] Asimismo, la naturaleza permanece

15 En palabras de Lutzenberger 'gaia' significa que la tierra es un 'organismo vivo' del cual el hombre solamente es una parte; exigiría una 'visión sinfónica' del universo que excluye el dominio. Aunque esta concepción de la naturaleza —tanto en Brandão como en Lutzenberger— no está exenta de un misticismo premoderno, es de observar que la teoría de 'gaia', actualizada en los años 60 por Lovelock en el marco de las ciencias naturales, rechaza toda orientación metafísica.

16 Así, el hueco en la mano puede considerarse también como una imagen de la construcción narrativa del texto. La negación de su existencia al final confronta al lector con un nuevo suspenso, que tampoco será resuelto en una nueva lectura de sus pistas desconcertantes en la novela, Pereira de Souza (2011: 75).

siendo un signo tan enigmático para Souza como su esposa que se le aparece, en sus recuerdos, en imágenes siempre cambiantes (Brandão 1985: 350–351).[17]

Si bien estas ambigüedades no carecen de una función didáctica (la de estimular un cuestionamiento de lo dicho por parte del lector) y de alguna manera condensan metafóricamente la problemática ambiental, contribuyen también a una desestabilización del 'pacto mimético' con la realidad extratextual. La imaginación postapocalíptica en *Não verás país nenhum* no procede de una manera reductora y monocausal que Greg Garrard (2012: 114) constató para el registro eco-apocalíptico en los discursos políticos y periodísticos. Al bloquear (parcialmente) el sentido referencial del lenguaje, la novela tematiza —como han observado Fabry, Logie y Decock (2009: 17) con respecto a las narraciones apocalípticas en la literatura hispanoamericana del siglo XX— la crisis en dos niveles diferentes: tanto en lo temático como en sus modalidades de articulación. En otras palabras: no se trata solamente de proclamar una 'verdad revelada' sino de problematizar también el anuncio mismo de toda revelación y, con ello, la estructura potencialmente apocalíptica del lenguaje, tal como se desprende también del final abierto de la novela.

5. Lo que queda al final

¿Cómo termina la novela? ¿A qué destino llegamos al final? Debajo de las 'Grandes Marquesinas', el protagonista aparentemente ha llegado al final definitivo de su recorrido. Se mantiene en pie en la masa apretada y anónima de gente, esperando —como en el teatro de Beckett— a no se sabe qué desenlace de la historia. Nuevamente una alusión al Holocausto, ya que con la construcción se

17 De hecho, la mujer, especialmente Adelaide, juega un papel central en la configuración semántica de la problemática ecológica en la novela que, sin embargo, tampoco deja de ser ambiguo. Por un lado el deseo de Adelaide aparentemente frustrado de tener un hijo corresponde al motivo de la esterilidad generalizada y a la pregunta central por la reproducción de los ecosistemas. Por otro lado, esta imagen tradicional de la maternidad contrasta con otra noción de lo femenino (no menos tradicional), que Souza descubre después de la desaparición de Adelaide: el ser una buena pianista a quien le gusta vestirse al estilo de una seductora *femme fatal*. En un sentido más amplio se plantea con ello la pregunta de cómo corresponder en el 'acto de reproducción sexual o matrimonial' a deseos eróticos. Véase al respecto también el acto de amor que Souza realiza al final con una mujer callejera que baila girando constantemente entorno a sí misma, Brandão (1985: 274–286). De cierta manera, estas sugerencias coinciden con la 'ecología amplificada' de Fernando Gabeira, que incluye la exigencia de una renovación de las relaciones sexuales. Asimismo, la puesta en duda de la veracidad de las imágenes de Adelaide creadas a lo largo de la narración —"Alguém procurou um dia descrever a pessoa que ama? Parece fácil, simples, mas é impossível. A imagem sai alterada" (350)— es legible como un comentario metaliterario (irónico) del supuesto realismo de la novela.

pretende dar 'una solución final' al desastre ecológico. Mucha gente ya murió y muchos otros no saben si van a salir del campamento, pero Souza se niega a aceptar las señales de la muerte. Al contrario, cree ver en el suelo rocoso el brote de una planta verde y oír ruidos del viento que anuncian la lluvia deseada. Al encontrarse con su co-prisionero, que tiene un estigma en la mano como él, se proyecta incluso un plan de fuga del campamento, aunque el camino a seguir sea todavía desconocido. En vista de las amenazas de un desastre ecológico, en vista también del desmoronamiento de los grandes metarrelatos, es preciso buscar nuevos caminos de resistencia y subsistencia.

Vagamente se desdibuja aquí la posición del ex-guerrillero y activista ambiental, Fernando Gabeira, quien propuso en los años 80 conjugar la cuestión ecológica con la búsqueda de formas de vida alternativa que incluyan tanto la contestación al poder como nuevas experiencias de vida comunitaria y de sexualidades hasta entonces marginadas. Las observaciones de Brandão en *O verde violentou o muro* acerca de la vida alternativa en Berlín —también en la década de los 80— apuntan en esa misma dirección.[18]

Es posible deducir estos mensajes utópicos de la novela tomando en cuenta su contexto extraliterario. A nivel intradiegético de la narración, el final permanece mucho más ambiguo. No sabemos si las percepciones del protagonista bajo las 'Grandes Marquesinas' son reales o productos de su imaginación debidos a cierto estado de delirio. "Estamos delirando, amigo? —Se for delírio, que mal faz? Há muito tempo prefiro viver no delírio" (Brandão 1985: 355). El final del final no ocurrió. La novela termina con la sentencia de Galileo "E pur si muove". Aunque con esto tampoco existe la promesa de un nuevo comienzo.

18 Se elogian por ejemplo —no sin cierto toque romántico— la organización corporativista del periódico *TAZ* y del centro cultural *UFA* en aquel período, las manifestaciones callejeras, el consumo de productos naturales, la vida comunitaria en las casas ocupadas. El apogeo de los Verdes se reduce a la figura de Petra Kelly, idealizada como una Santa. Para la representación de las ciudades São Paulo/Berlín en los textos de Brandão, ver Ingenschay (2004: 137–147). En la ficción de *Não verás país nenhum*, en cambio, todas las medidas generalmente incluidas en los programas de protección de la naturaleza —la energía solar, la sustitución de automóviles por bicicletas, la separación de la basura— tienen una connotación negativa. De manera semejante, los representantes del incipiente movimiento alternativo son caracterizados como "románticos pacientes y bien organizados" que sin embargo imitan "la soberbia de la política oficial" (1985: 343). El autor de la ficción literaria desiste de señalar caminos alternativos a seguir.

Bibliografía

Berger, James (1999): *After the End. Representation of Post-Apocalypse*. Minneapolis: Minnesota Press.

Bollinger, Rosemarie (1987): "Tres escritores brasileños". En: *Cuadernos hispano-americanos* 439, pp. 85–98.

Brandão, Ignácio Loyola (1984a): *Manifesto verde. O presente é o futuro*. São Paulo: Global.

Brandão, Ignácio Loyola (1984b): *O verde violentou o muro. Vida em Berlím antes e agora*. São Paulo: Global.

Brandão, Ignácio Loyola (1985): *Não verás país nenhum*. São Paulo: Global.

Brandão, Ignácio Loyola (2011): "A literatura, a história, e a memória". Entrevista con Vera Lúcia Silva Vieira. En: *ArtCultura. Uberlândia* 13, 22, pp. 207–224.

Buell, Lawrence (1995): *The Environmental Imagination. Thoreau, Nature Writing and the Formation of American Culture*. Massachusetts/London: Harvard Press.

Cunha Carneiro, Alberto (2006): *A história do ambientalismo. O socialismo, a direita e o ecologismo*. Porto Alegro: Ed. Sagra Luzzatto.

Engler, Erhard (1992): "Von der Prähistorie in die Zukunft. Die Herausforderung gilt". En: Briesemeister, Dietrich/Feldmann, Helmut/Santiago, Silviano (eds.): *Brasilianische Literatur der Zeit der Militärdiktatur* (1964–1984). Frankfurt am Main: Vervuert.

Fabry, Geneviève/Logie, Ilse/Decock, Pablo (2009): "Los imaginarios apocalípticos en la narrativa hispanoamericana contemporánea (S. XX–XXI). Una introducción". En: Fabry, Geneviève/Logie, Ilse/Decock, Pablo (eds.): *Los imaginarios apocalípticos en la literatura hispanoamericana contemporánea*. Oxford/Bern/Berlin: Peter Lang, pp. 11–32.

Focant, Camille (2009): "El Apocalipsis de Juan. Género literario, estructura y recepción". En: Fabry, Geneviève/Logie, Ilse/Decock, Pablo (eds.): *Los imaginarios apocalípticos en la literatura hispanoamericana contemporánea*. Oxford/Bern/Berlin: Peter Lang, pp. 35–53.

Garrard, Greg (2012): *Ecocriticism*. New York: Routledge.

Graf, Marga (1991): "Apokalyptische Visionen in Ignácio Loyola Brandãos Roman *Não verás país nenhum:* Literatursprache des Verfalls der menschlichen Gesellschaft". En: Kalwa, Erich/Mertin, Ray-Güde et al. (eds.): *Akten des 1. gemeinsamen Kolloquiums der deutschsprachigen Lusitanistik: Berlin 20–23 September 1990*. Frankfurt am Main: TFM - Beihefte zu Lusorama, pp. 81–98.

Hoffmann, Dirk (1991): *Zur Darstellung der ökologischen Problematik in* Não verás país nenhum *von Ignácio Loyola Brandão*. Wissenschaftliche Hausarbeit zur Erlangung des Grades Magister Artium. Berlin: Lateinamerika-Institut der FU Berlin.

Ingenschay, Dieter (2004): "Rio de Janeiro – São Paulo – Berlin: Literarische Großstadterfahrung und interkulturelle Differenz bei Ignácio Loyola Brandão und anderen brasilianischen Autoren". En: Briesemeister, Dietrich et al. (eds.): *Vielfalt und Heterogenität: Studien zu den Literaturen Angolas, Brasiliens, Mosambiks und Portugals*. Frankfurt am Main: Domus Editora Europea, pp. 125–149.

Johnen, Thomas (2010): "Das endzeitliche Szenario der Umweltzerstörung in *Não verás país nenhum* von Ignácio Loyola Brandão: Anmerkungen zu seiner Verankerung im Alltagswissen des Lesers". En: Klettke, Cornelia/Maag, Georg (eds.): *Reflexe eines*

Umwelt- und Klimabewusstseins in fiktionalen Texten der Romania. Berlin: Frank & Timme, pp. 329–347.

Lutzenberger, José A. (1978): *Manifiesto ecológico ¿Fin del Futuro?* Mérida, Venezuela: Universidad de los Andes.

Kermode, Frank [1966] (2000): *The Sense of an Ending. Studies in the Theory of Fiction*. New York: Oxford University Press.

Krabbenhoft, Kenneth (1987): "Ignácio Loyola Brandão and the fiction of cognitive estrangement". En: *Luso-Brasilian Review* XXIV, 1, pp. 35–45.

Ortega, Julio (2009): "La alegoría del apocalipsis en la literatura latinoamericana". En: Fabry, Geneviève/Logie, Ilse/Decock, Pablo (eds.): *Los imaginarios apocalípticos en la literatura hispanoamericana contemporánea*. Oxford/Bern/Berlin: Peter Lang, pp. 53–66.

Pádua Dias da Silva, Antonio (2008): "A cidade deteriorada: Distopia literária e ecologia na ficção de Ignácio Loyola Brandão". En: *Terra roxa e outras terras. Revista de estudos literários* 12, pp. 1–11.

Pereira de Souza, Antonia (2011): "O fantástico no romance *Não verás país nenhum:* Discursos ambiguos e hiperbólicos". En: *Revista dEsEnrEdoS* 3, 11 , pp. 1–15.

Pires Bessa, Pedro (1988): *Loyola Brandão. A televisão na literatura*. Juiz de Fora: Editora da Universidade.

Salles, Cecíla Almeida (1990): *Uma criação em processo: Ignácio de Loyola Brandão y Não verás país nenhum*. Tese de Douturado. São Paulo: PUC-SP.

Schamm, Christoph (2010): "Num clima de ridícula e subdesenvolvida ficção científica? Ignácio de Loyola Brandãos Roman *Não verás país nenhum* als Prognose einer drohenden Klimakatastrophe". En: Klettke, Cornelia/Maag, Georg (eds.): *Reflexe eines Umwelt- und Klimabewusstseins in fiktionalen Texten der Romania*. Berlin: Frank & Timme, pp. 315–327.

Silva Vieira, Vera Lúcia (2011): *Memória e Literatura. A escrita como exercício da indignação*. Dissertação de Mestrado. Franca: Universidade Paulista do Estado. En: https://repositorio.unesp.br/bitstream/handle/11449/93226/vieira_vls_me_fran.pdf?sequence=1&isAllowed=y (consultado por última vez: 26.06.2019).

Elmar Schmidt

Posthumanismo periférico: agencia del espacio, transcorporalidad y elementos metaficcionales en *Iris* de Edmundo Paz Soldán y *La mucama de Omicunlé* de Rita Indiana

Resumen

Las nuevas corrientes posthumanistas de las *environmental humanities*, como el *material ecocriticism*, proponen un entendimiento renovado de las relaciones entre lo humano y lo no humano. Conceptos como la transcorporalidad subrayan la interacción entre el cuerpo humano y su entorno, y la participación discursiva de la materia no humana en la producción de significados culturales. Al narrar futuros distópicos, tanto la novela *Iris* de Edmundo Paz Soldán como *La mucama de Omicunlé* de Rita Indiana proyectan espacios con agencia propia y protagonistas con cuerpos permeables. Ambos proyectos literarios participan en el desarrollo de un posthumanismo periférico articulado desde el sur global latinoamericano que revisa críticamente los imaginarios antropocéntricos del norte global, enraizados en la expansión colonial histórica. Al mismo tiempo, emplean elementos metaficcionales que no solo reflejan la propia textualidad, sino que también indican la discursividad interactiva de lo material.

Abstract

New posthumanist currents within environmental humanities, such as material ecocriticism, propose a renewed understanding of the relations between the human and the nonhuman. Concepts such as transcorporeality highlight the interaction between the human body and its environment, and the discursive participation of nonhuman matter in the production of cultural meanings. Both Edmundo Paz Soldán's novel *Iris* and Rita Indiana's *La mucama de Omicunlé* present dystopian futures, inventing spatial settings with their own agencies and protagonists with permeable bodies. Both literary projects participate in the development of a peripherical posthumanism articulated from the Latin American Global South that critically revises the anthropocentric imaginaries of the Global North, rooted in historical colonial expansion. At the same time they employ metafictional elements that not only reflect their own textuality but also indicate the interactive discursivity of the material.

Aspectos de los conceptos posthumanistas recientes, que impulsan nuevos acercamientos críticos dentro de los *environmental humanities* como el *new materialism* o el *material ecocriticism*, también se encuentran en las obras de escritores latinoamericanos. A continuación, se presenta primero un breve recorrido ejemplar por tres posiciones 'materialistas' representativas, para explicitar sus enfoques específicos. Después, se demuestra por qué desde el punto de vista latinoamericanista —vinculado con perspectivas de los estudios culturales y literarios dedicados al sur global en general— conviene hablar de un 'posthumanismo periférico' cuando los autores del continente adoptan elementos del pensamiento 'materialista'. Aplicando aspectos del *material ecocriticism* y del concepto de *trans-corporeality*, la contribución enfoca dos novelas: *Iris* de Edmundo Paz Soldán y *La mucama de Omicunlé* de Rita Indiana, indagando también el empleo de elementos metaficcionales que, como aspectos autoreferenciales, en un primer momento no parecen encajar con los postulados posthumanistas.

1. Tareas quijotescas: *vital materialism, agential realism* y *material ecocriticism*

En general, la mayoría de las corrientes posthumanistas propone repensar la importancia de la materialidad humana y no humana en la producción de realidades concretas. Por lo tanto, descartan la idea 'clásica' postmoderna de la realidad como producto discursivo de la percepción humana, subrayando la interacción y la agencia propia de cualquier materia.

Para la politóloga Jane Bennett, repensar los límites de la subjetividad humana y el sujeto humano como entidad material intrínsecamente entrelazado con la materialidad de su entorno natural, parece "an aporetic or quixotic endeavor" (Bennett 2010: ix). En su estudio sobre la ecología política del *vital materialism*, opta por un concepto de agencia, es decir, de capacidad de actuar, que incluye también entidades no humanas como, por ejemplo, bacterias, metales o huracanes. Subraya que las culturas humanas solo existen de forma entrelazada con esas agencias no humanas, participantes 'vibrantes' en la formación del mundo material, y que, por lo tanto, la diferenciación rígida entre sujetos activos (humanos) y objetos pasivos (no humanos) se vuelve obsoleta (108).

Basándose en la mecánica cuántica, el *agential realism* de la filósofa feminista y física teórica Karen Barad igualmente propone reconceptualizar la noción de agencia. Comprende la constitución de realidades como el resultado, a la vez material y discursivo, de prácticas performativas y relaciones dinámicas fundamentalmente independientes de la subjetividad intencional humana. Significados, propiedades y diferencias ahora parecen productos de la 'intra-acción' continua de todas las cosas, en un proceso que expresa, mucho más allá de la inteligibilidad específicamente humana, la reconfiguración perpetua de la materia como "ontological performance of the world in its ongoing articulation"

(Barad 2007: 149). Recurriendo a la física cuántica, Barad propone que la dicotomía de agentes humanos y objetos no humanos se disuelve, porque las subjetividades y los cuerpos humanos aparecen como solo algunas entre muchas entidades que participan en el fenómeno del devenir dinámico, infinito e inacabable del mundo (105).

Como representantes de la crítica literaria y del *material ecocriticism*, Serenella Iovino y Serpil Oppermann también postulan un renovado entendimiento de las relaciones entre esferas naturales y culturales. Su concepto de 'narrativas materiales' implica que la capacidad de narrar y, por ende, producir significados, no sea un rasgo distintivo exclusivamente humano (Iovino/Oppermann 2014: 6). Más bien, la definen como el resultado híbrido de las correlaciones narrativas recíprocas de todas las componentes integrales, tanto humanas como no humanas, de lo que denominan "storied world" (5). Igualmente, subrayan la necesidad de reajustar la noción de agencia, enfatizando sobre todo que esta, en toda su diversidad posible, al final efectúa consecuencias concretas en la realidad material. Desde ese punto de vista, la agencia se manifiesta como una cualidad inherente de toda materia, "as part and parcel of its generative dynamism" (3). Es ese dinamismo que produce realidades "as an intertwined flux of material and discursive forces" (3).

La definición de agencia, a la vez material y discursiva, propuesta por Iovino y Oppermann aspira a superar "dichotomous patterns of thinking" (2), como también lo plantean Bennet y Barad al argumentar en contra de "onto-theological binaries of life/matter, human/animal, will/determination, and organic/inorganic" (Bennett 2010: x) o la "Cartesian separation of intelligibility and materiality" (Barad 2007: 175).

2. Posthumanismo periférico: perspectivas desde el sur global

También existen argumentos comparables a estas perspectivas ejemplares del posthumanismo actual en los contextos latinoamericanos, aunque, mayormente, con enfoques decisivamente ampliados. En el transcurso de la expansión colonial iniciada en el siglo XV, Europa no solo inventa a América como 'nuevo mundo' (O'Gorman 1958), sino también a sí misma como centro de dominación global. Por consecuencia, nuevos conceptos de modernidad, individualidad y subjetividad se desarrollan dentro de las matrices de la "geopolítica del conocimiento" (Mignolo 2007: 16) exclusivamente europea que, al mismo tiempo, define a América y sus habitantes como 'lo otro' periférico, perteneciente al lado pasivo y bárbaro de la dicotomía de cultura y naturaleza. El ser humano que se plantea como centro de todas las cosas —"the center around which the world turns [...] the sun, the nucleus, the fulcrum, the unifying force, the glue that holds it all together [...] an individual apart from all the rest" (Barad 2007: 134)— es, en ese contexto, el hombre blanco y europeo autolegitimado por la tradición renacentista e ilustrada. Desde la perspectiva del sur global, la cuestión de agencia es, por lo tanto, la cuestión por la propia capacidad de actuar de manera autodeterminada dentro de un sistema de producción de saberes, subjetividades y realidades con parámetros determinados por los centros hegemónicos del norte global. Desde ese punto de vista, el antropocentrismo se entrecruza con el eurocentrismo, y la crítica de la dicotomía de naturaleza y cultura interfiere con el cuestionamiento de la dominancia global de los modelos económicos capitalistas, neoliberales y neocoloniales, "a force largely transplanted from the Global North to the developing world, usually against the will of the human population of non-industrialized areas (and, of course, without any effort to consult with the natural environment)" (Slovic/Rangarajan/Sarveswaran 2015: 9). En ese contexto, un pensamiento posthumanista del sur global también incluye la reflexión del desarrollo tanto histórico como contemporáneo de estructuras hegemónicas, injusticias y dependencias. El 'posthumanismo periférico' (Schmidt 2016: 140) reúne perspectivas que determinan la lógica antropocéntrica como uno de los factores centrales del imaginario de la expansión colonial europea que se perpetua en la modernidad global capitalista. Al mismo tiempo, responde con un contradiscurso que descubre la inestabilidad de las dicotomías fijadas en este imaginario, tanto entre cultura y naturaleza como entre 'el otro bárbaro' de la periferia y la 'civilización' de la metrópoli.

3. *Del ser al verbo, no del verbo al ser*: posiciones ejemplares de la literatura latinoamericana

La historia de la literatura latinoamericana también ofrece ejemplos que de diferentes maneras anticipan posiciones posthumanistas, ponen en tela de juicio formas dicótomas de pensamiento e intentan repensar nociones de agencia. A finales del siglo XIX, por ejemplo, el escritor cubano José Martí (1853–1895) cuestiona la dicotomía de 'civilización' europea y 'barbarie' americana fijado por Domingo Faustino Sarmiento en el contexto de los procesos de modernización socioeconómica después de las independencias. En su ensayo *Nuestra América* (1891) descubre esta dicotomía como oposición errónea "entre la falsa erudición y la naturaleza", contraponiendo el concepto del nuevo "hombre natural" autóctono capaz de superar categorías binarias de cultura y naturaleza (Martí 2005: 33).

De manera similar, con otras metáforas claves, el *Manifesto Antropófago* (1928) del modernista brasileño Oswald de Andrade (1890–1954) define el caníbal como figura simbólica subversiva y contraria a estas categorías binarias. Por un lado, Andrade adopta el formato de los manifiestos, apreciado entre las vanguardias europeas contemporáneas, por otro lado, plantea un modelo de identidad brasileña basado en la hibridad cultural que trasciende la mera imitación del pensamiento europeo. El antropófago renuncia al "nascimento da lógica" (Andrade 1978: 15) y rechaza el dualismo cartesiano: "O espirito recusa-se a conceber o espírito sem o corpo. O antropomorfismo. Necessidade da vacina antropofágica" (15). La visión poética de devorar, digerir y excretar a los señores coloniales, de la "[a]bsorção do inimigo sacro" (Andrade 1978: 18) y de los "fugitivos de uma civilização que estamos comendo" (17), también implica un nivel de corporalidad material, un "bodycentered understanding" (Willis 2013: 170) del pasado y del presente transcultural latinoamericano. Además, el antropófago, el "bárbaro tecnizado" (14), consciente de la "potent metaphorical resonance of 'swallowing' tyranny" (Alaimo 2010: 86), se empodera subversivamente de la agencia que la metrópoli le quiere negar. Así, el *Manifesto Antropófago* también expresa un "conflicted desire for modernity" (Jáuregui 2012: 27), cuestionando críticamente el impacto de la 'globalización acelerada' (Ette 2016: 7) y reclamando, al mismo tiempo, la propia participación activa en su desarrollo.

Paralelamente al modernismo brasileño se siguen desarrollando otros géneros de la literatura latinoamericana que se caracterizan por referencias temáticas más concretas al entorno natural. Formatos regionalistas como la novela de la selva o la novela de la tierra reflejan percepciones de la naturaleza enraizadas tanto en el romanticismo como en los debates sobre diferentes conceptos de modernización del siglo XIX, dedicándose también a los cambios ecológicos causados por el desarrollo económico acelerado y el creciente extractivismo de recursos naturales (DeVries 2013: 162). Al mismo tiempo, la literatura indigenista se ocupa de la situación social marginalizada de la población autóctona, tematizando las percepciones indígenas específicas del medio ambiente (209).

Más tarde, con la 'nueva novela' de los años 50 y 60 del siglo XX surge una literatura heterogénea y experimental que inicia el *boom* global de la literatura latinoamericana. DeVries remite a que es justamente el experimento literario, el juego metaficcional, intertextual, polifónico y acronológico con los límites del lenguaje y de la literatura que impide el compromiso explícito de los autores con temas ecológicos, frente a las crecientes problemáticas medioambientales extraliterarias (249). Si esta observación es correcta para la mayoría de los textos de los autores del *boom*, también se puede constatar que es justamente la reflexión multifacética sobre la relación compleja entre lenguaje y realidad que contribuye a producir posturas que se asemejan a aspectos claves de las corrientes actuales del posthumanismo.

Julio Cortázar (1914–1984), por ejemplo, incluye en su novela *Rayuela* (1963) un nivel metanarrativo para reflejar su propia poética y criticar la separación cartesiana entre *res cogitans* y *res extensa* como parte integral del "callejón sin salida al servicio de la Gran-Infatuación-Idealista-Realista-Espiritualista-Materialista del Occidente, S.R.L." (Cortázar 2000: 620). La novela aboga por un nuevo enfoque en la realidad material, más allá del lenguaje ideológicamente funcionalizado: "No se puede revivir el lenguaje si no se empieza por intuir de otra manera casi todo lo que constituye nuestra realidad. Del ser al verbo, no del verbo al ser" (614). Para Morelli, personaje de la novela y *alter ego* ficcionalizado del autor, esto implica enfocar primero la esencia material de la realidad, y después los significados, las denominaciones y los discursos que hacen referencia a ella, deformando cualquier acceso inmediato y no filtrado:

> Se deducía una incitación a algo como darse vuelta al modo de un guante, de manera de recibir desolladamente un contacto con una realidad sin interposición de mitos, religiones, sistemas y reticulados. Era curioso que Morelli abrazaba con entusiasmo las hipótesis de trabajo más recientes de la ciencia física y la biología, se mostraba convencido de que el viejo dualismo se había agrietado ante la evidencia de una común reducción de la materia y el espíritu a nociones de energía. En consecuencia, sus monos sabios parecían querer retroceder cada vez más hacia sí mismos, anulando por una parte las quimeras de una realidad mediatizada y traicionada por los supuestos instrumentos cognoscitivos, y anulando a la vez su propia fuerza mitopoyética, su 'alma', para acabar en una especie de encuentro *ab ovo*, de encogimiento al máximo, a ese punto en que va a perderse la última chispa de (falsa) humanidad. (671)

Para Morelli, la posibilidad de acceder a la realidad no 'falsificada' por significados culturalmente y lingüísticamente preconfigurados parte de la superación de la dicotomía de cuerpo/mente, lo natural/lo cultural, materia/discurso, reconociendo su estrecha vinculación e interacción. Niega que la constitución de la realidad sea solo una operación discursiva cuando remite a la idea de que las dicotomías se disuelven si 'materia y espíritu', lo no humano y lo humano, son indistinguibles en un nivel energético. A través de su protagonista Morelli, Cortázar no solo anticipa la crítica posthumanista del enfoque postmoderno en el discurso como elemento constitutivo de realidad, sino también uno de los postulados centrales del *new materialism*, "that we are enmeshed in a shared field of energy that creates every aspect of physical reality" (Oppermann 2015: 89).

Cortázar y los demás escritores del *boom* de la literatura latinoamericana no se dedican explícitamente a temas de índole ecológica. Sin embargo, revisan de manera crítica posiciones antropocéntricas y conceptos dicotómicos de la tradición cartesiana. En combinación con el experimento literario y la metareflexión sobre las funciones del lenguaje preparan el terreno fértil para los escritores de las siguientes generaciones del *post-boom* que incluyen temas medioambientales en sus obras. Aunque autoras y autores como Gioconda Belli, Homero Aridjis o Luis Sepúlveda no persiguen necesariamente proyectos literarios experimentales, continúan el enfoque autorreflexivo e intertextual de sus predecesores. Además, se ocupan de problemas ecológicos y percepciones antropocéntricas desde una perspectiva latinoamericana, periférica a las estructuras globales de poder. Vacilan entre la opción de dedicarse a grandes catástrofes o a procesos de lo que Rob Nixon llama *slow violence* (Nixon 2011), es decir, la lenta pero continua y por eso no menos impactante destrucción del medio ambiente producida en el marco de la modernidad neoliberal. Optan por adaptar discursos ecológicos globales o tomar posiciones asociadas a formas del 'ecologismo de los pobres' postulado por Joan Martínez Alier (Martínez Alier 2010).

Las consecuencias específicas de bio y geopolíticas neoliberales para el sur global también son temas recurrentes en la obra de Edmundo Paz Soldán, cuyo libro *Iris* se analiza a continuación.

4. *Quizás estábamos cambiando sin querer cambiar*: distopía y transcorporalidad en *Iris* de Edmundo Paz Soldán

Como uno de los escritores latinoamericanos más reconocidos de su generación, Edmundo Paz Soldán (nacido en 1967) a menudo aborda en sus novelas y cuentos la realidad de su país natal Bolivia, determinada por regímenes autoritarios, políticas económicas neoliberales y los retos de la globalización acelerada (Brown 2007: 477). En novelas como *Sueños digitales* (2000) y *El delirio de Turing* (2003), por ejemplo, Paz Soldán explora las consecuencias producidas por el encuentro de esta realidad del sur global y los avances tecnológicos del norte global, en "a nuanced meditation on the implications of posthuman thinking within a distinctively Latin American context" (Brown 2010: 123).

Con *Iris* (2014) presenta una novela de ciencia ficción, un género literario marginal en América Latina durante mucho tiempo y que sólo recientemente ha comenzado a recuperar importancia (Kurlat Ares 2012). La trama se desarrolla en un mundo futuro distópico condicionado por un sistema político imperialista, sin marco temporal especificado, pero, al mismo tiempo, intrínsecamente configurado como alegoría tanto del pasado como del presente global (Wolfenzon/Faverón Patriau 2014). Los diálogos y monólogos interiores de los protagonistas quedan marcados por un lenguaje literario que mezcla el spanglish con términos del chino, del quechua, del holandés y del alemán, así como con referencias a las abreviaciones del internet y los emoticonos digitales. Además, Paz Soldán construye la novela como una densa red intertextual, con numerosas referencias a pretextos tan diversos como la novela minera (Montoya Juárez 2017: 212), los relatos de Philip K. Dick, Frank Herbert, George Orwell y H. P. Lovecraft, las adaptaciones literarias y cinematográficas norteamericanas de la guerra de Vietnam, películas populares de ciencia ficción como *Bladerunner*, *Avatar* o *Starship Troopers*, crónicas latinoamericanas de la conquista y colonización como las de Álvar Núñez Cabeza de Vaca, Felipe Guamán Poma de Ayala o Bartolomé Arzáns de Orsúa y Vela, los cuentos de Jorge Luis Borges, la leyenda colonial del Inkarri sobre la restauración del reinado inca y estudios antropológicos que registran las tradiciones orales y los ritos contemporáneos de los mineros bolivianos.

La trama está situada en la región ficticia que da el título a la novela, la isla de Iris. A través de un resumen dado al inicio del texto, introducido como archivo digital, el lector conoce algunos detalles sobre la historia de su colonización. En algún momento no especificado del pasado, la región fue fuertemente contaminada por pruebas nucleares, hasta que se descubrieron yacimientos del mineral precioso X503. En consecuencia, Iris se convierte en protectorado privado controlado por el consorcio SaintRei, atrayendo todo tipo de mano de obra dispuesta a vivir bajo las condiciones hostiles de la región (Paz Soldán 2014: 15). Los habitantes autóctonos, los 'irisinos', genéticamente mutados por la radioactividad, están forzados a trabajar en las minas, formando el estrato más bajo de esta sociedad colonial constituida por jerarquías étnicas, que les asigna las categorías de "bárbaros" (248) y "animales salvajes" (341). Los demás estratos sociales están compuestos por los colonos, soldados y administradores del consorcio, los 'pieloscuras', y los descendientes de los colonos nacidos en Iris o los hijos nacidos de la "mezcla de pieloscura con irisino o irisina" (42), los 'kreols'. La jerarquía social está encabezada por los 'artificiales' no humanos que ocupan los cargos directivos del consorcio.

A través de las experiencias de cuatro protagonistas centrales, la novela describe el desarrollo de la resistencia indígena contra el protectorado. La situación descrita puede ser leída tanto como parábola de los acontecimientos extratextuales del siglo XXI después del 9/11, como también como referencia a la conquista de América Latina. Por un lado, la espiral de violencia de ataques suicidas de la resistencia y represiones consecutivas de los soldados del consorcio recuerda las imágenes de las guerras asimétricas del presente. Por otro lado, la descripción del sistema de gobierno colonial y su obsesiva jerarquización racializada reflejan la historia latinoamericana, especialmente los desarrollos en las regiones andinas dominadas por la minería. De esa manera, en *Iris* se superponen las referencias implícitas a diferentes contextos históricos y políticos extratextuales para presentar una reflexión alegórica sobre la historia global de poder y dominación.

En este contexto, la novela negocia continuamente la construcción, el mantenimiento y, también, la permeabilidad de los límites culturales, sociales, espaciales, materiales y corporales. Si al principio la segregación espacial de colonizadores y colonizados parece cementada y absoluta, a lo largo de la novela se demuestra como más y más frágil. El 'Perímetro' cerrado y militarmente asegurado del consorcio está cada vez más infiltrado por la resistencia de los irisinos. Al mismo tiempo, los límites culturales se vuelven permeables, iniciándose el *going native* de una parte creciente de los colonos, soldados y administradores del consorcio, estimulado por la pérdida del contacto con sus orígenes fuera de Iris, la adopción clandestina de prácticas religiosas sincréticas indígenas y el consumo de drogas y plantas alucinógenas endémicas. Aparte de esto, en el mundo futurístico de la novela, los límites entre seres humanos y maquinas ya están disueltos. Los protagonistas reciben todo tipo de implantes, partes heridas del cuerpo son sustituidas por partes artificiales y sus memorias pueden ser borradas y reformateadas como si fueran discos duros (Calderón 2016; Montoya Juárez 2017).

Además, la calidad borrosa de los límites entre el espacio material de Iris y sus habitantes se refleja tanto en los cuerpos de los colonizados como de los colonizadores. Los irisinos forzados a trabajar en las minas sufren de la "enfermedad de la mina" (Paz Soldán 2014: 262), de las consecuencias de las pruebas nucleares y del empleo de agentes químicos, la "lluvia amarilla, que había envenenado las montañas de la región" (262–263). La contaminación omnipresente repercute en los cuerpos transformados de la población indígena:

> Había aparecido un anciano que les dio la bienvenida inclinando la cabeza. Tenía un rostro de pájaro, los ojos muy juntos, una nariz alargada y bulbosa. [...] Era como si al bodi básico le alargaran el cuello, le explotaran la nariz, le estrecharan los ojos, le quitaran la coloración. Bodis mutantes. Nos deben ver igual son la norma nos el defecto nosa perfección es imperfecta pa ellos la simetría la armonía sus errores genéticos. (191)

Así como los efectos de colonización y explotación modificaron el hábitat de los irisinos, transformando sus cuerpos en 'bodis mutantes', la presencia en el espacio radioactivamente contaminado también cambia el aspecto físico de los representantes del protectorado, los pieloscuras, pareciéndose cada vez más a sus subordinados coloniales. Las distinciones físicas, sirviendo también para marcar la jerarquía social, se están disolviendo lentamente, al igual que las diferencias culturales. Uno de los soldados coloniales refleja su propio cambio en el contacto con los cuerpos mutados de las prostitutas nativas:

> Tratábamos de q'el cuello largo de algunas irisinas, la blancura excesiva, la piel rugosa, los ojos sin cejas se convirtieran en nuevos parámetros de belleza. Queríamos no verlas como bichos raros mas difícil. [...] No decíamos nada de la falta de pelo porque habíamos perdido el noso tu. A veces nos sorprendíamos deseándolas. Quizás yastá-

bamos mucho tiempo en Iris. Quizás estábamos cambiando sin querer cambiar. (116–117)

El hábitat material entero de Iris interactúa con los protagonistas, catalizando sus transformaciones físicas y psíquicas. Los pieloscuras, para compensar la presión emocional de la situación colonial, aliviar los traumas de la guerra y al mismo tiempo ser más controlables, disponen de una amplia variedad de drogas químicas, estimulantes y tranquilizantes. Además, las plantas alucinógenas que crecen en Iris no sólo se utilizan en los rituales religiosos de los indígenas, sino también producen la saturación permanente del aire con sustancias psicoactivas. Iris se convierte en un espacio con un efecto psicodélico constante en sus habitantes, "vivir allí era estar bajo la influencia de una sustancia lisérgica todo el tiempo" (293):

> No se trataba de que hubiera droga en Iris. Eso era una forma fácil de verlo. Todo Iris era una droga. Una alucinación consensual. Había que adecuar el cerebro; el bodi debía aprender a respirar de otra manera. El polvo del jün que se molía era llevado por el fengli a las ciudades, y los valles estaban pletóricos de plantas psicotrópicas. Respirar: drogarse. (161)

La representación de las interacciones físicas entre Iris y sus habitantes puede resumirse con el concepto de *trans-corporeality* postulado por Stacy Alaimo. Se centra en "the material interconnections between specific bodies and specific places" (Alaimo 2010: 28) y postula un concepto de la subjetividad humana que toma en cuenta el cuerpo humano como una entidad permeable, porque "the human body is never a rigidly enclosed, protected entity, but is vulnerable to the substances and flows of its environments" (28). En el espacio ficticio de Iris, los cuerpos de sus habitantes, impregnados de radiactividad, polvo tóxico de las minas y sustancias psicoactivas, demuestran su condición fundamentalmente porosa. La superficie corporal como límite supuestamente fijo entre los cuerpos de los sujetos humanos y su entorno resulta ser permeable a la radiación y a las sustancias absorbidas por la respiración.

Considerando el mundo distópico de la novela como parábola de los desarrollos pasados y actuales de la globalización acelerada, creada por un autor latinoamericano, se hace evidente la función especial de los procesos transcorporales descritos. El espacio ficticio de Iris aparece como "a peopled place, a powerful force, and, significantly, a material substance that moves through human bodies, inseparable from networks of power and knowledge" (58). La novela pone en escena "a trans-corporeal landscape" atemporal (48), donde se superponen las referencias a las consecuencias biopolíticas de la colonización histórica con las referencias a los procesos neoimperialistas de los siglos XX y XXI, influidos por la Guerra Fría y las políticas neoliberales de la globalización. Además, no solo refleja cómo la política del imperio penetra en los cuerpos de los *damnés de la terre*, sino también cómo amenaza, al mismo tiempo, la integridad corporal de los que están en el poder. Así como las demarcaciones construidas entre la civilización y la barbarie se vuelven frágiles, se hace evidente que el protectorado, la colonia, la red de hegemonías globales y las consecuencias de las dependencias neoliberales al servicio de la acumulación maximizada de beneficios económicos transforman los cuerpos tanto de los dominados como de los que ejercen dominio.

Siguiendo parámetros diferentes, pero indagando también aspectos de transcorporalidad, *La mucama de Omicunlé* de Rita Indiana es otra novela que elije el género de la ciencia ficción para posicionarse críticamente frente a la realidad extratextual contemporánea.

5. *El mar lleno de peces como si fuera de unicornios*: distopía, cosmovisiones caribeñas e imaginarios ecológicos en *La mucama de Omicunlé* de Rita Indiana

La escritora dominicana Rita Indiana (nacida en 1977) se hizo conocida internacionalmente no solo como autora de novelas, cuentos y poemarios, sino también como compositora y cantante de música electro merengue, artista de performance y columnista para la revista *Prodavici* y el diario *El País*. Su obra artística se vincula con la componente transcultural de las culturas caribeñas, destacándose al mismo tiempo por su compromiso político y su posicionamiento explícito en contra de conceptos heteronormativos de género, el patriarcado, el racismo y su variante antihaitiana en la República Dominicana, "como un acto enunciativo de provocación y de reivindicación política que busca desplazar y desestabilizar el/los márgenes así como legitimar las zonas de silencio y de no pertenencia" (Bustamante 2017: 17). Mayormente, las novelas de Indiana están situadas en contextos propiamente dominicanos: *La estrategia de Chochueca* (2000), por ejemplo, convierte a la ciudad de Santo Domingo en la verdadera protagonista recorrida por los personajes juveniles, mientras que *Papi* (2011) renueva el género latinoamericano de la novela del dictador desde la perspectiva de una protagonista infantil (Hamilton 2020).

Con *La mucama de Omicunlé*, publicada en 2015, Indiana entrega una "novela de ciencia-ficción *eco-queer*" (Duchesne Winter 2015). El primer nivel narrativo de la novela, cuya protagonista Acilde cambia su género de femenino a masculino, está situado entre 2027 y 2037, en un mundo en el cual el cambio climático en combinación con "los tres desastres" de 2024 (Indiana 2015: 20), un maremoto y un tsunami que destruye un almacén de armas biológicas, causaron la contaminación total del mar Caribe y su conversión en "un caldo oscuro y putrefacto" (114). El segundo nivel narrativo describe las trayectorias del artista Argenis y del empresario Giorgio entre 1991 y 2001, mientras que el tercer nivel narrativo narra las experiencias de dos bucaneros, Côte de Fer y Roque, en la costa dominicana del año 1606. Estos tres niveles temporales interfieren, se solapan y se compenetran porque, como se descubre paso a paso a lo largo de la novela, el contacto físico con una anémona especial, "la criatura más preciada y sagrada de la isla, la puerta a la tierra del principio" (105), causa la reencarnación de la conciencia de Acilde en los cuerpos de Giorgio y Roque, y la de Argenis en Côte de Fer. Estos viajes a través del tiempo, posibilitados por las reduplicaciones mentales, no tienen una explicación científica como en otros relatos dedicados a la misma temática, sino que se integran en contextos ficcionalizados de las cosmovisiones indígenas y afrocaribeñas de la región. Los protagonistas tampoco viajan físicamente, sino que viven múltiples experiencias simultáneas, en diferentes cuerpos, reencarnaciones o avatares, que se comparan con manejar "dos pantallas" (80), "la capacidad de transmitir en dos canales de programación simultánea" (110), reencontrarse en una "fotocopia" del propio yo (112) o mirar por una "ventana que se había abierto en su mente hacia el pasado", con un "clon que allí dominaba a control remoto" (115).

Como la revisión crítica ya ha demostrado, *La mucama de Omicunlé* establece un amplio panorama de referencias intertextuales a diferentes géneros literarios, autores y formatos narrativos, adaptando elementos de la literatura *queer*, pero también de la novela distópica, de la literatura cli-fi que tematiza las consecuencias del cambio climático y de los relatos que exploran las posibilidades y paradojas de los viajes a través del tiempo (Hamilton 2020). Aparte de mencionar explícitamente a H. P. Lovecraft, la novela también reinventa el género de *oceanic weird fiction* asociado con el escritor norteamericano, porque si antes las creaturas de las profundidades marítimas y su otredad producían terror, en la época del antropoceno la contaminación y el calentamiento las amenazan con la extinción (Deckard/Oloff 2020). Además, el texto se vincula con obras de ciencia ficción como las de Philip K. Dick, Isaac Asimov o Octavia Butler, y se inscribe en una corriente emergente y propiamente caribeña de ciencia ficción protagonizada por autores como el cubano Yoss, el puertorriqueño Pedro Cabiya o la jamaicano-canadiense Nalo Hopkinson (Hamilton 2020). También destacan elementos narrativos asociados con la tradición literaria latinoamericana del siglo XX, como el realismo mágico de Gabriel García Márquez. Además, se incluyen referencias explícitas a lo real maravilloso de Alejo Carpentier, a la escritura fantástica de Adolfo Bioy Casares y a la obra de la poeta y antropóloga cubana Lydia Cabrera, cuyas investigaciones se dedicaban sobre todo a las culturas afrocubanas (Rogers 2020).

Indiana incluye en su novela una serie de *playlists,* es decir, listas que, en diferentes momentos de la trama, detallan artistas, textos, músicos, canciones o géneros musicales, y que cumplen con varias funciones. Primero, la multitud de referencias a estratos culturales muy diversos refleja, como un espejo intratextual, uno de los temas de la novela: la heterogeneidad y el afán por trascender categorías binarias. Segundo, el conjunto total de estas listas puede ser comprendido como un metacomentario que encuadra la novela con un marco multifacético de referencias textuales y culturales, desde lo popular hasta lo culto, desde el comic *Dragon Ball*, "a Jung, a Foucault, a Fanon y a Homi Bhabha" (Indiana 2015: 166), aunque sin necesariamente profundizar esas referencias. Tercero, aparte de esta metafunción, las listas están siempre vinculadas con uno de los protagonistas, sobre todo en el nivel narrativo situado entre 1991 y 2001, y son empleadas para presentarlos y caracterizarlos. En el caso del artista Argenis, las listas sirven para contrastar su formación inicial como pintor, basándose en modelos más clásicos como "Velázquez o Goya [...] Leonardo, Rembrandt y Durero" (38), con el mundo del arte contemporáneo que conoce en la escuela de diseño de Chavón, de los "niños ricos con Macs y cámaras digitales que hablaban de Fluxus, videoarte, videoacción" (37), y en los seminarios sobre "Marina Abramovic, Jeff Koons, Takashi Murakami, Santiago Sierra, Damien Hirst, Pipilotti Rist" (37). Además, una profesora de la escuela de diseño le introduce en la literatura, la teoría cultural y la teoría de los medios de comunicación, y le pone "una pila de libros sobre la mesa: *Estética de la desaparición*, *La sociedad del espectáculo*, *Mitologías*, *El reino de este mundo*, *La invención de Morel* y *Naked Lunch*" (40). Indiana rodea a su protagonista Argenis de 'pilas de libros' y enumeraciones largas de artistas contemporáneos que, sin embargo, le quedan ajenos, subrayando así el fracaso de su proyecto artístico: al final, su mayor logro es una serie de grabados que su avatar Côte de Fer prepara en 1606, al estilo de Goya, y que en 2001 no puede reclamar como suyos. Otro personaje asociado ampliamente con *playlists* es la videoartista y DJ Elizabeth, quien permanece como un personaje secundario para el desarrollo de la trama, aunque también puede ser considerada como una suerte de *alter ego* de la autora misma. En varios momentos del texto se enumeran explícitamente las canciones que va poniendo, concretizando así la banda sonora de la novela, desde "'Silence is Sexy' de Einstürzende Neubauten, 'Traigo de todo' de Ismael Rivera, 'Contacto espacial con el tercer sexo' de Sukia, 'The Bells' de Lou Reed, 'Into the Sun' de Sean Lennon, 'Killing Puritans' de Armand Van Helden, 'Remain in Light' de Talking Heads o 'Superimposición' de Eddie Palmieri" (122) hasta "'Angelitos negros' cantada por Toña la Negra" y "'Where's Your Head At' de Basement Jaxx" (152). Así, las listas no solo sirven para caracterizar a la protagonista como conocedora de una amplia variedad de estilos y géneros musicales de varias épocas, desde la salsa y el bolero caribeños hasta la música pop, indie, new wave, electrónica y experimental, sino también para reflejar el carácter polifacético y transcultural del texto mismo. De cierta forma, la novela igualmente procede como la *playlist* de un DJ, yuxtaponiendo y sampleando las referencias a la ciencia ficción, la literatura fantástica y de terror, el realismo mágico y lo real maravilloso, las cosmovisiones indígenas y afrocaribeñas, las cuestiones de género, el racismo, el medioambientalismo, la historia colonial y la historia del arte.

La técnica del *sampling* también está presente a lo largo de la novela, en la forma en la que representa el espacio marítimo del Caribe, o mejor dicho, como introduce una serie de percepciones diferentes de este espacio. Un primer ejemplo de cómo las introspecciones de los personajes sirven para poner de relieve nociones distintas del entorno natural: por un lado, para un humilde pescador del nivel narrativo situado entre 1991 y 2001 el mar le sirve como fuente natural de recursos económicos para sostener su familia (90). Por otro lado, Linda, bióloga marina, activista ecológica comprometida y esposa de Giorgio, uno de los dos avatares de Acilde, desarrolla una preocupación incluso patológica por la conservación del ecosistema marítimo, y su destrucción permanente la persigue hasta en sus ensueños:

> Donde otros escuchaban el relajante silencio subacuático, ella escuchaba los alaridos de un recurso degradado. Donde los demás veían un regalo de Dios para el disfrute del hombre, ella veía un ecosistema víctima de un ataque sistemático y criminal. Frente al arrecife de coral se sentía como un oncólogo ante el cuerpo de un paciente. [...] no pasaba un día sin que la visión que la perseguía desde joven la paralizara adolorida unos segundos: descendía al fondo de un mar frío y oscuro donde la pesada red de un barco pesquero industrial arrastraba sin discriminación todo lo que hallaba a su paso. (134–138)

Linda y Giorgio compran el apartado de playa en cuyas aguas se esconde la anémona que en el futuro va a darle a Acilde la capacidad de transferir su mente al pasado, y convierten la zona en una reserva natural privada. En esta playa, Giorgio nació del mar como uno de “los hombres de agua” y fue recibido por la familia taína que vive allí, encomendada desde generaciones con “el cuidado de la playa del Gran Señor” (105). La familia taína también sirve para introducir el valor espiritual que la cosmovisión indígena adaptada por la novela otorga a la anémona y para establecer una percepción alternativa de la relación entre esferas humanas y naturales (Deckard/Oloff 2020: 10). Como propone Glassie, esta yuxtaposición de personajes con percepciones diferentes del entorno natural —el pescador que necesita mantener a su familia, la activista acomodada con rasgos obsesivos, los guardianes indígenas del santuario espiritual— también puede ser leída como un comentario de la novela acerca de distintos conceptos ecológicos, desde el enfoque occidental en la conservación de espacios prístinos hasta el ‘ecologismo de los pobres’ (Glassie 2020). Estas percepciones del espacio marítimo situadas en el nivel narrativo de 1991 a 2001 se ven contrastadas, a su vez, con la visión distópica del mar Caribe devastado y contaminado en 2024, por la "crisis ambiental [que] se extendió hasta el Atlántico" (Indiana 2015: 114) y que había "acabado con prácticamente todo lo que se movía bajo el agua" (20).

A lo largo de la novela, esta visión del Caribe como agua muerta también está combinada con reminiscencias a puestas en escena ficcionales o mediáticas del ambiente marítimo. El pasaje de Shakespeares *The Tempest* que precede el texto, la canción del espíritu Ariel creando la imagen de un cadáver descomponiéndose sobre el fondo marino, abre la novela con la evocación del mar como un espacio tanto asociado con la muerte como con un poder natural transformativo, de agencia propia que, absorbiendo la carne muerta, borra los límites entre el cuerpo humano y el entorno acuático: *"Nothing of him that doth fade, / But doth suffer a sea-change, / into something rich and strange"* (9).

En otra escena, del nivel narrativo de 2027 a 2037 marcado por el cambio climático acelerado, un grupo de prisioneros mira la película *The Blue Lagoon* de 1980, como ejemplo prominente de la representación idealizada de espacios marítimos como lugares paradisíacos:

> Es verano. Una hilera de abanicos industriales fracasa contra los cuarenta y seis grados Celsius que hace a la sombra. Las películas en las que aparece el mar cundido de peces y los humanos cuando podían desvestirse bajo el sol, son ahora parte de la programación obligatoria de esta época del año, como antes lo eran las películas de Cristo durante la Semana Santa. [...] El viejo [...] dice: 'Dentro de unos años, cuando los que llegamos a verlo hayamos desaparecido, la gente hablará del mar lleno de peces como si fuera de unicornios'. (141–142)

Aquí la novela no contrapone los recuerdos propios de los personajes, del tiempo antes de la catástrofe, de un pasado posiblemente mejor y con condiciones de vida más agradables al ambiente distópico de 2037, sino que opta por emplear las imágenes de una película de Hollywood. Es decir, los protagonistas ficticios del futuro imaginado en una novela publicada en 2015, comentan su realidad ficticia mediante un artefacto de ficción de 1980, cuya trama está situada en la época victoriana tardía. Siguiendo la técnica del *sampling* de percepciones diferentes de espacios marítimos, la novela así añade una percepción más de este espacio que no es individual, sino colectiva. Coincide con la representación ficcional del paraíso tropical como *locus amoenus* y espacio evasivo, contrapuesto a las múltiples crisis ecológicas de la realidad de las sociedades industrializadas. En el futuro distópico de la novela, donde estas crisis están representadas como aún radicalizadas, el *locus amoenus* idealizado como espacio paradisíaco aparece tanto más lejos y perdido cuando el personaje del pasaje citado relega la posibilidad de un 'mar lleno de peces' a la esfera de fabulas y 'unicornios'.

La mucama de Omicunlé también remite a otro género mediático que decisivamente ha contribuido al desarrollo del imaginario occidental de los espacios marítimos: el cine documental dedicado a la naturaleza, en este caso introducido con referencias específicas a las películas de Jacques Cousteau. En el nivel narrativo situado entre 1991 y 2001, Linda las recuerda como parte integral de su socialización y de la formación de su conciencia ecológica, supuestamente durante los años 70 y 80: "Viendo las películas de Jacques Cousteau en la televisión local, se hizo una idea de la tragedia que tenía lugar frente a las narices de todos. El mar estaba siendo saqueado despiadadamente desde hacía siglos, y pronto se quedaría vacío y estéril" (136). La videoartista Elizabeth concretiza esta referencia cuando refleja sobre su *playlist* musical para un evento artístico, para la cual quiere combinar música electrónica con

> trozos de la voz de Jacques Cousteau en su documental *Haiti, Waters of Sorrow*. El efecto era trágico, inspirador y contradictorio, las predicciones del explorador francés sobre el futuro submarino de la isla colgarían del silencio por unos segundos antes de que el bajo cayera otra vez, como un maremoto, sobre la pista de baile. (155)

Así, la novela remite a que la obra fílmica de Cousteau, sobre todo las producciones a partir de los años 70 del siglo XX, por su distribución internacional y su accesibilidad sencilla garantizada por la mezcla de ciencia y entretenimiento, tenía un impacto importante en difundir un mensaje ecológico y llamar la atención a la conservación medioambiental. Al mismo tiempo, también se caracteriza por algunos ejes paradigmáticos de la construcción de un imaginario marítimo específicamente occidental, o, en el caso del mencionado documental de 1986, que como episodio forma parte de la serie *Cousteau's Rediscovery of the World*, de la imagen occidental del Caribe como paraíso exótico amenazado. En *Haiti, Waters of Sorrow*, el cineasta francés vincula los problemas ecológicos de la zona sobre todo con los efectos y consecuencias de la sobrepoblación incontrolada. Desde el principio, el documental evoca un ambiente trágico, de pobreza y recursos naturales limitados que determinan una sociedad más bien inactiva y pasiva, subdesarrollada y arcaica. Al mismo tiempo, las representaciones de la población afrocaribeña de Haití están impregnadas de exotismos, de referencias a creencias mágicas y rituales de vudú, también de su jovialidad natural en medio de la precariedad existencial, su "joie de vivre communicative" (44:25) a pesar de la "vie précaire et primitive" (36:20), mostrando imágenes recurrentes de isleñas e isleños semidesnudos bañándose, o cantando y bailando. Estas imágenes contrastan con la escenificación del propio Cousteau y su equipo, hombres blancos con el equipamiento técnico de su época, con helicóptero, trajes de buzo y escafandras autónomas, analizando cartas náuticas, realizando sus inmersiones o filmando desde perspectivas aéreas. Con todo el mensaje de conservación medioambiental, esa puesta en escena señala que sus protagonistas, obviamente como hijos de su momento histórico, se sitúan en una tradición de aventureros-investigadores-exploradores activos y viriles, blancos y masculinos (Crylen 2018: 18) y que probablemente definan como sus principales destinatarios a los espectadores de una cultura imaginada como occidental y blanca (Starosielski 2013: 161). Consecuentemente, y aunque la novela no tematiza estos contextos, las referencias a Jacques Cousteau incluidas en *La mucama de Omicunlé* están asociadas a protagonistas provenientes de estratos sociales acomodados, indicando una de las fuentes mediáticas de su propio imaginario marítimo-ecológico, y no a los personajes afrocaribeños o indígenas.

En la novela, las cosmovisiones afrocaribeñas e indígenas más bien se sintetizan a lo largo de los niveles narrativos, subvirtiendo también la dicotomía conceptual implícita, por ejemplo, en el documental de Cousteau, entre los aventureros-investigadores-exploradores occidentales activos y las culturas autóctonas pasivas, paralizados por la pobreza y la historia violenta de conquista y esclavitud. La percepción espiritual de la naturaleza, que entraña también una forma alternativa de activismo ecológico, se cristaliza en la anémona, una Condylactis gigantea, como animal ficcionalmente transformado en símbolo de la 'otredad' del espacio marítimo. En el nivel narrativo de 1991 a 2001, para Nenuco, el guardián taíno de la laguna donde crece la anémona, esta es un portal al origen de todo, "de donde también surgen los hombres de agua, los cabeza grande, cuando el tiempo los necesita" (Indiana 2015: 105), como Giorgio, el avatar de Acilde, que "no había nacido de mujer" (102). Para los protagonistas afrocaribeños del nivel narrativo de 2027 a 2037, el contacto físico con la anémona puede trasmitir el poder de Olokun, un orisha de la santería caribeña, proveniente del panteón yoruba, "una deidad más antigua que el mundo, el mar mismo" (28), y "que sabe lo que hay en el fondo del mar" (114). En *La mucama de Omicunlé,* que no es ni un tratado de estudios religiosos regionales ni un ensayo antropológico, sino una obra de ficción de una autora que ni se define como indígena ni como de descendencia africana, sino más bien celebra la realidad transcultural caribeña, la anémona está empleada como una alegoría construida a base de la ficción, que plantea otro punto de partida para el desarrollo de la trama, alternativo al enfoque en los contextos científicos que asumen muchas de las novelas y películas de ciencia ficción, especialmente del subgénero cli-fi (Mayer 2016). Desde la perspectiva posthumanista de las *environmental humanities*, del *material ecocriticism* y del área interdisciplinario que Elizabeth DeLoughrey titula *critical ocean studies* (DeLoughrey 2017: 32), la anémona, que como criatura marina y elemento fantástico a la vez se compenetra con los protagonistas en un proceso transcorporal, también puede ser comprendida como representante del espacio marítimo, como entidad material que interactúa activamente con los cuerpos humanos. Los límites fijos entre lo humano y lo no humano se disuelven, "the ocean is figured as agent, as embodied place, or as ontology itself" (DeLoughrey 2019: 134). La anémona, con sus referencias ficcionalizadas a las cosmovisiones afrocaribeñas e indígenas, se convierte, *pars pro toto*, en una alegoría del mar Caribe como espacio con una historia transcultural y, al mismo tiempo, como "a viscous, ontological, and deeply material place, a dynamic force, and an unfathomable more-than-human world" (DeLoughrey/Flores 2020: 133). Esta condición básica del entorno natural como 'fuerza dinámica' y entidad que dispone de una agencia propia se refleja también en el *setting* básico de la novela con todas sus consecuencias dramáticas: el ambiente de la novela distópica está determinado por los impactos del cambio climático, de tsunamis, maremotos y lluvias interminables.

Como se verá en adelante, *La mucama de Omicunlé* —y también *Iris*, de Edmundo Paz Soldán— combinan estos aspectos transcorporales que ponen de relieve la porosidad permeable del cuerpo humano y la agencia de lo no humano, con elementos metaficcionales.

6. Simulaciones virtuales y *sampling*: elementos y estrategias metaficcionales

Tanto la novela de Rita Indiana como la de Paz Soldán esconden en sus narraciones referencias metaficcionales que tematizan de formas distintas y con fines diferentes la ficcionalidad de la obra, su poética inherente o la manera de como se construyen sus relatos distópicos.

En *Iris* se utiliza el formato mediático de los videojuegos para reduplicar y reflejar la propia trama. Los soldados y colonizadores recrean la misión conquistadora, el encuentro tanto bélico como cultural con la población indígena y la exploración del entorno natural extraño una y otra vez en simulaciones virtuales de guerra y estrategia, con niveles cada vez más complejos. Sin embargo, los éxitos que les son posibles en los videojuegos se les niegan en la realidad narrada. Así, la novela también potencia el relato del fracaso de la conquista frente a un espacio que asume agencia propia e interactúa con los protagonistas a través de las sustancias psicoactivas que emite. Las realidades virtuales de las simulaciones, como ficciones dentro de la ficción y *mise en abyme* de la trama de la novela, en un primer momento parecen más estables y controlables que la realidad ficticia de la novela, reforzando, al mismo tiempo, la sensación de pérdida y desintegración de la subjetividad estable de los protagonistas en un hábitat incontrolable. Sin embargo, también la seguridad supuestamente ofrecida por los videojuegos se erosiona. En la realidad virtual del juego ÁcidoTóxico, por ejemplo, los jugadores deben recrear la colonización de Iris, que para los lectores también es reconocible como referencia a la conquista de Latinoamérica. El nivel de la simulación intercalada en la trama aparece como una copia bastante fiel del primer nivel narrativo de la novela —no obstante, resulta imposible acceder a "partes de la región que estaban bloqueadas" (Paz Soldán 2014: 69), transmitiendo "la sensación de que los diseñadores del juego sabían más de lo que se esperaba que supieran" (69). También se incluye una referencia intertextual a 'La biblioteca de Babel' de Jorge Luis Borges, al describir la infraestructura religiosa de la población indígena, de templos "abiertos al cielo y con puertas que no conducían a ninguna habitación, con salas hexagonales y también de un solo recinto circular, con pasillos arenosos" (69). Como los bibliotecarios del cuento de Borges que vagabundean por un espacio infinito sin llegar nunca a la "comfortable and masterful position from which to imagine its shape" (Badmington 2009: 66), los jugadores exploran un espacio que nunca lograrán descubrir del todo. De esta manera, la *mise en abyme* de la simulación virtual también exhibe la desestabilización de la agencia de los colonizadores del primer nivel narrativo y la transfiere al espacio que distorsiona las reglas del 'juego' colonial para asumir una posición inaccesible e impenetrable.

En *La mucama de Omicunlé* son la videoartista Elizabeth y la técnica del *sampling*, ya analizada anteriormente, que sirven para introducir un elemento metanarrativo. Explicando la idea estética detrás de "la manga sonora que la DJ comenzaba a tejer" (Indiana 2015: 152) en la inauguración de la exposición de arte que inicia el desenlace de la novela, la novela refleja de forma abstraída y comprimida su propia poética:

> Los platos, el mixer, un drum machine y un sampler estaban seteados en una mesa contra una pared donde Elizabeth había pegado con tape y chinchetas papeles, fotos, notas en servilletas, recortes de periódicos y revistas, canciones, ideas, feelings, piezas de Goya y las distintas interpretaciones que le daba a las mismas en Post-Its amarillos [...]. Su arqueología auditiva no discriminaba entre géneros, había aprendido del hip hop a encontrar segundos de oro tanto en una balada de Rocío Jurado como en una pieza de Bobby Timmons, pedazos, que extraídos y loopeados, crearían música nueva, divorciada de la pieza original que los contenía. Robaba, sin dejar rastros, bloques de canciones ajenas que matizaba con melodías en acordes menores de sintetizadores que topeteaban la oscuridad nostálgica del blues y del gagá dominico-haitiano, del que era fanática. (152–153)

Tal como la protagonista reorganiza pedazos de música de sus discos, combinándolos además con otras fuentes grabadas, por ejemplo de películas y ritmos electrónicos propios de su *drum machine* para producir sonidos nuevos, la novela combina la escritura propia de la autora con referencias intertextuales y elementos de varios géneros. Lo que para la DJ es la 'arqueología auditiva', para Indiana es una arqueología literaria, sampleando y reorganizando los influjos del realismo mágico, de lo real maravilloso, de la escritura fantástica, la literatura *queer*, la ciencia ficción, la *oceanic weird fiction*, la novela distópica y la literatura cli-fi. Además, combina estas referencias con la indagación en los imaginarios ecológicos y discursos medioambientales globales, la discusión de desarrollos artísticos históricos y contemporáneos y el acercamiento creativo a las cosmovisiones indígenas y afrocaribeñas. La reorganización y resignificación también se reflejan en el nivel de los acontecimientos narrados. Los límites entre lo humano y lo no humano se borran en la fusión de protagonistas con animales marinos y les otorga nuevas capacidades de percepción. Los diferentes niveles temporales son sampleados, yuxtapuestos y entrecruzados, formando el motor central de la trama. El cambio de sexo de Acilde, mediante un medicamento que logra esta transformación en horas, en un proceso en el cual "las células se reorganizaban como abejas obreras alrededor de la mandíbula" (66), también puede ser comprendido como otra concretización del tema de fracturar y reagrupar no solo secuencias celulares sino también significados corporales y culturales.

Los elementos metaficcionales, la *mise en abyme* y la referencia a la propia poética que se pueden identificar en *Iris* y *La mucama de Omicunlé* constituyen, por un lado, aspectos autoreferenciales que tematizan la constructividad y discursividad de las obras. Más allá de revelar y comentar la propia textualidad, las estrategias literarias metaficcionales, en la teoría, también se comprenden como reflexión abstraída de la condición discursiva, narrada y mediada de la realidad extraliteraria y, especialmente, "of the function of language in constructing and maintaining our sense of everyday 'reality'" (Waugh 1984: 3). Por otro lado, en ambas novelas destacan aspectos transcorporales, cuando se borran los límites físicos entre protagonistas humanos y entidades no humanas, introduciéndose elementos a los cuales el análisis se puede acercar mediante conceptos posthumanistas del *material ecocriticism* y de la *trans-corporeality.* Entonces, por lo menos a primera vista, se produce una contradicción analítica: los enfoques posthumanistas, en general, desconfían de la noción de la construcción de la realidad únicamente mediante el lenguaje y el discurso, como acto social meramente impulsado dentro de la esfera humana (Alaimo 2010: 6–9; Barad 2007: 225–226; Iovino/Oppermann 2012: 75–76). Karen Barad destaca la reciprocidad de materia y discurso, enfatizando que "materiality is discursive [...] just as discursive practices are always already material" (Barad 2007: 151–152). Stacy Alaimo subraya la agencia propia de lo no humano, dirigiendo especial atención a la condición material de cualquier formación cultural-discursiva y "the ways in which nature, the environment, and the material world itself signify, act upon, or otherwise affect human bodies, knowledges, and practices" (Alaimo 2010: 7–8). Desde esta perspectiva, la metaficción como estrategia autoreferencial que gira alrededor de sí misma para señalar que la realidad sea constituida solo de simulacros, textos y lenguaje, parece pertenecer a otro sistema epistemológico. Al mismo tiempo, habrá que tener en cuenta que en el momento en el cual críticas literarias como Patricia Waugh o Linda Hutcheon comenzaron a discutir los elementos metaficcionales como estrategias para descifrar la constructividad lingüística y narrativa de la realidad, es decir, en los años 80 del siglo XX, lo hicieron basándose en el repertorio teórico del momento. Partían de axiomas críticos como el constructivismo, la deconstrucción y el postestructuralismo, que 40 años más tarde aún están vigentes y acompañaron el desarrollo de enfoques teóricos como los estudios de género, los estudios postcoloniales y, también, el *ecocriticism*. Por lo tanto, dado que se puede comprender la teoría de la metaficción como un conjunto abierto de herramientas críticas, adaptar, ampliar y actualizar el concepto desde la perspectiva posthumanista del *material ecocriticism*, redirigiendo el enfoque hacía la inclusión de lo material, no parece tan difícil como a primera vista. Serpil Oppermann, por ejemplo, propone que la metaficción puede problematizar la capacidad del lenguaje de representar su referente, y, al mismo tiempo, tomar en cuenta las interdependencias entre lo discursivo y lo material (Oppermann 2012: 100). Además, junto con Serenella Iovino (Iovino/Oppermann 2014) postula que la condición de las configuraciones materiales, de tener agencia y poder producir significados, también implica que contribuyen 'narrativas materiales' propias al conjunto del *storied world* que, por ende, pueden ser estudiados como relatos (Iovino/Oppermann 2012). Iovino y Oppermann proponen dos ejes distintos para la interpretación de la agencia de la materia y sus expresiones narrativas (79). El primero enfoca la representación de la capacidad agencial de las entidades materiales no humanas en los artefactos textuales producidos por culturas, "projecting themselves as 'textual forms' of matter and telling their stories through the material imagination of their human counterparts" (82). El segundo eje interpretativo busca acercarse a la capacidad narrativa de la materia misma, especialmente cuando entra en contacto interactivo con la esfera humana, convirtiéndose en texto y cuestionando el concepto de 'texto' a la vez, como "a *site of narrativity*, a storied matter, embodying its own narratives in the minds of human agents and in the very structure of its own self-constructive forces" (83). El punto de partida de este intento de ampliar la idea de textos y procesos narrativos es conceptualizarlos como los resultados dinámicos de la interacción de múltiples agencias humanas y no humanas, reuniendo y entrelazando naturaleza y cultura en un sistema complejo y compartido en el cual, al final, "the corporeal dimensions of human and nonhuman agencies, their literary and cultural representations, are inseparable from the very material world within which they intra-act" (84).

Siguiendo estos postulados, la reflexión de la interacción entre la esfera humana y la materia no humana en el momento de producir significados y, por ende, realidades, puede formar parte del catálogo de las posibilidades y estrategias metanarrativas. En el nivel metaficcional, entonces, artefactos literarios también pueden tematizar la propia constructividad textual como reflejo de las configuraciones materiales dentro de las cuales son producidos. Pueden indagar la condición discursiva y a la vez material de la realidad extratextual y, asimismo, de los imaginarios culturales, intrínsecamente vinculados con la propia corporalidad humana y las configuraciones materiales de las cuales surgen.

En *Iris*, por ejemplo, los videojuegos de la *mise en abyme* plantean una versión alternativa de la conquista llevada a cabo en el primer nivel narrativo de la novela, que como simulación virtual parece ser más controlable pero, justamente por eso, también potencia la impresión desesperada que da la situación de los colonizadores fuera del juego. Parte de la acción de los juegos está dedicada a la exploración del hábitat natural extraño, que al final siempre queda frustrada porque parte del territorio queda bloqueada, inaccesible y fuera del control colonizador. Así, la simulación virtual de la *mise en abyme* refleja la transferencia de agencia al espacio material de Iris que interactúa con los habitantes a través de radiactividad, polvos tóxicos y sustancias psicoactivas. Está interacción transcorporal transforma a las mentes y los cuerpos porosos, desestabilizando las jerarquías y las distinciones físicas entre colonizadores y colonizados. Borra significados anteriores al producir una nueva realidad ficticia, concretizada en los cuerpos transformados tanto de la población autóctona como de los colonizadores de Iris.

En *La mucama de Omicunlé*, el elemento metaficcional se introduce a través de la técnica del *sampling*, estableciendo una analogía entre la manera de una de los protagonistas de producir música como DJ y la propia poética de la novela, de samplear y reorganizar géneros literarios, imaginarios culturales y discursos mediáticos al componer el relato. La idea de extraer una componente determinada de una secuencia de elementos que juntos forman un significante preexistente, y combinarla con otros componentes sueltos para producir un nuevo significante, es decir, el *sampling*, también está presente a lo largo de la trama de la novela. El cambio de sexo de Acilde es un ejemplo de cómo en la novela estos procesos de reorganización y resignificación también incluyen factores transcorporales: Acilde injiere una sustancia química y la interacción entre el medicamento y su cuerpo femenino lo transforma en masculino. Además, la simbiosis con la anémona no solo transgrede el límite entre su cuerpo y la fauna marítima del Caribe, sino también le pone en contacto con las cosmovisiones afrocaribeñas e indígenas, reflejando alegóricamente la realidad transcultural de la región.

Aunque la aplicación de estrategias metaficcionales no es el motivo destacado ni de *Iris* ni de *La mucama de Omicunlé*, ambas novelas demuestran que los elementos metanarrativos que introducen, sea en forma de *mise en abyme* o a través de la reflexión analógica de la propia poética, no solo son capaces de desarrollar un nivel autoreferencial, sino que también pueden participar en indagar la condición material de la realidad extratextual. En los acontecimientos narrados, ambos textos optan por tematizar distintos procesos transcorporales y la relación entre los protagonistas y su hábitat. Los elementos metaficcionales ofrecen la posibilidad de complementar la trama narrada con un nivel adicional que refleja la participación discursiva de la materia en producir significados culturales y propone una codificación abstraída de la interacción entre esfera humana y materia.

7. Conclusiones

Como se ha mostrado, en la literatura latinoamericana de los siglos XX y XXI existen proyectos literarios que abordan de diferentes maneras los límites imaginados entre cultura y naturaleza, entre lo humano y lo no humano. La cuestión de la posible agencia del entorno natural también se convierte en reflexión sobre las posibilidades y límites de la agencia propia, desde la periferia del mundo globalizado.

En el contexto del modernismo brasileño, Oswald de Andrade opta por la figura del caníbal que, en el acto de devorar, digerir y excretar la cultura colonial, supera simbólicamente la dicotomía todavía colonial de cultura y naturaleza. Como autor del *boom* de la literatura latinoamericana, Julio Cortázar señala la necesidad de repensar la división cartesiana entre *res cogitans y res extensa* que distorsiona la percepción directa de la realidad, sin el filtro de la obsesión por la lógica.

Entre las nuevas generaciones de escritores del *post-boom*, el escritor boliviano Edmundo Paz Soldán es uno de los que adoptan aspectos del pensamiento posthumanista en sus proyectos literarios. Apoyándose en numerosas referencias intertextuales, en su novela de ciencia ficción *Iris* crea una visión distópica en la cual se entrecruzan alegóricamente las alusiones a una variedad de acontecimientos extratextuales, desde el pasado colonial hasta el presente neoimperial y neoliberal. El texto proyecta un hábitat natural con agencia propia capaz de producir *material narratives* transcorporales que subvierten la jerarquía de estratos sociales dominantes y dominados.

En su novela de ciencia ficción *La mucama de Omicunlé*, la escritora y artista dominicana Rita Indiana samplea y reorganiza las referencias intertextuales a múltiples géneros literarios y a imaginarios diferentes del espacio marítimo del Caribe, convertido en un ambiente distópico fuera del control humano, marcado por el cambio climático, tsunamis, maremotos y temporadas interminables de lluvias. La simbiosis transcorporal de los protagonistas con una anémona concede al espacio marítimo una agencia enraizada en la realidad transcultural de la región. Incorpora las cosmovisiones indígenas y afrocaribeñas ficcionalizadas para legitimar la reencarnación en otros cuerpos y tiempos, sustituyendo de esa manera una posible explicación técnica de los viajes por el tiempo por una alternativa caribeña.

Los elementos metaficcionales que ambos escritores emplean, la *mise en abyme* de Iris y la reflexión de la propia poética en *La mucama de Omicunlé*, no solo sirven para reflejar la propia textualidad sino también la discursividad de lo material, la agencia de los espacios proyectados en las novelas y la interacción de lo humano y lo no humano en los procesos transcorporales descritos. Forman parte de dos proyectos literarios distintos que de diferentes maneras se apropian de conceptos posthumanistas y que participan en el desarrollo de un posthumanismo periférico. Articulado desde el sur global latinoamericano, este posthumanismo periférico propone perspectivas que vinculan la lógica antropocéntrica con el imaginario poderoso producido por la expansión histórica del dominio del norte global que se perpetúa en la modernidad capitalista. Comienza a formular un contradiscurso que problematiza los límites supuestamente impermeables, inherentes a este imaginario, entre cultura y naturaleza, entre lo humano y la materia no humana, entre 'civilización y barbarie', para subrayar su condición borrosa y construida.

Bibliografia

Alaimo, Stacy (2010): *Bodily Natures. Science, Environment, and the Material Self.* Bloomington: Indiana University Press.

Andrade, Oswald de [1928] (1978): *Obras completas 6. Do Pau-Brasil à antropofagia e às utopias.* Rio de Janeiro: Civilização Brasileira.

Badmington, Neil (2009): "Babelation". En: Callus, Ivan/Herbrechter, Stefan (eds.): *Cy-Borges: Memories of the Posthuman in the Work of Jorge Luis Borges.* Lewisburg: Bucknell University Press, pp. 60–72.

Barad, Karen (2007): *Meeting the Universe Halfway. Quantum Physics and the Entanglement of Matter and Meaning.* Durham: Duke University Press.

Bennett, Jane (2010): *Vibrant Matter. A Political Ecology of Things.* Durham: Duke University Press.

Brown, J. Andrew (2007): "Edmundo Paz Soldán and his Precursors: Borges, Dick, and the SF Canon". En: *Science Fiction Studies* 34, 3, pp. 473–483.

Brown, J. Andrew (2010): *Cyborgs in Latin America.* New York: Palgrave Macmillan.

Bustamante, Fernanda (2017): "Introducción: (re)visitar la obra de Rita Indiana desde su irrupción". En: Bustamante, Fernanda (ed.): *Rita Indiana. Archivos.* Santo Domingo/Berlín: Ediciones Cielonaranja, pp. 9–24.

Calderón, Sara (2016): "El monstruo como epidemia: avatares de la monstruosidad en *Iris*, de Edmundo Paz Soldán". En: *Amerika* 14, https://journals.openedition.org/amerika/7110 (consultado por última vez: 26.06.2021).

Cortázar, Julio [1963] (2000): *Rayuela.* Madrid: Cátedra.

Cousteau, Jacques (1986): *Haiti, Waters of Sorrow.* USA: TBS Productions Inc., The Cousteau Group.

Crylen, Jon (2018): "Living in a World without Sun: Jacques Cousteau, *Homo aquaticus*, and the Dream of Dwelling Undersea". En: *Journal of Cinema and Media Studies* 58, 1, pp. 1–23.
Deckard, Sharae/Oloff, Kerstin (2020): "'The One Who Comes from the Sea': Marine Crisis and the New Oceanic Weird in Rita Indiana's *La mucama de Omicunlé* (2015)". En: *Humanities* 9, 3, pp. 1–14, https://www.mdpi.com/2076-0787/9/3/86 (consultado por última vez: 26.06.2021).
DeLoughrey, Elizabeth (2017): "Submarine Futures of the Anthropocene". En: *Comparative Literature* 69, 1, pp. 32–44.
DeLoughrey, Elizabeth (2019): *Allegories of the Anthropocene*. Durham/London: Duke University Press.
DeLoughrey, Elizabeth/Flores, Tatiana (2020): "Submerged Bodies: The Tidalectics of Representability and the Sea in Caribbean Art". En: *Environmental Humanities* 12, 1, pp. 132–166.
DeVries, Scott (2013): *A History of Ecology and Environmentalism in Spanish American Literature*. Lewisburg: Bucknell University Press.
Duchesne Winter, Juan (2015): "Rita Indiana y sus nuevos misterios", en: *80grados*, https://www.80grados.net/rita-indiana-y-sus-nuevos-misterios/ (consultado por última vez: 26.06.2021).
Ette, Ottmar (2016): *TransArea. A Literary History of Globalization*. Berlin/Boston: Walter de Gruyter.
Glassie, Alison (2020): "Into the Anemone: Ocean, Form, and the Anthropocene in *Tentacle*". En: *sx salon* 34, http://smallaxe.net/sxsalon/discussions/anemone (consultado por última vez: 26.06.2021).
Hamilton, Njelle W. (2020): "Rita Indiana's *Tentacle:* An Introduction", en: *sx salon* 34, http://smallaxe.net/sxsalon/discussions/rita-indianas-tentacle-introduction (consultado por última vez: 26.06.2021).
Indiana, Rita (2015): *La mucama de Omicunlé*. Cáceres: Periférica.
Iovino, Serenella/Oppermann, Serpil (2012): "Material Ecocriticism: Materiality, Agency and Models of Narrativity". En: *Ecozon@* 3, 1, pp. 75–91, https://ecozona.eu/article/view/452/477 (consultado por última vez: 26.06.2021).
Iovino, Serenella/Oppermann, Serpil (2014): "Introduction. Stories Come to Matter". En: Iovino, Serenella/Oppermann, Serpil (eds.): *Material Ecocriticism*. Bloomington: Indiana University Press, pp. 1–17.
Jáuregui, Carlos (2008): *Canibalia. Canibalismo, calibanismo, antropofagia cultural y consumo en América Latina*. Madrid: Iberoamericana.
Kurlat Ares, Silvia (2012): "La ciencia-ficción en América Latina: entre la mitología experimental y lo que vendrá". En: *Revista Iberoamericana* 78, 238/239, pp. 15–22.
Martí, José [1891] (2005): *Nuestra América*. Caracas: Fundación Biblioteca Ayacucho.
Martínez Alier, Joan (2010): *El ecologismo de los pobres. Conflictos ambientales y lenguajes de valoración*. Lima: Espiritrompa.
Mayer, Sylvia (2016): "Science in the World Risk Society: Risk, the Novel, and Global Climate Change". En: *Zeitschrift für Anglistik und Amerikanistik* 64, 2, pp. 207–221.
Mignolo, Walter (2007): *La idea de América Latina*. Barcelona: Gedisa.

Montoya Juárez, Jesús (2017): "De *Río fugitivo* a *Iris:* poshumanismo, forma y discurso en la ficción reciente de Edmundo Paz Soldán". En: *El taco en la brea* 6, pp. 201–219, https://doi.org/10.14409/tb.v0i6.6972 (consultado por última vez: 26.06.2021).

Nixon, Rob (2011): *Slow Violence and the Environmentalism of the Poor*, Cambridge, MA: Harvard University Press.

O'Gorman, Edmundo (1958): *La invención de América.* Mexiko D.F.: Fondo de Cultura Económica.

Oppermann, Serpil (2012): "Raymond Federman's *To whom it may concern:* Reading metafiction ecocritically". En: *Revista Canaria de Estudios Ingleses* 64, pp. 95–110.

Oppermann, Serpil (2015): "Quantum Physics and Literature. How They Meet the Universe Halfway". En: *Anglia* 133, 1, pp. 87–104.

Paz Soldán, Edmundo (2014): *Iris.* Madrid: Alfaguara.

Rogers, Charlotte (2020): "Rita Indiana's Queer Interspecies Caribbean and the Hispanic Literary Tradition". En: *sx salon* 34, http://smallaxe.net/sxsalon/discussions/rita-indianas-queer-interspecies-caribbean-and-hispanic-literary-tradition (consultado por última vez: 26.06.2021).

Schmidt, Elmar (2016): "Technisierte Barbaren in transkorporalen Landschaften. Grenzüberschreitungen zwischen Natur und Mensch in der lateinamerikanischen Literatur des 20. und 21. Jahrhunderts". En: Grewe-Volpp, Christa/Zemanek, Evi (eds.): *Mensch – Maschine – Materie – Tier. Entwürfe posthumaner Interaktionen, PhiN Beiheft* 10, pp. 125–142.

Slovic, Scott/Rangarajan, Swarnalatha/Sarveswaran, Vidya (2015): *Ecocriticism of the Global South.* Lanham: Lexington Books.

Starosielski, Nicole (2013): "Beyond Fluidity: A Cultural History of Cinema under Water". En: Rust, Stephen/Monani, Salma/Cubitt, Sean (eds.): *Ecocinema Theory and Practice*, New York: Routledge, pp. 159–163.

Waugh Patricia (1984): *Metafiction. The Theory and Practice of Self-Conscious Fiction.* London/New York: Routledge.

Willis, Bruce Dean (2013): *Corporeality in Early Twentieth-Century Latin American Literature. Body Articulations.* New York: Palgrave Macmillan.

Wolfenzon, Carolyn/Faverón Patriau, Gustavo (2014): "Pasajero en trance. Paz Soldán y su nueva novela: encuentros cercanos". En: *buensalvaje* 9, pp. 20–22, https://issuu.com/mguerola/docs/bs-9 (consultado por última vez: 26.06.2021).

Sobre los autores

Elisabeth Baldauf-Sommerbauer estudió español, inglés y pedagogía en Graz (Austria) y Guadalajara (México), y obtuvo un certificado del Programa de Estudios Interdisciplinarios en Global Studies de la Karl-Franzens-Universtität Graz. En la actualidad es doctoranda en el Departamento de Lenguas Románicas de la misma universidad. Es autora de *Literatur und Umwelt. Schreiben gegen die ökologische Krise in Mexiko* (2013).

Laura Barbas-Rhoden es profesora en Wofford College (Carolina del Sur, Estados Unidos). Su trabajo académico se centra en las humanidades medicambientales y en la investigación participativa basada en la comunidad. Ha publicado dos libros, *Ecological Imaginations in Latin American Fiction* (2011) y *Writing Women in Central America* (2003) y numerosos artículos en revistas como *Interdisciplinary Studies in Literature and the Environment, Revista de crítica literaria latinoamericana* y *Studies in Twentieth and Twenty-First Century Literature.* En 2020 y 2021 fue co-presidente de la Association for the Study of Literature and the Environment (ASLE). Tiene su maestría en estudios latinoamericanos y el doctorado en literatura latinoamericana de Tulane University.

Scott DeVries es especialista en literatura latinoamericana con un enfoque particular en la cuestión de la ecología. Es autor de dos monografías: *A History of Ecology and Environmentalism in Spanish American Literature* (Bucknell University Press 2013) y *Creature Discomfort: Fauna-criticism, Ethics, and the Representation of Animals in Spanish American Fiction and Poetry* (Brill 2016). Se doctoró de Rutgers University en 2004 y su tesis trataba del medio-ambientalismo en la literatura hispanoamericana reciente. Su investigación actual se dedica a la representación de la energía en la literatura hispanoamericana.

Hans Fernández es romanista y Profesor de Literaturas Románicas en la Humboldt-Universität zu Berlin (FONTE-Stiftungsgastprofessur). Realizó su habilitación en la Karl-Franzens-Universität Graz, su doctorado en la Humboldt-

Universität zu Berlin y su estudio en la Universidad de Concepción. Sus áreas de investigación comprenden las culturas de la Ilustración y del Modernismo, la literatura y prensa decimonónicas, las literaturas testimoniales e indígenas así como la filología capuchina. Entre sus publicaciones cuentan las monografías *Poéticas espectatoriales en Hispanoamérica y Brasil (1800–1847). Ilustración – emancipación – convivencias excluyentes* (Berlin/Boston: de Gruyter 2022) y *De migrantes, cuentistas, abigeos y cantores. El enfoque culturalista en los testimonios andinos* Gregorio Condori Mamani *y* Nosotros los humanos (Berlin: Logos Verlag 2012), los volúmenes *Periodismo y literatura en el mundo hispanohablante: continuidades – rupturas – transferencias* (junto con Klaus-Dieter Ertler, Heidelberg: Winter Verlag 2020) y *Convivencias, malvivencias y diálogos (im)posibles. Literaturas indígenas de Sudamérica e Isla de Pascua* (Berlin: Peter Lang Verlag 2018) así como numerosos artículos.

Gisela Heffes es escritora y profesora de literatura latinoamericana en la universidad de Rice (Houston). Es co-editora de la antología *The Latin American Eco-Cultural Reader* (2020), y del volumen *Pushing Past the Human in Latin American Cinema* (2021). *Sophie La Belle* (edición bilingüe con imágenes de la autora, 2016), la novela *Cocodrilos en la noche* (2020) y el poemario bilingüe *El cero móvil de su boca / The Mobile Zero of Its Mouth* (2020) son sus ficciones más recientes.

Adrián Herrera Fuentes es especialista en literaturas romances y literatura comparada (español, francés y alemán) por la Universität zu Köln, y particularmente, en la obra de Alexander von Humboldt. Editó la obra *Cosmos. Ensayo de una descripción del mundo físico* (México: Siglo XXI Editores 2022) de este mismo autor, junto a Jaime Labastida. Asimismo fue co-editor invitado del número especial *The Legacy of Alexander von Humboldt (1769–1859). A Critical Reappraisal 250 Years On* de la revista *German Life and Letters.* Sobre el viajero alemán, ha escrito diferentes artículos y dictado conferencias tanto en Europa como América Latina. Se doctoró con la tesis *Este extraño país entre los trópicos: literatura alemana de viajes durante el nacionalsocialismo* (Frankfurt: Vervuert 2016). Además ha publicado diversos artículos en cuestiones de identidad, cuerpo y género en literaturas y culturas contemporáneas.

Jeanette Kördel estudió 'Literaturen und Kulturen Lateinamerikas' en el Instituto de Estudios Latinoamericanos en la Freie Universität Berlin y se doctoró con una tesis sobre las relaciones entre género y el medioambiente en la obra de la autora argentina Angélica Gorodischer con el título *Von Wüsten, Urwäldern und Flüssen. Natur- und Geschlechterverhältnisse im Werk von Angélica Gorodischer.* Desde 2020 trabaja para la Heinrich-Böll-Stiftung.

Natalia López Rico es doctora en Estudios Latinoamericanos de la Universidad de Chile e historiadora por la Universidad Nacional de Colombia, Sede Medellín. Sus líneas de trabajo comprenden la historia cultural y urbana del siglo XIX e inicios del siglo XX en América Latina, con especial énfasis en Chile y en Brasil. Forma parte del grupo de Estudios Brasileños de la Universidad de Chile.

Claire Mercier posee una Licenciatura en Artes, Letras y Lenguas, mención Letras Modernas y un Magíster en Literatura Francesa, Extranjera y Comparada, ambos por la Universidad Savoie Mont Blanc (Francia). Es Doctora en Literatura, mención Literatura Chilena e Hispanoamericana por la Universidad de Chile. Realizó un Post-Doctorado en la Pontificia Universidad Católica de Chile. Es actualmente Profesora Asociada del Instituto del Estudios Humanísticos de la Universidad de Talca (Chile), Directora de la revista de Humanidades y Ciencias Sociales *Universum*, Directora del Doctorado en Ciencias Humanas y Coordinadora del Premio Iberoamericano de Letras José Donoso. Sus líneas de investigación se centran en el constructo distópico en la narrativa latinoamericana contemporánea. Es investigadora responsable de varios proyectos académicos concursables, miembro de grupos y asociaciones internacionales de investigación, así como autora de un libro, diversos capítulos y numerosos artículos científicos.

Lioba Rossbach de Olmos estudios universitarios en antropología, sociología y pedagogía; 1984 magíster en antropología en la Universidad Johann Wolfgang Goethe de Frankfurt; 1998 doctorado en la Universidad Johannes Gutenberg de Maguncia con un trabajo sobre las estructuras sociales de la población afroamericana en el Chocó / Colombia. 1984–1986: investigación sobre la Costa Atlántica de Nicaragua en la Universidad de Hannover. 1993–2004: directora de proyectos en la Alianza del Clima de las ciudades europeas con pueblos indígenas de las selvas tropicales. 2004–2011: investigaciones sobre la 'Santería afrocubana en Alemania' y 2015–2018: investigaciones sobre la percepción del cambio climático en Cuba y docencia en el Instituto de Investigación Comparativa de las Culturas – Antropología Cultural y Social de la Universidad Philipps de Marburg. Investigaciones de campo en Colombia, Nicaragua, Bolivia, Cuba y Alemania. Áreas temáticas: Estudios afroamericanos relacionados a Cuba, Colombia, Bolivia; estudios religiosos, relaciones sociales, pueblos indígenas, medio ambiente, cambio climático.

Carla Sagástegui Heredia es doctora en Arte, Literatura y Pensamiento en la Universidad Pompeu Fabra de Barcelona. Dedica sus investigaciones a los temas de oralidad e interculturalidad, tanto en ámbitos literarios como culturales y pedagógicos. Ha publicado el libro sobre la historia del cómic: *Los primeros 80* *años de la historieta en el Perú* (2003), así como artículos especializados en el cómic, el cuerpo y la novelización. Debido al contexto de diversidad lingüística y cultural peruana, condujo la investigación 'Hacia la construcción de un diálogo intercultural en la educación superior. Procesos, gestión y saberes asháninka' (2011) que dio como resultado el libro para docentes *Cómo imagino: Manual para profesores de la comunidad Asháninka Poyeni* (2013). Realizó documentales colaborativamente entre la comunidad de Sacsamarca y estudiantes de Literatura con quienes ha elaborado una propuesta sobre literatura y oralidad desde la restauración de fiestas y costumbres que han dado lugar a diversas publicaciones sobre las relaciones entre el cuerpo, el territorio y la literatura.

Elmar Schmidt se doctoró en la Universidad de Bonn con una monografía sobre la representación de la guerra del Rif en la literatura española y marroquí. Sus campos de investigación son postcolonialidad y memoria, representaciones de crisis e imaginarios de sostenibilidad, del medio ambiente y del cambio climático.

Petra Schumm era docente de literatura y cultura iberoamericana en la Universidad Friedrich Schiller de Jena. Sus áreas de trabajo eran literatura y migración, crítica cultural y *gender studies*, literatura y cultura de los siglos XVI y XVII y la 'poética del dinero' en la literatura iberoamericana de los siglos XIX, XX y XXI.

Manuel Silva-Ferrer es doctor en filosofía y estudios de la cultura por el Instituto de América Latina de la Freie Universität Berlin. Profesor visitante en la Universidad Autónoma Indígena Intercultural del Cauca. En los últimos años se ha dedicado al estudio de las relaciones entre el petróleo, la sociedad y la cultura en América Latina. Es autor de *El cuerpo dócil de la cultura: Poder, cultura y comunicación en la Venezuela de Chávez* (Iberoamericana/Vervuert 2014). Editor y director fundador de la revista Trópico Absoluto.

Monika Wehrheim enseña literatura y estudios culturales iberoamericanos en la Universidad de Bonn. Junto con Antje Gunsenheimer es directora ejecutiva del Centro Interdisciplinario de Estudios Latinoamericanos (ILZ) de la Universidad de Bonn. Cuenta con varias docencias como profesora invitada en América Latina y en España. Sus investigaciones y publicaciones se centran en las crónicas de la época colonial, en la cultura y la literatura de la Independencia, en estudios de género, así como en teorías culturales. Actualmente, se dedica en especial al estudio de discursos ambientales y sus imaginarios.

COLLECTANEA INSTITUTI ANTHROPOS 53

Stanisław Grodź, Sebastian M. Michael,
Roger Schroeder [eds.]

Giants' Footprints

90th Anniversary of Anthropos Institute (1931–2021)

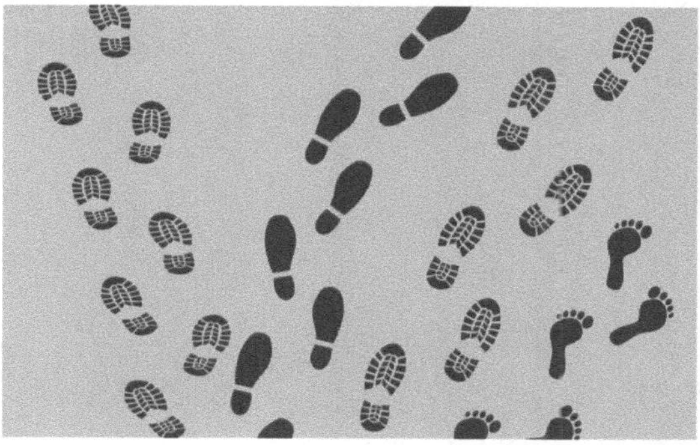

The volume contains the past and present story of Anthropos Institute, which grew around the journal Anthropos and its founder Wilhelm Schmidt. The book is divided into three sections. The first outlines the history of the Institute, presents the early co-workers of Schmidt, gives an insider's perspective on the development of the journal and opens a new look at Schmidt's leading concept. Section two introduces various local outreach efforts of the Institute in Japan, India, Brazil, Ghana and Papua New Guinea. Finally, some members present their current work. The collection is complemented by an outsider's assessment of the Institute's engagement. The Appendix includes a list of all the members of the Institute.

ACADEMIA

ISBN 978-3-98572-014-9 (Print) ISBN 978-3-98572-015-6 (ePDF)

Bei Fragen zur Produktsicherheit wenden Sie sich bitte an:
If you have any questions regarding product safety, please contact:

Brill Deutschland GmbH
Robert-Bosch-Breite 10
37079 Göttingen
info@v-r.de